高职高专计算机任务驱动模式教材

HTML5+CSS3
跨平台网页设计实例教程

陈承欢　韩耀坤　颜珍平　编著

清华大学出版社
北京

内容简介

本书从网页设计实际应用的角度理解 HTML5 和 CSS3 的新元素和新功能，合理选取教学内容。本书设置了以下 10 个教学单元：站点与网页的创建、网页中文本与段落的应用设计、网页中图像与背景的应用设计、网页中列表与表格的应用设计、网页中超链接与导航栏的应用设计、网页中表单与控件的应用设计、网页中音频与视频的应用设计、网页中图形绘制与操作的应用设计、网页中特效与交互的应用设计、网页中元素与整体布局的应用设计，将 HTML5 和 CSS3 的相关知识合理安排到各个教学单元中。

本书编者充分调研 HTML5、CSS3 新技术的实际应用情况，优选了 50 多个来自真实网站的典型教学案例，采用“任务驱动、精讲多练、理论实践一体化”的教学方法，改进和优化教学内容的组织方法和网页设计技能的训练方法，全方位促进基于 HTML5＋CSS3 网页应用设计能力的提升。每个教学单元面向教学全过程设置“知识必备→引导训练→同步训练→技术进阶→问题探究→单元习题”6 个教学环节，同时还提供了丰富的配套教学资源。

本书可以作为普通高等院校、高职高专或中等职业院校各专业网页设计的教材，也可以作为网页设计的培训用书及技术用书。

图书在版编目(CIP)数据

HTML5＋CSS3 跨平台网页设计实例教程/陈承欢，韩耀坤，颜珍平编著．—北京：清华大学出版社，2018（2020.1重印）
（高职高专计算机任务驱动模式教材）
ISBN 978-7-302-50214-2

Ⅰ．①H…　Ⅱ．①陈…　②韩…　③颜…　Ⅲ．①超文本标记语言－程序设计－高等职业教育－教材　②网页制作工具－高等职业教育－教材　Ⅳ．①TP312.8　②TP393.092.2

中国版本图书馆 CIP 数据核字(2018)第 114510 号

责任编辑：张龙卿
封面设计：徐日强
责任校对：袁　芳
责任印制：丛怀宇

出版发行：清华大学出版社
　　网　　址：http://www.tup.com.cn，http://www.wqbook.com
　　地　　址：北京清华大学学研大厦 A 座　　**邮　　编**：100084
　　社 总 机：010-62770175　　**邮　　购**：010-62786544
　　投稿与读者服务：010-62776969，c-service@tup.tsinghua.edu.cn
　　质量反馈：010-62772015，zhiliang@tup.tsinghua.edu.cn
印 装 者：三河市国英印务有限公司
经　　销：全国新华书店
开　　本：185mm×260mm　　**印　　张**：20.25　　**字　　数**：461 千字
版　　次：2018 年 8 月第 1 版　　**印　　次**：2020 年 1 月第 2 次印刷
定　　价：49.00 元

产品编号：078908-01

编审委员会

出版说明

我国高职高专教育经过十几年的发展，已经转向深度教学改革阶段。教育部于2012年3月发布了教高〔2012〕第4号文件《关于全面提高高等教育质量的若干意见》，重点建设一批特色高职学校，大力推行工学结合，突出实践能力培养，全面提高高职高专教学质量。

清华大学出版社作为国内大学出版社的领跑者，为了进一步推动高职高专计算机专业教材的建设工作，适应高职高专院校计算机类人才培养的发展趋势，2012年秋季开始了切合新一轮教学改革的教材建设工作。该系列教材一经推出，就得到了很多高职院校的认可和选用，其中部分书籍的销售量超过了三四万册。现根据计算机技术发展及教改的需要，重新组织优秀作者对部分图书进行改版，并增加了一些新的图书品种。

目前，国内高职高专院校计算机相关专业的教材品种繁多，但符合国家计算机技术发展需要的技能型人才培养方案并能够自成体系的教材还不多。

我们组织国内对计算机相关专业人才培养模式有研究并且有过丰富的实践经验的高职高专院校进行了较长时间的研讨和调研，遴选出一批富有工程实践经验和教学经验的"双师型"教师，合力编写了该系列适用于高职高专计算机相关专业的教材。

本系列教材是以任务驱动、案例教学为核心，以项目开发为主线而编写的。我们研究分析了国内外先进职业教育的教改模式、教学方法和教材特色，消化吸收了很多优秀的经验和成果，以培养技术应用型人才为目标，以企业对人才的需要为依据，将基本技能培养和主流技术相结合，保证该系列教材重点突出、主次分明、结构合理、衔接紧凑。其中的每本教材都侧重于培养学生的实战操作能力，使学、思、练相结合，旨在通过项目实践，增强学生的职业能力，并将书本知识转化为专业技能。

一、教材编写思想

本系列教材以案例为中心，以技能培养为目标，围绕开发项目所用到的知识点进行讲解，并附上相关的例题来帮助读者加深理解。

在系列教材中采用了大量的案例，这些案例紧密地结合教材中介绍的各个知识点，内容循序渐进、由浅入深，在整体上体现了内容主导、实例解析、以点带面的特点，配合课程采用以项目设计贯穿教学内容的教学模式。

二、丛书特色

本系列教材体现了工学结合的教改思想，充分结合目前的教改现状，突出项目式教学改革的成果，着重打造立体化精品教材。具体特色包括以下方面。

(1) 参照和吸纳国内外优秀计算机专业教材的编写思想，采用国内一线企业的实际项目或者任务，以保证该系列教材具有更强的实用性，并与理论内容有很强的关联性。

(2) 准确把握高职高专计算机相关专业人才的培养目标和特点。

(3) 每本教材都通过一个个的教学任务或者教学项目来实施教学，强调在做中学、学中做，重点突出技能的培养，并不断拓展学生解决问题的思路和方法，以便培养学生未来在就业岗位上的终身学习能力。

(4) 借鉴或采用项目驱动的教学方法和考核制度，突出计算机技术人才培养的先进性、实践性和应用性。

(5) 以案例为中心，以能力培养为目标，通过实际工作的例子来引入相关概念，尽量符合学生的认知规律。

(6) 为了便于教师授课和学生学习，清华大学出版社网站(www.tup.com.cn)免费提供教材的相关教学资源。

当前，高职高专教育正处于新一轮教学深度改革时期，从专业设置、课程体系建设到教材建设，依然有很多新课题值得我们不断研究。希望各高职高专院校在教学实践中积极提出本系列教材的意见和建议，并及时反馈给我们。清华大学出版社将对已出版的教材不断地进行修订并使之更加完善，以提高教材质量，完善教材服务体系，继续出版更多的高质量教材，从而为我国的职业教育贡献我们的微薄之力。

编审委员会

2017年3月

前　言

目前，HTML5 和 CSS3 已成为 Web 应用开发中的热门技术，HTML5 和 CSS3 不仅是两项新的 Web 技术标准，更代表了 HTML 和 CSS 技术的发展趋势，是 Web 开发领域的一次重大改变。HTML5 具有便捷的描述性标签、良好的多媒体支持、强大的 Web 应用、先进的选择器、精美的视觉效果、方便的操作、跨文档的消息通信、客户端的方便存储等诸多优势。HTML5 的突出优点是该技术可以进行跨平台使用。CSS3 是 CSS 技术的升级版本，CSS3 语言开发是朝着模块化方向发展的。CSS3 中可以使用新的选择器和属性，而且可以很简单地设计出许多理想的展示效果。

本书具有以下特色和创新。

(1) 编者充分调研了 HTML5、CSS3 新技术的实际应用情况，精心挑选教学案例。本书开发前期对 HTML5、CSS3 新技术在网页中的实际应用情况做了大量细致的调研工作，经过多次筛选、优化和简化，最终形成了 50 多个典型教学案例，这些教学案例全部来自于真实网站，代表了网页应用设计的实际需求和最新水平。

(2) 全书合理选取教学内容，科学设置教学单元。让读者从网页设计实际应用的角度理解 HTML5 和 CSS3 的新元素和新功能，而不是过于注重学习 HTML5 和 CSS3 理论知识。同时，本书遵循学习者的认知规律，将基于 HTML5＋CSS3 的网页应用设计分为 10 个单元。

(3) 全书充分考虑教学实施的实际需求，每个教学单元面向教学全过程合理设置了 6 个教学环节：知识必备→引导训练→同步训练→技术进阶→问题探究→单元习题。书中将网页设计的相关理论知识分层次进行分析与呈现，将网页设计技能的训练分阶段实施，充分满足不同专业、不同层次学习者学习网页设计知识和训练网页设计技能的需求。全书还提供了 500 多道习题，让学习者通过大量的练习进一步加深对 HTML5、CSS3、网页设计相关知识的理解，从而提升网页设计的操作技能。

(4) 全书围绕网页应用的实际需要来设计具有很强操作性的任务。采用“任务驱动、精讲多练、理论实践一体化”的教学方法，全方位促进基于 HTML5＋CSS3 网页应用设计能力的提升。注重引导学习者在完成各个设计任务的过程中，逐步理解 HTML5 和 CSS3 的新功能和新特点，循序渐进地学会 HTML5 和 CSS3 的实际应用，从而熟练掌握网页设计的方法和具备网页设计的能力。

(5) 本书创新了教材的结构和呈现形式，采用纸质教材＋电子书相结合的方式。由于纸质教材篇幅的限制，同时要保证教学内容的系统性，部分内容在纸质教材中只列出主干内容，完整内容通过扫描二维码可以在线浏览，各单元的习题也是以在线浏览方式提供。

(6) 本书配套教学资源丰富。教学单元设计、教学流程设计、网页任务设计、教学案例及素材、电子教稿等教学资源一应俱全，力求做到想师生之所想，急师生之所急。

本书由湖南铁道职业技术学院的陈承欢、颜珍平老师，包头轻工职业技术学院的韩耀坤老师共同编写，颜谦和、谢树新、吴献文、肖素华、林保康、王欢燕、张丹、王姿、裴来芝、潘玫玫、郭外萍、侯伟、张丽芳等多位老师也参与了教材的编写。

由于编者水平有限，书中难免存在疏漏之处，敬请各位专家和读者批评、指正。编者的 QQ 为 1574819688，需要相关资源的读者可通过 QQ 与编者联系。

编　者

2018 年 2 月

教 学 设 计

1. 教学单元设计

单元序号	单 元 名 称	建议课时	建议考核分值
单元 1	站点与网页的创建	4	5
单元 2	网页中文本与段落的应用设计	8	15
单元 3	网页中图像与背景的应用设计	6	10
单元 4	网页中列表与表格的应用设计	6	10
单元 5	网页中超链接与导航栏的应用设计	6	10
单元 6	网页中表单与控件的应用设计	6	10
单元 7	网页中音频与视频的应用设计	4	5
单元 8	网页中图形绘制与操作的应用设计	6	10
单元 9	网页中特效与交互的应用设计	8	15
单元 10	网页中元素与整体布局的应用设计	6	10
小 计		60	100

2. 教学流程设计

教学环节序号	教学环节名称	说 明
1	知识必备	对 HTML5、CSS3、网页设计相关的理论知识进行梳理，为网页的应用设计提供方法指导和知识支持
2	引导训练	引导学习者一步一步地完成网页的应用设计任务
3	同步训练	参照引导训练的方法，学习者自主完成类似的网页应用设计任务
4	技术进阶	对应用 HTML5、CSS3 设计网页的典型方法和技术要点进行分析
5	问题探究	对网页设计与制作方面的关键问题进行专门分析与阐述
6	单元习题	通过大量的习题进一步加深对 HTML5、CSS3、网页设计相关知识的理解，提升网页设计的操作技能

目　录

单元1　站点与网页的创建

制作网页之前，应该先在本地计算机磁盘上建立一个站点。站点提供一种组织所有与本网站有关联的网页文档的方法，使用站点对网页文档、样式表文件、网页素材进行统一管理。创建站点后，对网页的操作都是在站点统一监控之下进行。如果使用了外部文件，Dreamweaver 就会自动检测并提示是否将外部文件复制到站点内，以保持站点的完整性。如果某个文件夹或文件重新命名，系统会自动更新所有的链接，以保证原有链接关系的正确性。

【知识必备】

1. HTML5 印象

HTML5 是万维网的核心语言，HTML5 的第一份正式草案已于 2008 年 1 月 22 日公布。2012 年 12 月 17 日，万维网联盟（W3C）正式宣布凝结了大量网络工作者心血的 HTML5 规范已经正式定稿。根据 W3C 的发言稿称："HTML5 是开放的 Web 网络平台的奠基石。"

2013 年 5 月 6 日，HTML5.1 正式草案公布。该规范定义了第五次重大版本，第一次要修订万维网的核心语言：超文本标记语言（HTML）。在这个版本中，新功能不断推出，以帮助 Web 应用程序的开发者努力提高新元素互操作性。

支持 HTML5 的浏览器包括 Chrome（谷歌浏览器）、Firefox（火狐浏览器）、IE9 及其更高版本、Safari、Opera 等；国内的傲游浏览器（Maxthon），以及基于 IE 或 Chromium（Chrome 的工程版或称实验版）所推出的 360 浏览器、搜狗浏览器、QQ 浏览器、猎豹浏览器等国产浏览器同样具备支持 HTML5 的能力。

2. CSS3 印象

CSS 是 Cascading Style Sheet 的缩写，可译为层叠样式表或级联样式表，是一组格式设置规则，用于控制 Web 页面的外观。

在网页制作时采用层叠样式表技术，可以有效地对页面的布局、字体、颜色、背景和其他效果实现更加精确的控制。只要对相应的代码做一些简单的修改，就可以改变同一页面的不同部分，或者不同网页的外观和格式。CSS3 是 CSS 技术的升级版本，CSS3 语言开发是朝着模块化发展的。CSS3 将完全向后兼容，网络浏览器也将继续支持 CSS2。CSS3 的主要影响是可以使用新的可用的选择器和属性，这些将允许实现新的设计效果

(例如渐变和交互),而且可以很简单地设计出新的设计效果(例如使用分栏)。

3. JavaScript 印象

JavaScript 是一种直译式脚本语言,可以和 HTML 语言混合在一起使用,用来实现在一个 Web 页面中与用户交互的作用。

JavaScript 是一种动态类型、弱类型、基于原型的语言,内置支持类型。它是一种广泛用于客户端的脚本语言,在 HTML 网页上使用,用来给 HTML 网页增加动态功能。它的解释器被称为 JavaScript 引擎,为浏览器的一部分。

JavaScript 是一种基于对象和事件驱动的脚本语言。JavaScript 是一种轻量级的编程语言,JavaScript 插入 HTML 页面后,可由所有当前的流行浏览器执行。使用它的目的是与 HTML 超文本标记语言一起实现网页中的动态交互功能。通过嵌入或调用 JavaScript 代码在标准的 HTML 语言中实现其功能。它与 HTML 标签结合在一起,弥补了 HTML 语言的不足,JavaScript 使得网页变得更加生动。

JavaScript 的基本语法与 C 语言类似,但运行过程中时不需要单独编译,而是逐行解释执行,运行快。JavaScript 具有跨平台性,与操作环境无关,只依赖于浏览器本身,对于支持 JavaScript 的浏览器就能正确执行。

4. Bootstrap 印象

Bootstrap 是基于 HTML5、CSS3、JavaScript 开发的,它在 jQuery 的基础上进行了更为个性化的完善,形成一套自己独有的网站风格,并兼容大部分 jQuery 插件。

Bootstrap 是目前很受欢迎的前端框架,它简洁灵活,使得 Web 开发更加快捷。它由 Twitter 的设计师 Mark Otto 和 Jacob Thornton 合作开发,是一个 CSS/HTML 框架。Bootstrap 提供了优雅的 HTML 和 CSS 规范,一经推出后颇受欢迎,一直是 GitHub 上的热门开源项目。

5. HTML 文档的组成元素

一个完整的 HTML 文档由 HTML 标签与各种网页元素组成的,HTML 标签的功能是逻辑性地描述网页的结构,网页元素指标题、段落、图像、动画、视频等各种对象。

6. HTML 代码应遵循的语法规则

HTML 代码应遵循以下语法规则。

(1) HTML 文档以纯文本形式存放,扩展名为".html"或".htm"。

(2) HTML 文档中标签采用"<"与">"作为分割字符,起始标签的一般形式如下:

```
<标签名称 属性名称=对应的属性值 ...>
```

结束标签的一般形式如下:

```
</标签名称>
```

包含在起始标签与结束标签之间的就是网页对象。

(3) HTML 标签及属性不区分大小写，例如<HTML>和<html>是相同的标签，但一般要求 HTML 标签为小写字母。

(4) 大多数 HTML 标签可以嵌套，但不能交叉，各层标签是全包容关系。

(5) HTML 文档一行可以书写多个标签，一个标签也可以分多行书写，不用任何续行符号，显示效果相同。但是 HTML 标签中的一个单词不能分开两行书写。

(6) HTML 源代码中的换行、回车符和多个连续空格在浏览时都是无效的，浏览网页时，会自动忽略文档中的换行符、回车符、空格，所以在文档中输入的回车符，并不意味着在浏览器中将看到不同的段落。当需要在网页中插入新的段落时，必须使用分段标签<p></p>，它可以将标签后面的内容另起一段。换行可以使用
标签，需要多个空格，可以使用多个" "转义符号。

(7) 网页中所有的显示内容都应该受限于一个或多个标签，不能存在游离于标签之外的文字或图像等，以免产生错误。

(8) 对于浏览器不能分辨的标签可以忽略，不显示其中的对象。

7. HTML 标签的类型

在 HTML 中用于描述功能的符号称为"标签"，它是用来控制文字、图形等显示方式的符号，例如 html、head、body 等。标签在使用时必须用"<>"括起来。

在查看 HTML 源代码或书写 HTML 代码时，经常会遇到三种形式的 HTML 标签。

(1) 不带属性的双标签。

```
<标签名称>网页内容</标签名称>
```

网页中的标题、文字的字形等都是这种形式，例如：<strong>长江三峡</strong>。

(2) 带有属性的双标签。

```
<标签名称 属性名称="对应的属性值" ...>网页对象</标签名称>
```

这种形式的标签最常用，功能更强大，各属性之间无先后次序，属性也可以省略，取其默认值。例如：<h1 align="center">阿坝概况</h1>。

(3) 单标签。

```
<标签名称>
```

单标签只有起始标签没有结束标签，这类标签并不多见，经常看到的可能是
、<hr>。

8. 关于 doctype

doctype 是一种标准通用标记语言的文档声明类型，它的目的就是告诉标准通用标记语言解析器，应该使用什么样的文档类型定义。

【引导训练】

任务 1-1 创建“单元 1”站点并浏览网页

【任务描述】

任务 1-1-1 创建本地站点“单元 1”
任务 1-1-2 认识 Dreamweaver CC 的工作界面
任务 1-1-3 打开与浏览网页文档 0101. html

【任务实施】

任务 1-1-1 创建本地站点“单元 1”

1. 创建所需的文件夹与复制所需的资源

在本地硬盘(例如 E 盘)中创建一个文件夹“HTML5+CSS3 网页设计实例”,在该文件夹中创建子文件夹 Unit01,然后在文件夹 Unit01 中创建子文件夹 0101,再在该子文件夹 0101 中创建 css、images 等子文件夹,且将所需的素材复制到对应的子文件夹中。

2. 启动 Dreamweaver CC

在 Windows 的【开始】菜单中选择【程序】→Adobe Dreamweaver CC 菜单命令,即可启动 Dreamweaver CC。Dreamweaver CC 2017 启动成功后,会出现如图 1-1 所示的初始界面。

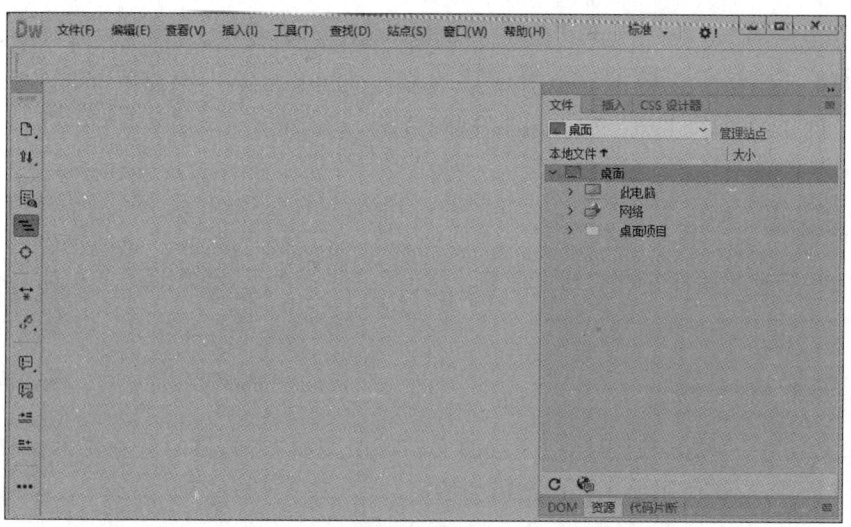

图 1-1 Dreamweaver CC 2017 的初始界面

3. 创建本地站点

创建一个名称为“单元 1”的本地站点，站点文件夹为“Unit01\0101”。

1）打开【站点设置对象】对话框

在 Dreamweaver CC 的主界面的菜单中选择【站点】→【新建站点】命令，如图 1-2 所示，打开【站点设置对象】对话框，如图 1-3 所示。

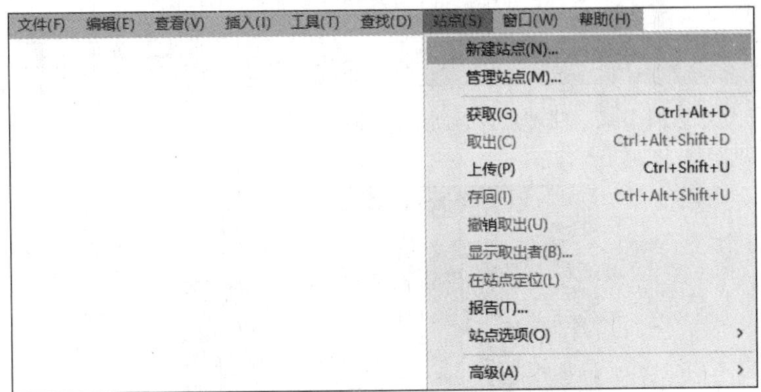

图 1-2　“新建站点”菜单命令

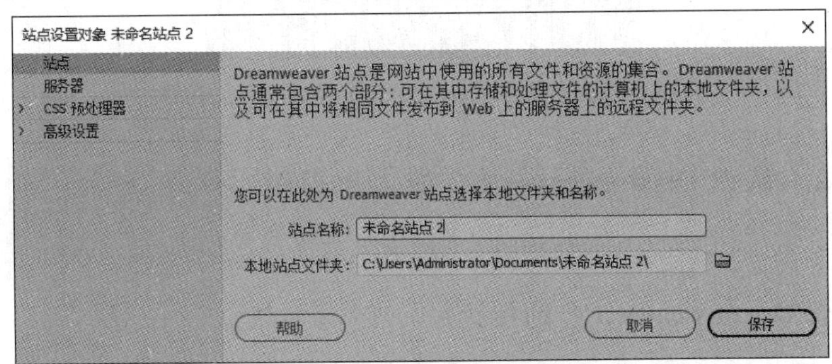

图 1-3　【站点设置对象】对话框

2）在【站点设置对象】对话框中设置本地站点信息

在【站点设置对象】对话框的“站点名称”文本框中输入站点名称“单元 1”，在“本地站点文件夹”文本框中输入完整的路径名称“E:\HTML5＋CSS3 网页设计实例\Unit01\”，如图 1-4 所示。也可以单击右侧的【浏览文件夹】按钮，在弹出的【选择根文件夹】对话框中选择具体位置，然后单击【打开】按钮。

3）保存创建的站点

在【站点设置对象】对话框中单击【保存】按钮，保存创建的站点，更新站点缓存。此时在【文件】面板中可以看到新创建的本地站点“单元 1”中的文件夹和文件，如图 1-5 所示。

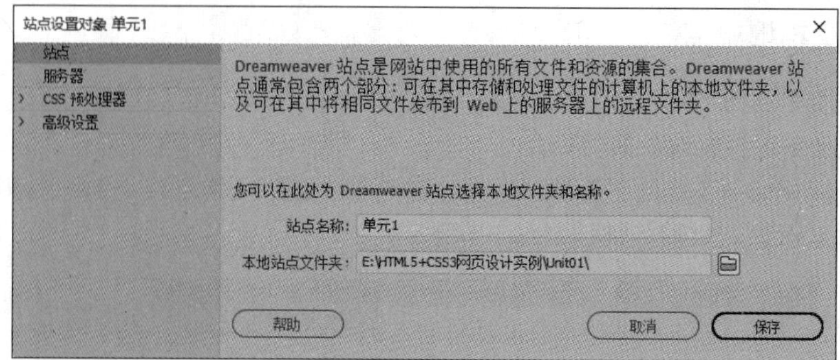

图 1-4　在【站点设置对象】对话框中设置本地站点信息

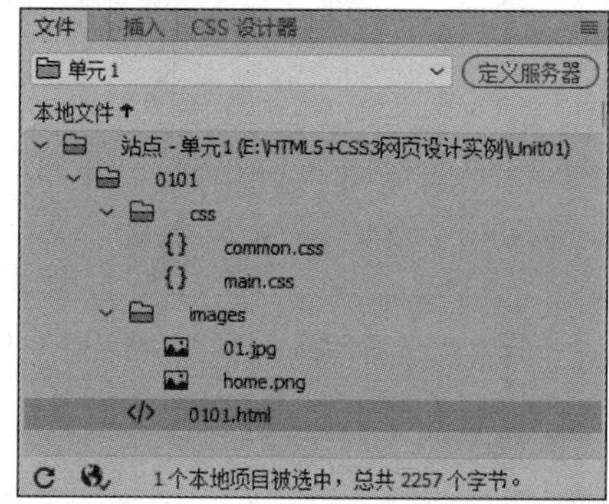

图 1-5　新创建的本地站点“单元 1”中的文件夹和文件

任务 1-1-2　认识 Dreamweaver CC 的工作界面

Dreamweaver CC 的工作界面如图 1-6 所示。

1. 认识 Dreamweaver CC 的标题栏

标题栏用于显示网页文档的路径和名称。

2. 认识 Dreamweaver CC 的菜单栏

Dreamweaver CC 的菜单栏包含 9 类菜单：【文件】、【编辑】、【查看】、【插入】、【工具】、【查找】、【站点】、【窗口】和【帮助】，如图 1-6 所示。菜单按功能的不同进行了合理的分类，使用起来非常方便。

除了菜单栏外，Dreamweaver CC 还提供了多种快捷菜单，可以利用它们方便地实现相关操作。

3. 认识 Dreamweaver CC 的【文档】工具栏

【文档】工具栏中包含用于切换文档窗口视图的【代码】、【拆分】、【设计】、【实时视图】功能按钮，如图 1-7 所示。

图 1-6　Dreamweaver CC 的界面布局与组成

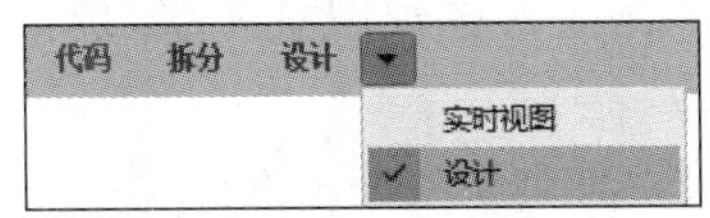

图 1-7　【文档】工具栏

4. 认识 Dreamweaver CC 的【标准】工具栏

【标准】工具栏中包含网页文档的基本操作按钮，例如【新建】、【打开】、【保存】、【全部保存】、【打印代码】、【剪切】、【复制】、【粘贴】等按钮，如图 1-8 所示。

图 1-8　【标准】工具栏

提示：如果【标准】工具栏处于隐藏状态，在【窗口】下拉菜单中指向【工具栏】选项，在该级联菜单中选择【标准】菜单，如图 1-9 所示，即可显示【标准】工具栏。

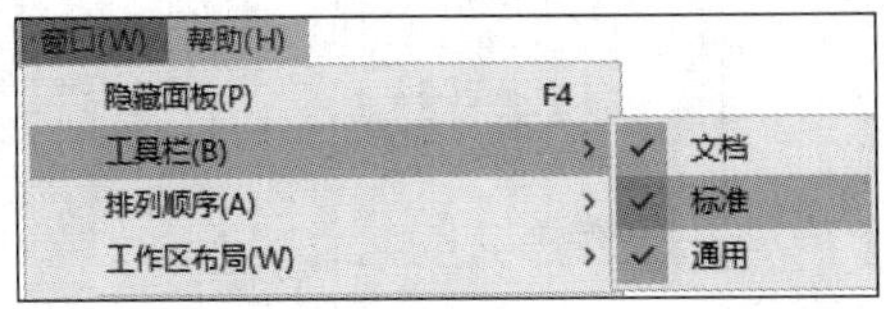

图 1-9　显示【标准】工具栏的菜单项

5. 认识 Dreamweaver CC 的【文档】窗口

【文档】窗口也称为文档编辑区，该窗口所显示的内容可以是代码、网页，或者两者的共同体。在【设计视图】中，【文档】窗口中显示的网页近似于浏览器中显示情形；在【代码视图】中，显示当前网页的 HTML 文档内容；在两种视图共同显示的界面中，同时满足了上述两种不同的设计要求。用户可以在文档工具栏中单击【代码】、【拆分】或者【设计】按钮，切换窗口视图。

Dreamweaver CC 还提供了一种“实时视图”，实时视图与设计视图不同之处在于它提供了页面在浏览器中的非可编辑的、逼真的呈现外观。

6. 认识 Dreamweaver CC 的【插入】面板

显示【插入】面板的方法是：选择【窗口】→【插入】命令，在 Dreamweaver CC 的主界面的右侧面板区域将显示【插入】面板。通常情况下会显示【插入】面板中的 HTML 类型，如图 1-10 所示。

在 Dreamweaver CC 的【插入】面板中，单击【插入】面板的 HTML ▾ 按钮，即可展开“插入”工具类型列表，如图 1-11 所示。“插入”工具主要包括 HTML、【表单】、【模板】、【Bootstrap 组件】、【jQuery Mobile】、【jQuery UI】和【收藏夹】等多种类型的工具栏。

利用“插入”工具栏可以快速插入多种网页元素，例如 Div、Image、Table、HTML5 Video、Hyperlink、项目列表和列表项等。

在如图 1-11 所示的【插入】工具类型列表中选择菜单项即可切换不同类型的插入工具栏。在该列表中选择【模板】类型，则显示【模板】类型的按钮，如图 1-12 所示。

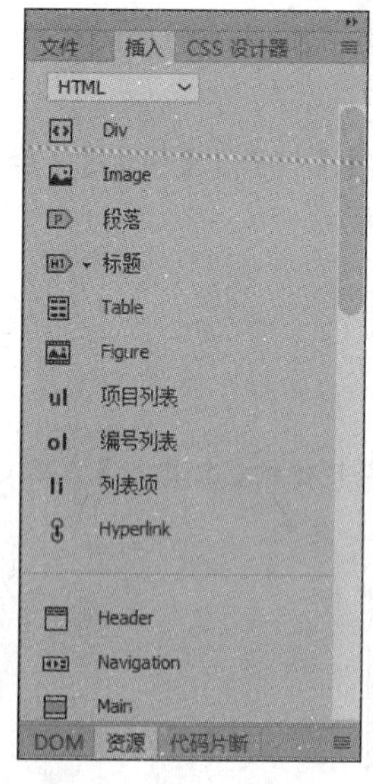

图 1-10 【插入】面板

图 1-11 【插入】工具的类型

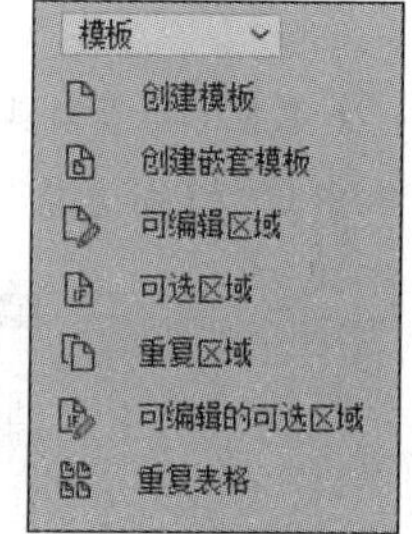

图 1-12 【插入】面板中的【模板】工具栏按钮

7. 认识 Dreamweaver CC 的【属性】面板

【属性】面板用于查看和更改所选取的对象或文本的各种属性，每个对象有不同的属性。【属性】面板比较灵活，它随着选择对象的不同而进行改变，例如当选择一幅图像，【属性】面板上将出现该图像的对应属性，如图 1-13 所示。如果选择了表格，则【属性】面板会显示对应表格的相关属性。

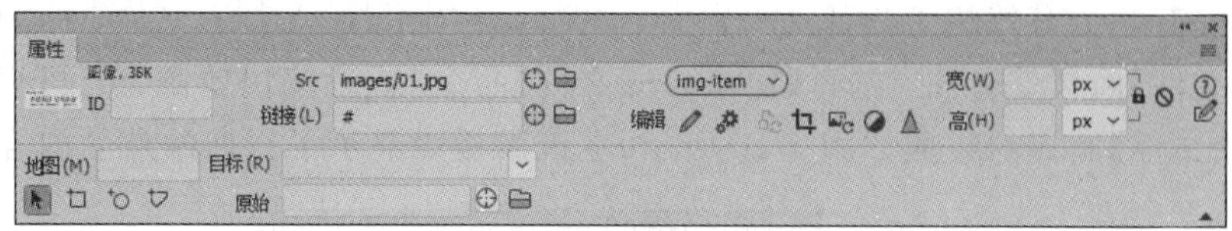

图 1-13 【属性】面板

提示：打开【属性】面板的方法：在 Dreamweaver CC 主界面中，选择菜单中的【窗口】→【属性】命令即可。

折叠【属性】面板的方法：双击【属性】面板左上角的“属性”标题名称，就会折叠【属性】面板。【属性】面板折叠时，双击“属性”标题，就会显示完整的【属性】面板。

8. 认识 Dreamweaver CC 的面板组

Dreamweaver CC 包括多个面板，这些面板都有不同的功能，将它们叠加在一起便形成了面板组。面板组主要包括【文件】面板、【插入】面板、【CSS 设计器】面板等。各个面板可以打开或关闭，平常没有用到时可以关闭，要使用时再显示出来，这样可以充分利用有限的屏幕空间。

提示：要显示面板，单击【窗口】菜单选择相应的命令即可，如图 1-14 所示。要单独关闭某一个面板，在对应面板标题位置右击，打开如图 1-15 所示的快捷菜单，然后选择【关闭】命令即可。

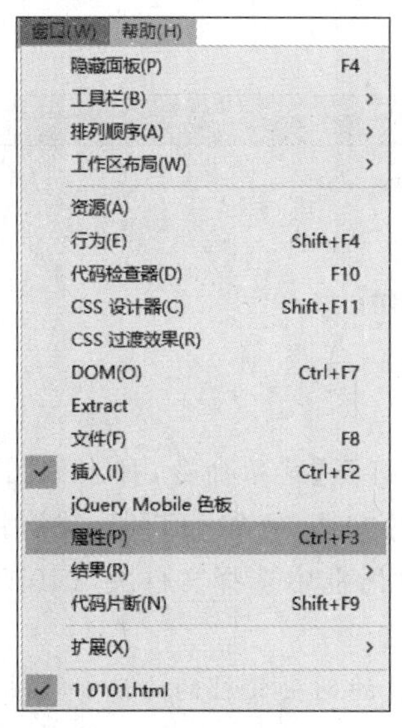

图 1-14 【窗口】菜单

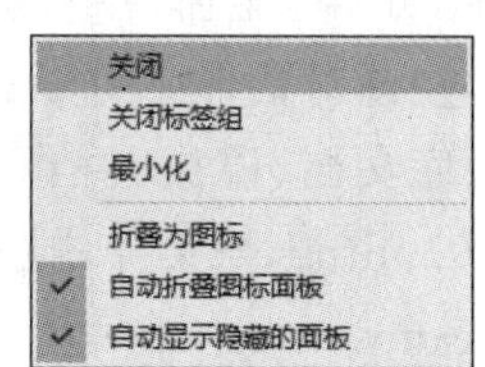

图 1-15 【关闭】面板的快捷菜单

另外，双击面板的标题就可以显示或折叠面板。

查看页面设计的整体效果时，可以直接按下快捷键 F4 或者选择菜单中的【窗口】→【隐藏面板】命令来隐藏全部面板，再次按下快捷键 F4 则可以重新显示全部面板。

9. 认识 Dreamweaver CC 的【文件】面板

网站是多个网页、图像、动画、程序等文件有机联系的整体，要有效地管理这些文件及其联系，需要有一个有效的工具，【文件】面板便是这样的工具。

打开【文件】面板的方法：选择【窗口】→【文件】命令，或者按快捷键 F8，可以显示【文件】面板。【文件】面板的组成如图 1-16 所示，在该面板中显示了当前站点的内容。

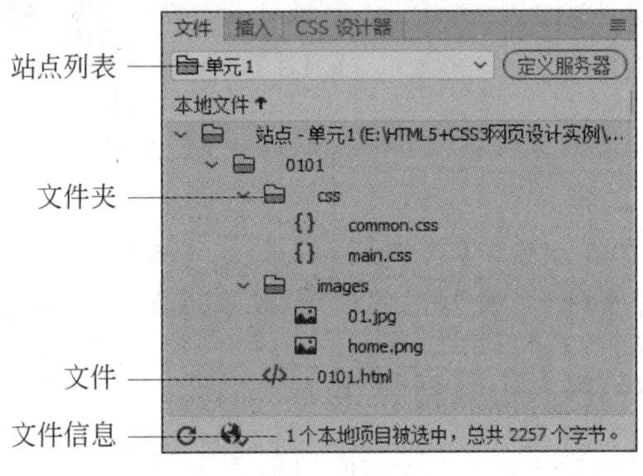

图 1-16　【文件】面板

【文件】面板中的“站点列表”列出了 Dreamweaver CC 中定义的所有站点。

10. 认识 Dreamweaver CC 的标签选择器

在文档窗口底部的状态栏中，显示环绕当前选定内容标签的层次结构，单击该层次结构中的任何标签，可以选择该标签及网页中对应的内容。在标签选择器还可以设置网页的显示比例，如图 1-17 所示。

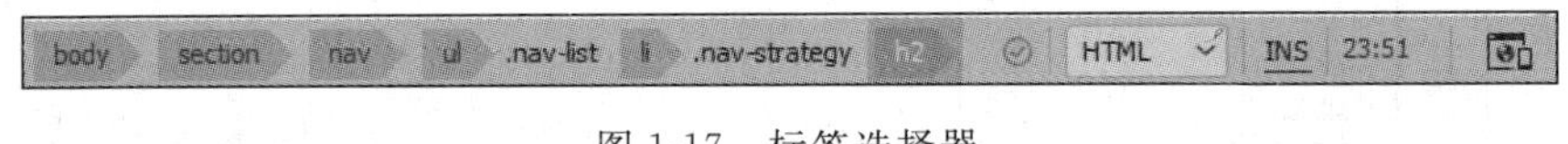

图 1-17　标签选择器

任务 1-1-3　打开与浏览网页文档 0101.html

1. 打开网页文档 0101.html

在 Dreamweaver CC 主窗口中，选择【文件】→【打开】菜单命令，弹出如图 1-18 所示的【打开】对话框，在该对话框中可以打开多种类型的文档，例如 HTML 文档、JavaScript 文档、XML 文档、库文档、模板文档等。在【打开】对话框中选择文件夹“0101”中需要打开的网页文档 0101.html，然后单击【打开】按钮即可。

提示：在 Dreamweaver CC 中打开最近曾打开过的网页文档的方法如下。

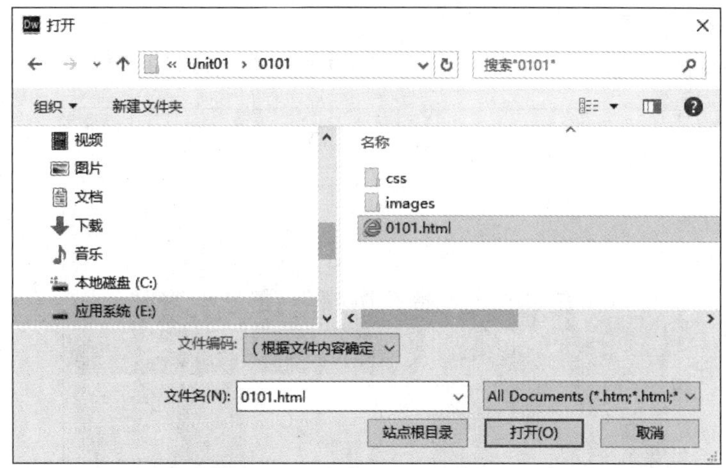

图 1-18　【打开】对话框

在 Dreamweaver CC 主窗口中选择菜单【文件】，鼠标指针指向【打开最近的文件】菜单项，在弹出的级联菜单中选择需要打开的文件，就可以打开最近编辑过的网页文档。如果选择了【启动时重新打开文档】命令，则下次启动 Dreamweaver CC 后将自动打开上次退出时处于打开状态的文档。

2. 浏览网页

在 Dreamweaver CC 主窗口中浏览网页的方法有两种。

(1) 选择【文件】→【实时预览】→Google Chrome 菜单命令，如图 1-19 所示。

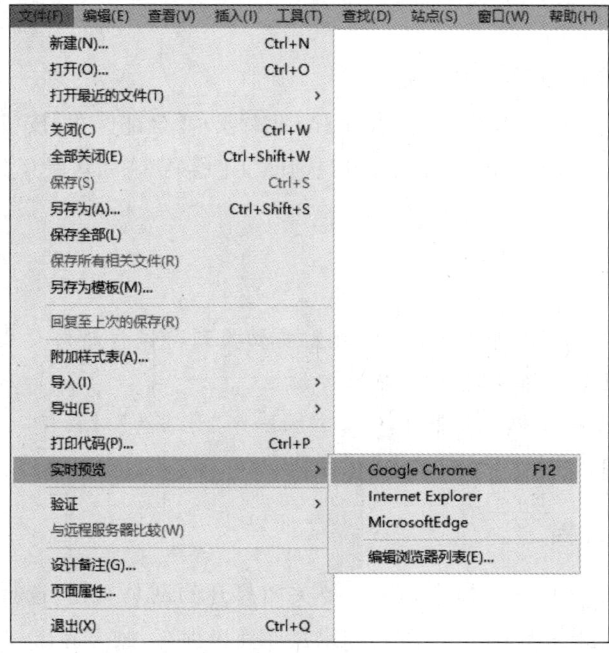

图 1-19　浏览网页的菜单命令

(2) 按 F12 快捷键。

按 F12 快捷键浏览网页,网页 0101.html 的浏览效果如图 1-20 所示。

图 1-20 网页 0101.html 的浏览效果

3. 保存网页文档

保存网页文档的方法主要有三种。

方法 1: 单击【标准】工具栏中的【保存】按钮或者【全部保存】按钮。

方法 2: 在 Dreamweaver CC 的主窗口选择【文件】菜单中的【保存】命令或者【保存全部】命令。

方法 3: 按 Ctrl+S 组合键。

提示:

(1) 如果同时打开了多个文档窗口,则需要切换到待保存的网页文档所在窗口中进行保存。当然单击【全部保存】按钮则不需要切换。

(2) 如果网页文档是第一次保存,则会弹出一个“另存为”对话框,必须选择正确的保存路径并输入合适的文件名,然后单击【保存】按钮即可。

4. 关闭网页文档

在 Dreamweaver CC 主窗口中如果需要关闭打开的网页文档,选择【文件】菜单中的【关闭】命令或者【全部关闭】命令即可。如果页面尚未保存,则会弹出一个对话框,确认是否保存。

任务 1-2 认知 HTML5 的典型标记和结构标签

【任务描述】

任务 1-2-1 分析 HTML 代码的组成结构
任务 1-2-2 认知 HTML5 中典型的标记方法
任务 1-2-3 认知 HTML5 主要的结构标签

【任务实施】

任务 1-2-1 分析 HTML 代码的组成结构

1. 打开网页文档 0102. html 与浏览 HTML 代码

文件夹“0102”中网页文档 0102. html 的浏览效果如图 1-21 所示。

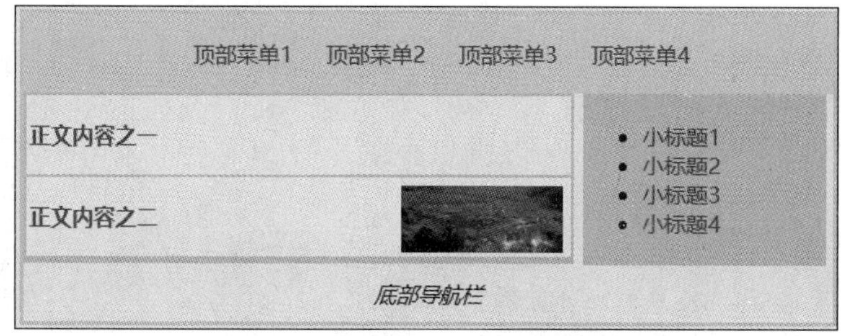

图 1-21 网页 0102. html 的浏览效果

网页 0102. html 对应的 HTML 代码如表 1-1 所示。

表 1-1 网页 0102. html 对应的 HTML 代码

HTML 代码

```
<!DOCTYPE html>
<html>
 <head>
  <meta charset="utf-8"/>
  <title>HTML5 应用实例</title>
  <link rel="stylesheet" href="css/style.css" type="text/css"/>
 </head>
 <body>
  <header id="page_header">
   <nav>
    <ul>
```

续表

HTML 代码

```
        <li><a href="#">顶部菜单 1</a></li>
        <li><a href="#">顶部菜单 2</a></li>
        <li><a href="#">顶部菜单 3</a></li>
        <li><a href="#">顶部菜单 4</a></li>
      </ul>
    </nav>
  </header>
  <section id="posts">
    <article class="post">
      <p>正文内容之一 </p>
    </article>
    <article class="post">
      <aside>
        <img src="t01.jpg" alt="" width="120" height="48"/>
      </aside>
      <p>正文内容之二 </p>
    </article>
  </section>
  <section id="sidebar">
    <nav>
      <ul>
        <li><a href="#">小标题 1</a></li>
        <li><a href="#">小标题 2</a></li>
        <li><a href="#">小标题 3</a></li>
        <li><a href="#">小标题 4</a></li>
      </ul>
    </nav>
  </section>
  <footer id="page_footer">
    <address>底部导航栏</address>
  </footer>
 </body>
</html>
```

2. 分析空白网页 HTML 代码的基本结构

下面对表 1-1 中的 HTML 代码的基本结构组成进行分析。

我们使用 Dreamweaver CC 创建 0102. html 网页文件，会自动生成由 HTML 语言描述的代码框架。HTML 是一种纯文本类型、解释执行的标记语言，使用 HTML 编写的网页文件也是标准的纯文本文件。当用浏览器浏览网页时，浏览器读取网页中的 HTML 代码，分析其语法结构，然后根据解释的结果显示网页内容。

在 Dreamweaver CC 的主界面中单击【代码】按钮，切换到代码视图，观察网页的 HTML 代码，对 HTML 代码形成初步印象。

空白网页的 HTML 代码如表 1-2 所示。

表 1-2　空白网页的 HTML 代码

```
<!doctype html>
<html>
  <head>
      <meta charset="utf-8">
      <title>无标题文档</title>
  </head>
  <body>

  </body>
</html>
```

网页 HTML 代码的基本结构如下：

```
<html>
    <head>
        <title>网页标题</title>
    </head>
    <body>
        网页内容
    </body>
</html>
```

HTML 文档主要是由头部内容和主体内容两部分组成。头部内容是文档的开头部分，对文件进行一些必要的定义；主体内容是 HTML 网页的主要部分。

HTML5 的基础标签与元信息标签如表 1-3 所示。

表 1-3　HTML5 的基础标签与元信息标签

标签名称	标 签 描 述
<!doctype>	定义文档类型
<html>	<html>和</html>标签在最外层，表示这对标签之间的内容是 HTML 文档
<head>	head 头部标签以<head>标签开始，以</head>标签结束。头部标签出现在文件的起始部分，用来说明文件的有关信息。头部标签内最常用的标签是标题标签，其格式为：<title>网页标题</title>
<title>	定义文档的标题
<meta>	定义关于 HTML 文档的元信息
<base>	定义页面中所有链接的默认地址或默认目标

续表

标签名称	标 签 描 述
<body>	定义文档的主体，文档主体内容以<body>标签开始，以</body>标签结束，网页正文中的所有内容包括文字、图像、表格、动画等都包含在这对标签之间
<!--...-->	定义注释

HTML5 标签的核心属性如表 1-4 所示。

表 1-4 HTML5 标签的核心属性

属 性 名 称	取 值	属 性 描 述
class	classname	规定元素的类名(classname)
id	id	规定元素的唯一 id
style	style_definition	规定元素的行内样式(inlinestyle)
title	text	规定元素的额外信息(可在工具提示中显示)

3. 分析网页 body 主体的 HTML 代码

网页 body 主体的 HTML 代码分析如下。

1) 头部代码

网页 0102. html 的头部代码由<header>标签实现，如表 1-1 中第 09～18 行所示。

<header>标签不能和 h1、h2、h3 这些标题混为一谈，<header>元素可以包含从公司 logo 到搜索框在内的各式各样的内容。同一个页面可以包含多个<header>元素，每个独立的区块或文章都可以含有自己的<header>。

2) 尾部代码

网页 0102. html 的尾部代码由<footer>标签实现，如表 1-1 中第 40～42 行所示。

<footer>元素位于页面或者区块的尾部，用法和<header>基本一样，也会包含其他元素。

3) 导航代码

网页 0102. html 的导航由<nav>标签实现，如表 1-1 中第 31～38 行所示。

网页导航对于一个网页来说至关重要，快速方便的导航是留住访客所必需的。导航可以被包含在<header>或<footer>或者其他区块中，一个页面可以有多个导航。

4) 区块和文章代码

网页 0102. html 的区块和文章由<section>和<article>标签实现，如表 1-1 中第 19～29 行所示。

<section>元素将页面的内容合理归类于布局，可以看到<article>元素还可以包含很多元素。

5) 旁白和侧边栏代码

网页 0102. html 的侧边栏由<aside>实现，如表 1-1 中第 24～26 行所示。

<aside>标签可实现旁白，一般加在<article>中使用。<aside>元素是为主内容添加的附加信息，再加入引言、图片等。侧边栏不一定是旁白，可以看作是右面的一个区

域，包含链接，可用<section>和<nav>实现。

任务1-2-2 认知HTML5中典型的标记方法

HTML5中典型的标记方法如下。

1）内容类型(ContentType)

HTML5文档的扩展名仍然为“.html”或者“.htm”，内容类型(ContentType)仍然为“text/html”。

2）DOCTYPE声明

HTML5中使用<!DOCTYPE html>声明，该声明方式适用所有版本的HTML。

<!DOCTYPE>声明必须是HTML文档的第一行，位于<html>标签之前。<!DOCTYPE>声明不是HTML标签；它是指示Web浏览器关于页面应使用哪个HTML版本进行编写的指令。

在HTML4.01中，<!DOCTYPE>声明引用DTD，因为HTML4.01基于SGML。DTD规定了标签语言的规则，这样浏览器才能正确地呈现内容。HTML5不基于SGML，所以不需要引用DTD。在HTML4.01中有三种<!DOCTYPE>声明。在HTML5中只有一种，即<!DOCTYPE html>。

<!DOCTYPE>声明没有结束标记，并且对大小写不敏感。应始终向HTML文档添加<!DOCTYPE>声明，这样浏览器才能获知文档类型。

3）指定字符编码

HTML5中的字符编码推荐使用UTF-8，HTML5中可以使用<meta>元素直接追加charset属性的方式来指定字符编码：<meta charset="utf-8">。

HTML4中使用<meta http-equiv="Content-Type" content="text/html;charset=utf-8">继续有效，但不能同时混合使用两种方式。

4）具有boolean值的属性

当只写属性而不指定属性值时表示属性为true，也可以将属性名设定为属性值或将空字符串设定为属性值；如果想要将属性值设置为false，可以不使用该属性。

5）引号

指定属性时属性值两边既可以用双引号也可以用单引号。当属性值不包括空字符串、<、>、=、单引号、双引号等字符时，属性两边的引号可以省略。例如：<input type="text"> <input type='text'> <input type=text>。

任务1-2-3 认知HTML5主要的结构标签

HTML5提供了新的元素来创建更好的页面结构，其主要的结构标签说明如下。

1）<header>标签

<header>标签用于定义文档的头部区域，表示页面中一个内容区块或整个页面的标题。

2）<section>标签

<section>标签用于定义文档中的节(section、区段)，表示页面中的一个内容区块，例如

章节、页眉、页脚或页面的其他部分。可以和 h1、h2 等元素结合起来使用，表示文档结构。

3）<footer>标签

<footer>标签用于定义文档或节的页脚部分，表示整个页面或页面中一个内容区块的脚注，通常包含文档的作者、版权信息、使用条款链接、联系信息等。可以在一个文档中使用多个<footer>元素，<footer>元素内的联系信息应该位于<address>标签中。

4）<article>标签

<article>标签用于定义页面中一块与上下文不相关的独立内容，例如一篇文章。<article>元素的潜在来源可能有论坛帖子、报纸文章、博客条目、用户评论等。

5）<aside>标签

<aside>标签用于定义页面内容之外的内容，表示 article 元素内容之外的与 article 元素内容相关的辅助信息。

6）<hgroup>标签

<hgroup>标签用于对整个页面或页面中的一个内容区块的标题进行组合。

【同步训练】

任务 1-3　打开并浏览网页 0103.html

（1）在 Dreamweaver CC 中打开文件夹“0103”中的网页 0103. html 并进行浏览，其浏览效果如图 1-22 所示。

图 1-22　网页 0103. html 的浏览效果

（2）在 Dreamweaver CC 主窗口中切换到【代码】视图，观察网页的 HTML 代码。

【技术进阶】

1. 主流浏览器的默认样式以及清除属性的默认设置方法

不同的浏览器，对于标签样式的默认值存在一定的差异。

（1）body 标签的页边距

（2）标题样式

（3）段间距

（4）超链接样式

（5）列表样式

（6）图片边框样式

（7）默认指针样式

（8）元素居中

（9）表格

2. CSS 代码中注释的合理使用

在 CSS 代码中添加必要的注释对日后代码维护和团队内信息交流提供了很大的方便，有助于快速了解代码的意图。

CSS 代码的注释以“/ * ”符号开头，以“ * /”符号结束，示例代码如下：

```
#box{
    margin-top: 10px;              /*设置上外边距为10px*/
    margin-bottom: 5px;            /*设置下外边距为5px*/
}
```

CSS 代码注释的放置位置和表达方式没有固定的模式，可以根据需要添加。例如在代码段前面添加注释，便于日后了解代码段的功能；在每个选择符后或者在每个属性定义后添加注释，起着提示或说明的作用，方便阅读。但是不必为每条属性定义添加注释，有些代码一看就明白，不必添加注释。

CSS 代码中添加的注释有时也会出现一些问题，例如，为 CSS 代码添加中文注释，有些情况下会导致部分 CSS 样式代码无效，其主要原因是文档编码类型、服务器端支持等方面引起的，可以把注释改成英文或者删除中文注释，也可以把文档编码改成与页面一致的编码，例如把文档编码改为 GB 2312 后则正常显示。

对于使用<style></style>标签将 CSS 样式定义嵌入 HTML 代码中的情况，如果添加注释，则后面相邻的样式可能会失效，但不会影响后面不相邻样式的效果。示例代码如下：

```
<style type="text/css" >
<!--这条注释将使相邻样式定义 body 失效-->
```

```
body{color:#f39;}
p{color:#630;}
</style>
```

如果把上面的示例代码中的注释文字的尾部增加一个空格，也就是在“失效”和“-->”之间增加一个空格，则样式代码恢复正常功能。

【问题探究】

【问题1】 解释网页和网站，并简要说明网页的工作原理。

1）网页

网页是用HTML(超文本标记语言)或者其他语言编写的，通过浏览器编译后供用户获取信息的页面，网页中可以包含文字、图像、动画、视频、超链接(也称超级链接)等各种网页元素。

网页按其表现形式可以分为静态网页和动态网页。静态网页实际上是图文结构的页面，浏览者可以阅读页面中的信息，网页中可以包括GIF动画、Flash动画、视频和脚本程序等，但是浏览器端与服务器端不发生交互操作。动态网页的“动”指的是“交互性”，是指浏览器端和服务器端可以进行交互操作，大部分信息存储在服务器端的数据库中，根据浏览者的请求从服务器端的数据库中取出数据，传送到浏览器端，然后显示出来。

2）网站

网站是若干个相关网页的集合。通过超链接使网站中多个网页建立联系，形成一个主题鲜明、风格一致的Web站点。网站中的网页结构性较强，组织比较严密。通常，网站都有一个主页，包括网站Logo和导航栏等内容，导航栏包含了指向其他网页的超链接。

3）网页的工作原理

网站包含的文件位于Web服务器中，浏览者通过浏览器向Web服务器发出请求；Web服务器则根据请求，把浏览者所访问的网页传送到客户端，显示在浏览器中。一个网页的工作过程可以归纳为以下四个步骤。

(1) 用户在浏览器中输入网页的网址，例如：http://www.sina.com。

(2) 客户端的访问请求被送往网站所在的Web服务器，服务器查找对应的网页。

(3) 若找到网页，则Web服务器把找到的网页回送给客户端。

(4) 客户端收到返回的网页后在浏览器中显示出来。

【问题2】 解释述语：Internet、WWW、URL、HyperText、HTTP、HTML、CSS、Server与Browser。

(1) Internet

(2) WWW

(3) URL

(4) HyperText

(5) HTTP

(6) HTML

(7) CSS

(8) Server 与 Browser

【问题3】 制作网页与处理网页元素的常用工具有哪些?

制作网页的专业工具功能越来越完善、操作越来越简单,处理图像、制作动画、发布网站的专业软件应用也非常广泛。

常用制作网页的工具如下。

(1) 制作网页的专门工具:Dreamweaver。

(2) 图像处理工具:Photoshop、Fireworks。

(3) 动画制作工具:Flash、Swish。

(4) 抓图工具:HyperSnap、HyperCam、Camtasia Studio。

(5) 网站发布工具:CuteFTP。

【问题4】 HTML5 的主要变化有哪些?

(1) 取消了一些过时的 HTML4 标记。

(2) 将内容和展示分离。

(3) 增加了一些全新的表单输入对象。

(4) 增加了全新的、更合理的 Tag。

(5) 本地数据库。

(6) Canvas 对象。

(7) 浏览器中的真正程序。

(8) HTML5 取代 Flash 在移动设备的地位。

(9) HTML5 突出的特点就是强化了 Web 页面的表现性,增加了本地数据库。

【问题5】 HTML5 新增的标签和废除的标签各有哪些?

HTML5 中,在新增加了多个标签元素,同时也废除了多个标签元素。

(1) HTML5 新增的标签。

(2) HTML5 废除的标签。

【问题6】 HTML5 新增的标签和废除的属性各有哪些?

HTML5 中,在新增加和废除很多元素的同时,也增加和废除了很多属性。

(1) HTML5 新增的属性。

(2) HTML5 废除的属性。

HTML4 中一些属性在 HTML5 中不再被使用,而是采用其他属性或其他方式代替。

【单元习题】

(一) 单项选择题

(二) 多项选择题

(三) 填空题

(四) 简答题

提示:请扫描二维码浏览习题内容。

单元 2　网页中文本与段落的应用设计

网页中的信息主要通过文字来表达的，文字是网页的主体和构成网页最基本的元素，它具有准确快捷地传递信息、存储空间小、易复制、易保存、易打印等优点，其优势很难被其他元素所取代。在 Dreamweaver CC 中输入文本与在 Word 中输入文本很相似，都可以对文本的格式进行设置。

【知识必备】

1. HTML 中常用的结构标签

HTML5 的结构标签与编程标签如表 2-1 所示。

表 2-1　HTML5 的结构标签与编程标签

标签名称	标 签 描 述	标签名称	标 签 描 述
<header>	定义 section 或 page 的页眉	<div>	定义文档中的节
<section>	定义 section	<p>	定义段落
<article>	定义文章	<span>	定义文档中的节
<aside>	定义页面内容之外的内容	<dialog>	定义对话框或窗口
<footer>	定义 section 或 page 的页脚	<script>	定义客户端脚本
<style>	定义文档的样式信息	<noscript>	定义针对不支持客户端脚本的用户的替代内容

1）<div>标签

div 是 division（分割）的缩写，是一个通用块状元素，是常用的结构化元素，其 display 属性默认为 block。div 没有明确的语义，表示文档结构块的意思，它可以把文档分割为多个有意义的区域，所以使用<div>标签可以实现网页的布局，是网页布局的主要元素。

2）标题标签

HTML 中，定义了 6 级标题，分别为 h1、h2、h3、h4、h5、h6，这六个标签具有明确的语义，这些元素的第一个字母 h 是 header（标题）的首字母，后面的数字表示标题的级别。使用 h1、h2、h3、h4、h5 和 h6 可以定义网页标题，每级标题的字体大小依次递减，其中 h1 表示 1 级标题，其字号最大；h2 表示二级标题，字号较小，其他标签依此类推，6 级标题字号最小。

h1、h2、h3、h4、h5 和 h6 都是块状元素，CSS 和浏览器都预定义了<h1>～<h6>标签的默认样式，一般搜索引擎对标题标签具有较强的敏感性，特别是 h1 和 h2 元素。建议使用<h1>～<h6>标签定义网页的标题，并且放在相应的结构层次中。

3）段落标签

p 是 paragraph（段落）的首字母；<p>标签用于定义文本段落，该标签具有明确的语义特征。<p>标签是块状元素。每个文本段落在默认状态下都定义了上下边界，具体大小在不同浏览器中有所区别。当需要在网页中插入新的段落时，可以使用段落标签<p></p>，它可以将标签后面的内容另起一段。在 Dreamweaver CC 的设计视图中，按 Enter 键后，就会自动形成一个段落，相当于添加了<p>标签。

4）<span>标签

span 表示范围的意思，是一个通用内联元素，没有明确的语义特征，可以作为文本或内联元素的容器，其 display 属性默认为 inline。一般用<span>标签为部分文本或内联元素定义特殊的样式、修饰特定内容和辅助 div 完善页面布局等。

2. HTML5 中常用的文本标签

HTML5 的格式标签如表 2-2 所示。

表 2-2　HTML5 的格式标签

标签名称	标 签 描 述	标签名称	标 签 描 述
<acronym>	定义只取首字母的缩写	<kbd>	定义键盘文本
<abbr>	定义缩写	<mark>	定义有记号的文本
<bdi>	定义文本的文本方向，使其脱离周围文本的方向设置	<rp>	定义若浏览器不支持 ruby 元素显示的内容
<b>	定义粗体文本	<pre>	定义预格式文本
<address>	定义文档作者或拥有者的联系信息	<progress>	定义任何类型的任务的进度
<bdo>	定义文字方向	<q>	定义短的引用
<big>	定义大号文本	<meter>	定义预定义范围内的度量
<blockquote>	定义长的引用	<ruby>	定义 ruby 注释
<cite>	定义引用（citation）	<rt>	定义 ruby 注释的解释
<code>	定义计算机代码文本	<samp>	定义计算机代码样本
<del>	定义被删除文本	<small>	定义小号文本
<details>	定义元素的细节	<summary>	为<details>元素定义可见的标题
<dfn>	定义项目	<strong>	定义语气更为强烈的强调文本
<em>	定义强调文本	<sup>	定义上标文本
<h1>to<h6>	定义 HTML 标题	<sub>	定义下标文本
<hr>	定义水平线	<time>	定义日期/时间
<i>	定义斜体文本	<tt>	定义打字机文本
<ins>	定义被插入文本	<var>	定义文本的变量部分
<wbr>	定义换行符	 	定义简单的换行

1）
标签与<wbr>标签

是一个单标签，没有结尾的标签，br是英文单词break的缩写。
标签用于将文字在一个段内强制换行，而不是分割段落。

标签只是简单地开始新的一行，而当浏览器遇到<p>标签时，通常会在相邻的段落之间插入一些垂直的间距。
标签与段落标签在显示效果上都是另起一行书写，但是段落标签的行距要宽。制作网页时，换行可以通过按Shift+Enter组合键实现。

<wbr>标签表示软换行，用于在文本中添加换行符。与
标签元素的区别是
标签表示此处必须换行；<wbr>表示浏览器窗口或父级元素足够宽时(没必要换行时)则不换行，而宽度不够时主动在此处换行。

2）<details>标签与<summary>标签

<details>标签用于描述文档或文档某个部分的细节，目前只有Chrome浏览器支持details标签，可以与<summary>标签配合使用。

<summary>标签用于描述有关文档的详细信息，示例代码如下：

```
<details>
    <summary>HTML5</summary>
    This document teaches you everything you have to learn about HTML5.
</details>
```

<summary>标签为details元素定义标题，details元素用于描述有关文档或文档片段的详细信息。<summary>标签应与<details>标签一起使用，标题是可见的，当用户单击标题时会显示出详细信息。summary元素通常是details元素的第一个子元素。

3）<bdi>标签

<bdi>标签用于设置一段文本，使其脱离父元素的文本方向设置。

4）<mark>标签

<mark>标签主要用来在视觉上向用户呈现那些需要突出显示或高亮显示的文字，典型应用是搜索结果中高亮显示搜索关键字。

5）<meter>标签

<meter>标签用于定义度量衡。仅用于已知最大和最小值的度量。

6）<progress>标签

<progress>标签用于定义任何类型任务的运行进度，可以使用progress元素显示JavaScript中耗时时间函数的进程。

3. CSS文本属性(Text)

CSS文本属性可定义文本的外观，通过文本属性，可以改变文本的颜色、字符间距、对齐文本、装饰文本、对文本进行缩进等。

1）缩进文本

把Web页面中段落的第一行缩进，这是一种最常用的文本格式化效果。CSS提供了text-indent属性，该属性可以方便地实现文本缩进。通过使用text-indent属性，所有元素的第一行都可以缩进一个给定的长度，甚至该长度可以是负值。

text-indent 属性最常见的用途是将段落的首行缩进，下面的规则会使所有段落的首行缩进 2em：

```
p {text-indent:2em;}
```

一般来说，可以为所有块级元素应用 text-indent，但无法将该属性应用于行内元素，图像之类的替换元素上也无法应用 text-indent 属性。不过，如果一个块级元素（例如段落）的首行中有一个图像，它会随该行的其余文本移动。如果想把一个行内元素的第一行“缩进”，可以用左内边距或外边距创造这种效果。

text-indent 属性值还可以设置为负值，利用这种技术，可以实现很多有趣的效果，例如“悬挂缩进”，即第一行悬挂在元素中余下部分的左边，示例代码如下：

```
p {text-indent: -2em;}
```

不过在为 text-indent 设置负值时要谨慎，如果对一个段落设置了负值，那么首行的某些文本可能会超出浏览器窗口的左边界。为了避免出现这种显示问题，建议针对负缩进再设置一个外边距或一些内边距，示例代码如下：

```
p {text-indent:-2em; padding-left:2em;}
```

text-indent 属性值可以使用所有长度单位，包括百分比值。百分数要相对于缩进元素父元素的宽度。换句话说，如果将缩进值设置为 20%，所影响元素的第一行会缩进其父元素宽度的 20%。

在以下示例代码中，缩进值是父元素的 20%，即 100 个像素。

```
div {width: 500px;}
p {text-indent: 20%;}
<div>
    <p>this is a paragragh</p>
</div>
```

text-indent 属性可以继承。

2）水平对齐

text-align 是一个基本的属性，它会影响一个元素中的文本行互相之间的对齐方式，其取值 left、right 和 center 会导致元素中的文本分别左对齐、右对齐和居中。

3）文字间隔

word-spacing 属性可以改变文字（单词）之间的标准间隔，其默认值 normal 与设置值为 0 是一样的。word-spacing 属性接受一个正长度值或负长度值。如果提供一个正长度值，那么文字之间的间隔就会增加。为 word-spacing 设置一个负值，就会把文字拉近，示例代码如下：

```
p.spread {word-spacing: 30px;}
p.tight {word-spacing: -0.5em;}
```

4）字母间隔

与 word-spacing 属性一样，letter-spacing 属性的可取值包括所有长度，默认关键字是 normal（这与 letter-spacing：0 相同）。输入的长度值会使字母之间的间隔增加或减少指定的量，示例代码如下：

```
h1 {letter-spacing: -0.5em}
h4 {letter-spacing: 20px}
```

letter-spacing 属性与 word-spacing 的区别在于，字母间隔修改的是字符或字母之间的间隔。

5）字符转换

text-transform 属性处理文本的大小写，该属性有 4 个取值：none、uppercase、lowercase 和 capitalize。默认值 none 对文本不做任何改动，将使用源文档中的原有大小写。顾名思义，uppercase 和 lowercase 将文本转换为全大写字符和全小写字符，capitalize 只设置每个单词的首字母大写。

6）文本装饰

text-decoration 属性提供了很多非常有趣的行为，它有 5 个值：none、underline、overline、line-through、blink。underline 会对元素添加下画线；overline 的作用恰好相反，会在文本的顶端画一个上画线；line-through 则在文本中间画一个贯穿线；blink 会让文本闪烁。

none 值会关闭原本应用到一个元素上的所有装饰。通常，无装饰的文本是默认外观，但也不总是这样。例如，链接默认会有下画线，如果希望去掉超链接的下画线，可以使用以下 CSS 来做到这一点。

```
a {text-decoration: none;}
```

注意：如果显式地用这样一个规则去掉链接的下画线，那么超链接与正常文本之间在视觉上的唯一差别就是颜色。

7）文本阴影

在 CSS3 中，text-shadow 可向文本应用阴影，允许规定水平阴影、垂直阴影、模糊距离以及阴影的颜色。

8）处理空白符

white-space 属性会影响到对源文档中的空格、换行和 Tab 字符的处理。通过使用该属性，可以影响浏览器处理文字之间和文本行之间的空白符的方式。从某种程度上讲，默认的 HTML 处理已经完成了空白符处理：它会把所有空白符合并为一个空格。所以给定以下代码，它在 Web 浏览器中显示时，各个字之间只会显示一个空格，同时忽略元素中的换行。

```
<p>This paragraph has many spaces in it.</p>
```

可以使用以下声明显式地设置这种默认行为。

```
p {white-space: normal;}
```

上面的规则告诉浏览器按照平常的做法去处理：丢掉多余的空白符。如果给定这个值，换行字符会转换为空格，一行中多个空格也会转换为一个空格。

如果将 white-space 设置为 pre，受这个属性影响的元素中，空白符的处理就有所不同，其行为就像 HTML 的 pre 元素一样，空白符不会被忽略。

4. CSS 字体属性(font)

网页设计时，一般使用 font 属性定义字体的通用属性，它可以设置所有字体属性，包括字体名称、字体大小、文字粗细、样式、变体、颜色和行高等方面，定义字体通用属性的示例代码如下：

```
p {
    font : italic bold small-caps 12px "宋体", "Times New Roman", Arial;
}
```

使用 font 属性定义字体的通用属性时，其中字体大小和字体名称必须设置，其相对位置固定不变，其他属性设置可以省略，相对位置也可以改变。如果需要设置行高，可以使用斜杠"/"附加在字体大小值的右边，即为"12px/2em"的形式。但要注意文字颜色不能在 font 属性中定义，必须单独定义。

1) 文字字体

在 CSS 中，通常有两种不同类型的字体系列。

(1) 通用字体系列：拥有相似外观的字体系统组合(例如 Serif 或 Monospace 字体)。

(2) 特定字体系列：具体的字体系列(例如 Times 或 Courier)。

除了各种特定的字体系列外，CSS 定义了五种通用字体系列：Serif 字体、Sans-serif 字体、Monospace 字体、Cursive 字体和 Fantasy 字体。

使用 font-family 属性定义文本的字体系列。如果希望文档使用一种 sans-serif 字体，但是并不关心是哪一种字体，以下就是一个合适的声明。

```
body {font-family: sans-serif;}
```

这样就会从 sans-serif 字体系列中选择一个字体(如 Helvetica)，并将其应用到 body 元素。因为有继承，这种字体选择还将应用到 body 元素中包含的所有元素，除非有一种更特定的选择器将其覆盖。

除了使用通用的字体系列，还可以通过 font-family 属性设置更具体的字体。下面的实例为所有 h1 元素设置了 Georgia 字体。

```
h1 {font-family: Georgia;}
```

这样的规则同时会产生另外一个问题，如果计算机中没有安装 Georgia 字体，就只能使用默认字体来显示 h1 元素。我们可以通过结合特定字体名和通用字体系列来解决这个问题，示例代码如下：

```
h1 {font-family: Georgia, serif;}
```

如果计算机中没有安装 Georgia，但安装了 Times 字体(serif 字体系列中的一种字体)，就可能对 h1 元素使用 Times。尽管 Times 与 Georgia 并不完全匹配，但至少足够接近。

建议在所有 font-family 规则中都提供一个通用字体系列，这样就提供了一条后路，在无法提供与规则匹配的特定字体时，就可以选择一个候选字体。

当字体名中有一个或多个空格(例如 New York)，或者如果字体名包括 # 或 $ 之类的符号，才需要在 font-family 声明中加引号。单引号或双引号都可以接受。但是，如果把一个 font-family 属性放在 HTML 的 style 属性中，则需要使用该属性本身未使用的那种引号，示例代码如下：

```
<p style="font-family: Times, 'New York', serif;">...</p>
```

一般计算机中都安装有多种字体。如果没有显式定义网页字体，浏览器会使用默认的字体浏览网页，例如 Windows 中文版操作系统默认字体是宋体或新宋体，英文默认字体是 Arial。

为了保证在所有的浏览器中都能正确显示，提倡使用系统默认字体，例如中文中用宋体或新宋体，英文用 Arial。这样可以保证用户系统中字体缺少时，浏览器仍能够正确解析并显示文字。制作网页时，应养成显式定义网页字体的好习惯，以保证页面文字在不同浏览器中都能正常显示。定义字体的 CSS 示例代码如下：

```
body {
    font-family: "宋体","Times New Roman",Arial;
}
```

定义字体时可以使用多种类型的字体，按优先顺序排列，使用半角逗号“,”分隔。网页打开时，浏览器会从用户计算机中寻找 font-family 中声明的第一种字体。如果计算机中没有这种字体，则会继续寻找第二种字体，依此类推。在实际应用中，由于大部分操作系统的中文版只安装了宋体、黑体等一些常用的字体，所以设置中文字体属性时不要选择特殊字体，应尽量选择宋体、黑体等常用字体。否则当浏览者的计算机没有安装该字体时，显示会出现异常。如果需要一些装饰性字体，可以使用图像方式代替纯文本。

当不能确保所设置的字体在所有浏览者的计算机中都安装时，将一种通用字体加在字体列表的最后是一种好的做法。通用字体包括五类：serif 系列(成比例有衬线字体，常用的字体有 Times New Roman、Times、serif)、sans-serif 系列(成比例无衬线字体，常用的字体有 Arial、Helvetica、sans-serif)、cursive 系列(模拟手写字体，常用的字体有 Comic Sans MS、cursive)、fantasy 系列(特殊字体，此类字体比较少，例如 Western)和 monospace 系列(等宽字体，常用的字体有 Courier New、Courier、monospace)。通用字体主要针对英文字体而定义，对中文汉字的浏览存在差异，在设置字体时，应选用中文字体，一般为宋体或新宋体。

如果一种字体的名称中有空格，例如 Times New Roman，在 CSS 定义时要使用半角引号包含该字体，例如：

```
p{
    font-family:Georgia, "Times New Roman", Times, serif;
}
```

如果声明被包含在双引号中，则字体名应用单引号，例如：

```
<p style="font-family:Georgia, 'Times New Roman', Times, serif"></p>
```

通常中文标题习惯使用黑体或宋体加粗，正文文字多使用宋体。英文标题多使用 sans-serif 系列字体，例如 Arial。而正文文字适合使用 serif 系列字体，例如 Times New Roman。

2）字体风格

font-style 属性最常用于规定斜体文本，该属性有三个取值：normal（文本正常显示）、italic（文本斜体显示）、oblique（文本倾斜显示），其默认值是 normal。italic 和 oblique 都表示倾斜，而 oblique 倾斜的幅度要大一些。斜体文字在网页中的应用也比较多，多用于注释、说明以及日期等其他附加信息。

网页中可以使用 font-style 属性设置文字样式，CSS 示例代码如下：

```
p{font-style: italic;}
```

3）字体变形

font-variant 属性可以设定小型大写字母，小型大写字母不是一般的大写字母，也不是小写字母，这种字母采用不同大小的大写字母。

4）字体加粗

网页中可以使用 font-weight 属性设置文字的粗细，CSS 示例代码如下：

```
p{font-weight: normal;}
```

font-weight 属性的取值除了关键字 normal、bold、bolder 和 lighter 之外，还可以使用数值表示，将文字的粗细分为 9 个等级，分别是 100～900，其中 100 最细，900 最粗。一般 400 等价于 normal，700 等价于 bold。如果将文字粗细设置为 bolder，则浏览器会根据父元素的文字粗细，选择与其最接近的一种，而且显示为更粗一些的字体。如果将文字粗细设置为 lighter，则浏览器会根据父元素的文字粗细设置为较细的字体。

5）字体大小

font-size 属性设置文本的大小，font-size 值可以是绝对值或相对值。绝对值是指将文本设置为指定的大小，不允许用户在所有浏览器中改变文本大小，绝对大小在确定了输出的物理尺寸时很有用。相对大小是指相对于周围的元素来设置大小，允许用户在浏览器中改变文本的大小。

当我们不显式定义网页的字体大小时，网页文档标准字体大小的默认值为 16px（16px＝1em），并且在不同浏览器中显示的效果是一致的。字体大小的默认值定为 16px 是考虑到网页的可读性，但是 16px 的字体大小容易破坏页面布局，影响页面的美观度。在实际设计中，习惯适当减小字体大小。目前国内很多网站都将正文字体的大小设置为 12px。由于屏幕分辨率越来越大，现在有些网站将正文字体大小设置为 14px。

定义字体大小有多种方法，包括使用数值大小、使用关键字、使用百分比等。其中使用数值大小表示字体大小时，需要使用长度单位，例如 px、pt、em、ex 等，一般常用的是像素(px)。

(1) 使用像素(px)作为单位设置文本大小，可以对文本大小进行完全控制，示例代码如下：

```
h2 {font-size:40px;}
p {font-size: 12px;}
```

目前有许多网站都是选用像素作为字体大小的单位，常用的字体大小有 9px、10px、12px、14px、16px、18px、24px、36px 等。对于图文混排的网页，使用像素更容易实现图文协调显示，因为图像也是以像素作为单位的。

(2) 使用磅(pt)作为单位的字体大小定义示例代码如下：

```
p{font-size: 9pt;}
```

有些网站使用磅(pt)设置字体大小。在 Apple 公司的 Macintosh 操作系统中，磅与像素趋于相同的效果，12pt 与 12px 的显示效果趋于相同。但是在 Microsoft 公司的 Windows 操作系统中，磅与像素的显示效果是不同的，对于相同数值大小的字体，磅要比像素的大些，例如 9pt 的文字大小与 12px 相当，10pt 的文字大小与 13px 相当，12pt 的文字大小与 16px 相当。

(3) 可以使用 em 作为单位来设置字体大小，如果要避免在 Internet Explorer 中无法调整文本的问题，许多开发者使用 em 单位代替 pixels。W3C 推荐使用 em 尺寸单位，1em 等于当前的字体尺寸。如果一个元素的 font-size 为 16 像素，那么对于该元素，1em 就等于 16 像素。在设置字体大小时，em 的值会相对于父元素的字体大小改变。浏览器中默认的文本大小是 16 像素，因此 1em 的默认尺寸是 16 像素，14px 相当于 0.875em，12px 相当于 0.75em，10px 相当于 0.625em。使用 em 定义字体大小时可以在任何浏览器中缩放，它同时也能照顾到用户对字体的偏爱，国外许多主流网站都使用 em 作为字体大小单位。设计网页时，如果在 body 标签中定义页面的字体大小之后，其他标签的字体都会随 body 标签字体大小的变化而变化，页面控制就显得轻松。

可以使用这个公式将像素转换为 em：pixels/16＝em。示例代码如下：

```
h2 {font-size:2.5em;}              /* 40px/16=2.5em */
p {font-size:0.875em;}             /* 14px/16=0.875em */
```

在上面的实例中，以 em 为单位的文本大小与前一个实例中以像素计的文本是相同的。不过，如果使用 em 单位，则可以在所有浏览器中调整文本大小。

注意：16pt 等于父元素的默认字体大小，假设父元素的 font-size 为 20px，那么公式需改为：pixels/20＝em。

(4) 使用百分比定义字体大小的示例代码如下：

```
p{font-size: 200%;}
```

使用百分比定义的字体大小与 em 一样，是相对于父元素的字体大小来确定的，1em 的计算值等于 100%的计算值，它们的显示效果是相同的。字体大小定义为 200%，相当于父元素字体大小的 2 倍，如果父元素的字体大小为 12px，那么子元素的字体大小相当于 24px。对于 IE 浏览器使用百分比定义字体大小，可以获取较好的浏览效果。

(5) 使用绝对大小的关键字定义字体大小的示例代码如下：

```
p{font-size: large;}
```

网页中的字体大小可以使用绝对大小的关键字来定义，这些关键字包括 xx-small、x-small、small、medium、large、x-large、xx-large。使用关键字定义字体大小可以缩放字体，这些关键字没有精确定义，但它们能够根据一个标准设置字体的绝对大小，其中 medium 是默认基准，带有 small 的关键字会缩小字体大小，带有 large 的关键字会放大字体大小。根据 CSS2 标准，放大因子为 1.2，缩小因子为 0.83。如果 medium 相当于 16px，那么 large 相当于 19px，small 相当于 13px。

(6) 使用相对大小的关键字定义字体大小的示例代码如下：

```
p{font-size: larger;}
```

关键字 larger 和 smaller 可以根据父元素的字体大小来确定子元素当前字体的大小。如果父元素的字体大小为 medium，当子元素定义为 larger 时，其字体大小就相当于 large。实际上不同浏览器显示效果有些差异。使用相对大小关键字定义字体大小的最大优势是可以不必约束在绝对尺寸的范围内，它的尺寸可以超出 xx-small 和 xx-large 的值范围，具有更大的灵活性。

6) 英文文字变形

网页中可以使用 font-variant 属性设置文字变形，CSS 示例代码如下：

```
p{font-variant: small-caps;}
```

font-variant 属性的取值包括 normal 和 small-caps，其中默认值为 normal，表示普通文本；而 small-caps 表示小型的大写字母，一般用来设置英文字母的大小写，不适合汉字使用。

7) CSS3 @font-face 规则

在 CSS3 之前，必须使用已在用户计算机上安装好的字体，通过 CSS3，则可以使用我们喜欢的任意字体。当我们找到或购买到希望使用的字体时，可将该字体文件存放到 Web 服务器上，它会在需要时被自动下载到用户的计算机上。

我们自己使用的字体是在 CSS3 @font-face 规则中定义的，在新的@font-face 规则中，必须首先定义字体的名称(例如 myFont)，然后指向该字体文件。如果需要为 HTML 元素使用字体，则通过 font-family 属性来引用字体的名称 myFont。

以下示例代码是使用粗体字体的实例，必须为粗体文本添加另一个包含描述符的@font-face。

```
<style>
```

```
    @font-face
    {
      font-family: myFont;
      src: url('Sansation_Bold.ttf'),
          url('Sansation_Bold.eot'); /* IE9+ */
      font-weight:bold;
    }
    div
    {
      font-family:myFont;
    }
</style>
```

上述 CSS 定义中的文件 Sansation_Bold.ttf 是另一个字体文件，它包含了 Sansation 字体的粗体字符。只要 font-family 为 myFont 的文本需要显示为粗体，浏览器就会使用该字体。通过这种方式，我们可以为相同的字体设置许多@font-face 规则。

5. CSS 颜色的表示方法

颜色是通过对红、绿和蓝光的组合来显示的。

1）颜色值

CSS 颜色使用组合了红、绿、蓝颜色值（RGB）的十六进制（hex）表示法进行定义。对光源进行设置的最低值可以是 0（十六进制 00），最高值是 255（十六进制 FF）。十六进制值使用 3 个两位数来编写，并以＃符号开头。CSS 常用颜色的 HEX 表示法与 RGB 表示法如表 2-3 所示。

表 2-3　CSS 常用颜色的 HEX 表示法与 RGB 表示法

颜色 HEX 表示法	颜色 RGB 表示法	颜色 HEX 表示法	颜色 RGB 表示法
＃000000	RGB(0,0,0)	＃00FFFF	RGB(0,255,255)
＃FF0000	RGB(255,0,0)	＃FF00FF	RGB(255,0,255)
＃00FF00	RGB(0,255,0)	＃FFFFFF	RGB(255,255,255)
＃0000FF	RGB(0,0,255)	＃CCCCCC	RGB(204,204,204)
＃FFFF00	RGB(255,255,0)	＃C0C0C0	RGB(192,192,192)

从 0 到 255 种红、绿、蓝三原色的值能够组合出总共超过 1600 万种不同的颜色（根据 256×256×256 计算）。大多数现代的显示器都能显示出至少 16 384 种不同的颜色。多年前，当计算机只支持最多 256 种颜色时，216 种"网络安全色"列表被定义为 Web 标准，并保留了 40 种固定的系统颜色。现在，这些都不重要了，因为大多数计算机都能显示数百万种颜色。

2）CSS 中的颜色的表示方法

（1）十六进制颜色。十六进制颜色是这样规定的：＃RRGGBB，其中的 RR（红色）、GG（绿色）、BB（蓝色）十六进制整数规定了颜色的成分，所有值必须介于 0 与 FF 之间。

所有浏览器都支持十六进制颜色值。例如，#0000ff 值显示为蓝色，这是因为蓝色成分被设置为最高值(ff)，而其他成分被设置为 0。

(2) RGB 颜色。RGB 颜色值的表示方式为：RGB(red, green, blue)，每个参数(red、green 以及 blue)定义颜色的强度，可以是介于 0～255 的整数，或者是百分比值(从 0%～100%)。所有浏览器都支持 RGB 颜色值。例如，RGB(0,0,255)值显示为蓝色，这是因为 blue 参数被设置为最高值(255)，而其他被设置为 0。同样地，以下两种表示方式定义了相同的颜色：RGB(0,0,255)和 RGB(0%,0%,100%)。

(3) RGBA 颜色。RGBA 颜色值是 RGB 颜色值的扩展，带有一个 alpha 通道(它规定了对象的不透明度)。RGBA 颜色值的表示方式为：RGBa(red, green, blue, alpha)，其中 alpha 参数是介于 0.0(完全透明)与 1.0(完全不透明)的数字。RGBA 颜色值得到以下浏览器的支持：IE9+、Firefox 3+、Chrome、Safari 以及 Opera 10+。例如，RGBa(255,0,0,0.5)值显示为红色，不透明度为 0.5。

(4) HSL 颜色。HSL 指的是 hue(色调)、saturation(饱和度)、lightness(亮度)。HSL 颜色值的表示方式为：HSL(hue, saturation, lightness)，例如，HSL(120,65%,75%)。Hue 是色盘上的度数(从 0～360)，0(或 360)是红色，120 是绿色，240 是蓝色；Saturation 是百分比值；0 意味着灰色，而 100%是全彩；Lightness 同样是百分比值，0 是黑色，100%是白色。HSL 颜色值得到以下浏览器的支持：IE9+、Firefox、Chrome、Safari 以及 Opera 10+。

(5) HSLA 颜色。HSLA 颜色值是 HSL 颜色值的扩展，带有一个 alpha 通道(它规定了对象的不透明度)。HSLA 颜色值表示方式为：HSLa(hue, saturation, lightness, alpha)，其中的 alpha 参数定义不透明度，alpha 参数是介于 0.0(完全透明)与 1.0(完全不透明)的数字。例如：HSLa(120,65%,75%,0.3)。HSLA 颜色值得到以下浏览器的支持：IE9+、Firefox 3+、Chrome、Safari 以及 Opera 10+。

(6) 预定义/跨浏览器颜色名。HTML 和 CSS 颜色规范中定义了 147 种颜色名(17 种标准颜色加 130 种其他颜色)。17 种标准色分别是 aqua、black、blue、fuchsia、gray、green、lime、maroon、navy、olive、orange、purple、red、silver、teal、white、yellow。这是所有浏览器都支持的颜色名。

设计网页时，可以为文字、超链接、已访问的超链接和当前活动超链接设置各种颜色。使用 Dreamweaver CC 制作网页，默认的正常文字的颜色为黑色，默认链接的文字颜色为蓝色，单击链接之后的文字颜色为紫红色。

可以使用 color 属性设计文字颜色，CSS 示例代码如下：

```
p{color: #c60;}
```

网页中颜色的运用能够使想要强调的文字更加引人注目。设置文字颜色的首要原则是可读性，前景色与背景色对比度要大，避免为了追求个性化而导致文字颜色不醒目，使可读性降低。在保证可读性的基础上，可以适当设置柔和的文字颜色，尽量少用大片纯色，例如纯黑、纯红或纯蓝。

6. CSS 多列属性(Multi-column)

通过 CSS3,可以创建多个列来对文本进行布局,就像报纸那样。column-count 属性用于设置元素应该被分隔的列数。

把 div 元素中的文本分隔为三列的示例代码如下:

```
div
{
  -moz-column-count:3;                          /*Firefox*/
  -webkit-column-count:3;                       /*Safari 和 Chrome*/
  column-count:3;
}
```

column-gap 属性用于设置列之间的间隔,规定列之间 40 像素的间隔的示例代码如下:

```
div
{
  column-count: 3;
  -moz-column-gap:40px;                         /*Firefox*/
  -webkit-column-gap:40px;                      /*Safari 和 Chrome*/
  column-gap:40px;
}
```

多列文本在 IE 浏览器中的浏览效果如图 2-1 所示。

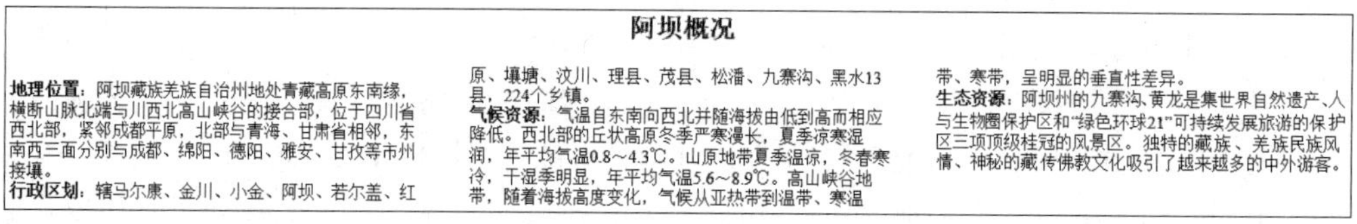

阿坝概况

地理位置:阿坝藏族羌族自治州地处青藏高原东南缘,横断山脉北端与川西北高山峡谷的接合部,位于四川省西北部,紧邻成都平原,北部与青海、甘肃省相邻,东南西三面分别与成都、绵阳、德阳、雅安、甘孜等市州接壤。
行政区划:辖马尔康、金川、小金、阿坝、若尔盖、红原、壤塘、汶川、理县、茂县、松潘、九寨沟、黑水13县,224个乡镇。
气候资源:气温自东南向西北并随海拔由低到高而相应降低。西北部的丘状高原冬季严寒漫长,夏季凉寒湿润,年平均气温0.8~4.3℃。山原地带夏季温凉,冬春寒冷,干湿季明显,年平均气温5.6~8.9℃。高山峡谷地带,随着海拔高度变化,气候从亚热带到温带、寒温带、寒带,呈明显的垂直性差异。
生态资源:阿坝州的九寨沟、黄龙是集世界自然遗产、人与生物圈保护区和"绿色环球21"可持续发展旅游的保护区三项顶级桂冠的风景区。独特的藏族、羌族民族风情、神秘的藏传佛教文化吸引了越来越多的中外游客。

图 2-1 多列文本在 IE 浏览器中的浏览效果

column-rule 属性用于设置列之间的宽度、样式和颜色规则,示例代码如下:

```
div
{
  -moz-column-rule:3px outset #ff0000;          /*Firefox*/
  -webkit-column-rule:3px outset #ff0000;       /*Safari and Chrome*/
  column-rule:3px outset #ff0000;
}
```

7. 定义 CSS 属性时经常使用的长度单位

定义 CSS 属性时,所有长度的单位都可以为正数或负数加上一个合适的单位来表示，有的属性只能为正数值。长度单位分为两大类：绝对单位和相对单位。

1）绝对单位

绝对单位主要包括英寸（in）、厘米（cm）、毫米（mm）、磅（pt）和 pica（pc）。其中磅在印刷领域中广泛使用（1 英寸＝72 磅），CSS 中也常用 pt 设置字体大小，12 磅的字体等于 1/6 英寸大小。pica 也在印刷领域中使用（1pica＝12 磅）。

2）相对单位

相对长度单位的长短取决于参照物，例如会受屏幕分辨率、可视区域宽度、浏览器设置等多种因素影响。

主要有 3 种相对长度单位：元素的字体高度（em）、字母 x 的高度（ex）和像素（px）。

（1）em。em 表示元素的字体高度，它能够根据字体的 font-size 属性值来确定单位的大小，例如：

```
p{
    font-size: 12px;
    line-height: 2em;
    text-indent: 2em;
}
```

由于一个 em 等于 font-size 的属性值，上述代码中 font-size 的属性值设置为 12px，即 1em＝12px，则行高 line-height 为 2em，即等于 24px；文字缩进 text-indent 为 2em，也等于 24px。

不管 font-size 的属性值设置成什么，1em 总是等于对应元素给定字体的 font-size 值。如果将 font-size 的属性值设置为 14px，即 1em＝14px，则行高 line-height 为 2em，即等于 28px。

如果 font-size 的属性值的单位也设置为 em，则 em 的值将根据其父元素的 font-size 的属性值来确定。

提示：中文的首行有缩进两个汉字的习惯，相当于插入两个汉字宽度的空格。可以通过定义文字缩进样式实现两个汉字的缩进。如果文字大小为 12px，则定义文本缩进为 24px 即可。但是改变了文字的大小，这时的文本缩进也许就不合适了。正确的方法是使用相对长度单位 em 定义缩进值更合适，设置文本缩进为 2em，不管文本大小是多少，将始终保持文本缩进为两个汉字的宽度。

（2）ex。ex 是以小写字母 x 为基准的单位，不同的字体会有不同的 x 高度，因此即使 font-size 相同而字体不同，1ex 表示的值也会不同。

（3）px。px 是根据屏幕像素点来确定的。像素指的是显示器上的小点，CSS 规范中假设 1 英寸等于 90 像素。目前大多数的网页设计者倾向于使用 px 作为单位，因为在大多数显示器上看到的效果会比较统一。实际上浏览器会使用显示器的实际像素值，不同的显示分辨率会使相同取值的 px 单位所显示出来的效果会有所不同。

（4）百分比。百分比也是一个相对单位，百分比值总是通过另一个值来计算，一般参考父对象中相同属性的值。例如，如果父元素的宽度为 960px，子元素的宽度为 50%，则子元素的实际宽度为 480px。

提示：长度为 0 的值不需要单位。无论什么单位，0 就是 0，如 0px、0pt、0in 用 0 表示即可。

8. 网页中多重样式的应用

如果网页中某些属性在不同的样式表中被同样的选择器定义，那么属性值将被继承过来。

例如，外部样式表拥有针对 h3 选择器的三个属性，代码如下：

```
h3 {
    color: red;
    text-align: left;
    font-size: 8pt;
}
```

而内部样式表拥有针对 h3 选择器的两个属性，代码如下：

```
h3 {
    text-align: right;
    font-size: 20pt;
}
```

假如拥有内部样式表的这个页面同时与外部样式表链接，那么 h3 得到的样式如下：

```
color: red; text-align: right; font-size: 20pt;
```

即颜色属性将被继承于外部样式表，而文字排列（text-alignment）和字体尺寸（font-size）会被内部样式表中的规则取代。

9. 标记-moz-、-webkit-、-o-和-ms-的解释

(1) -moz-：以-moz-开头的样式代表 Firefox 浏览器特有的属性，只有 Webkit 浏览器可以解析。moz 是 Mozilla 的缩写。

(2) -webkit-：以-webkit-开头的样式代表 WebKit 浏览器特有的属性，只有 WebKit 浏览器可以解析。WebKit 是一个开源的浏览器引擎，Chrome、Safari 浏览器即采用 WebKit 内核。

(3) -o-：以-o-开头的样式代表 Opera 浏览器特有的属性，只有 Opera 浏览器可以解析。

(4) -ms-：以-ms-开头的样式代表 IE 浏览器特有的属性，只有 IE 浏览器可以解析。

【引导训练】

任务 2-1　制作阿坝概况的文本网页

本任务的主要目标如下：制作一个纯文本的网页 0201.html，介绍阿坝藏族羌族自治州的地理位置、行政区划、气候资源和生态资源。

网页 0201.html 的浏览效果如图 2-2 所示。

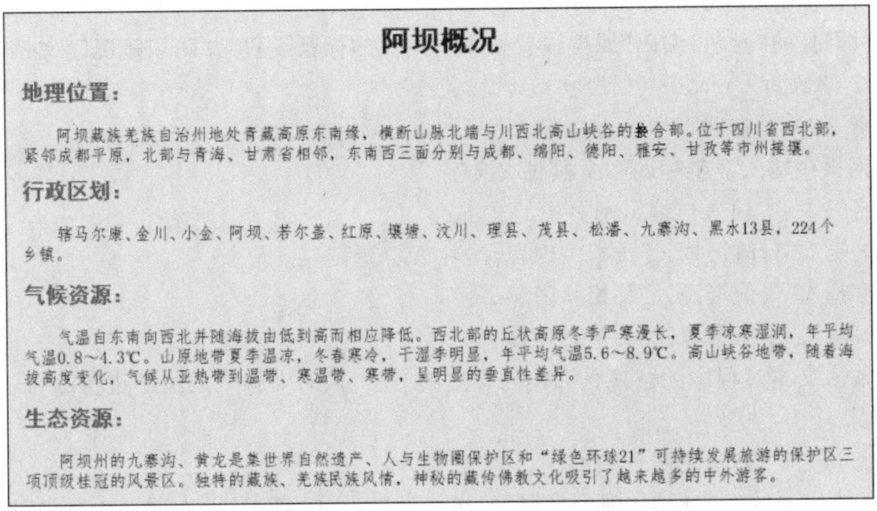

阿坝概况

地理位置：

阿坝藏族羌族自治州地处青藏高原东南缘，横断山脉北端与川西北高山峡谷的接合部。位于四川省西北部，紧邻成都平原，北部与青海、甘肃省相邻，东南西三面分别与成都、绵阳、德阳、雅安、甘孜等市州接壤。

行政区划：

辖马尔康、金川、小金、阿坝、若尔盖、红原、壤塘、汶川、理县、茂县、松潘、九寨沟、黑水13县，224个乡镇。

气候资源：

气温自东南向西北并随海拔由低到高而相应降低。西北部的丘状高原冬季严寒漫长，夏季凉寒湿润，年平均气温0.8～4.3℃。山原地带夏季温凉，冬春寒冷，干湿季明显，年平均气温5.6～8.9℃。高山峡谷地带，随着海拔高度变化，气候从亚热带到温带、寒温带、寒带，呈明显的垂直性差异。

生态资源：

阿坝州的九寨沟、黄龙是集世界自然遗产、人与生物圈保护区和“绿色环球21”可持续发展旅游的保护区三项顶级桂冠的风景区。独特的藏族、羌族民族风情，神秘的藏传佛教文化吸引了越来越多的中外游客。

图 2-2　网页 0201.html 的浏览效果

【任务描述】

任务 2-1-1　建立站点及其目录结构

(1) 创建站点“单元 2”。

(2) 在站点“单元 2”中建立文件夹“0201”。

(3) 在文件夹“0201”中建立子文件夹“text”。

任务 2-1-2　创建与保存网页文档 0201.html

先新建一个网页文档，然后将新建的网页文档保存在文件夹“0201”中，命名为“0201.html”。

任务 2-1-3　设置网页的首选项

(1) 设置启动 Dreamweaver CC 时不再显示欢迎屏幕。

(2) 设置新建网页文档的默认扩展名为“.html”，默认文档类型为 HTML5，默认编码为 Unicode (UTF-8)。

(3) 设置复制文本时的参数为“带结构的文本以及全部格式(粗体、斜体、样式)”。

任务 2-1-4　设置页面的整体属性

（1）网页的“外观”属性设置要求。网页的“页面字体”设置为“仿宋”；“大小”设置为 14px；“背景颜色”设置为“#DDF4FC”；“左边距”和“右边距”设置为 30px；“上边距”和“下边距”设置为 10px。

（2）网页的“链接”属性设置要求。网页的链接字体设置为“宋体”，大小为 14px，链接颜色为 blue，变换图像链接的颜色为 aqua，已访问链接的颜色为 olive，活动链接的颜色为 red，下画线样式为“仅在变换图像时显示下画线”。

（3）网页的“标题”属性设置要求。将网页的标题字体设置为“黑体”。标题 1 的大小为 24px，颜色为“#0000FF”；标题 2 的大小为 18px，颜色为“#FF00FF”；标题 3 的大小为 14px，颜色为 black。

（4）网页的“标题/编码”属性设置要求。网页的标题设置为“阿坝概况”，文档类型为 HTML5，编码为 Unicode (UTF-8)。

任务 2-1-5　在网页中输入文字

在网页中输入 2 个标题和 2 段正文文字。

任务 2-1-6　输入与编辑网页中的文本

（1）输入“行政区划：”及相关内容。

（2）输入“气候资源：”及相关内容。

（3）输入“生态资源：”及相关内容。

在输入文本过程中注意换行和输入合适的空格，同时对输入的文本进行编辑，以保证准确无误。

任务 2-1-7　格式化网页文本

（1）将网页的文本标题“阿坝概况”的格式设置为“标题 1”，并在网页中居中对齐。

（2）将网页的段落标题“地理位置：”“行政区划：”“气候资源：”和“生态资源：”的格式设置为“标题 2”。

任务 2-1-8　设置超链接与浏览网页效果

（1）在网页 0201.html 中将“阿坝藏族羌族自治州”设置为超链接。

（2）在浏览器中浏览网页 0201.html 的效果。

任务 2-1-9　在【代码】视图中查看 CSS 代码和 HTML 代码

（1）切换到“代码”视图。

（2）在“代码”视图中查看 CSS 代码和 HTML 代码。

【任务实施】

任务 2-1-1　建立站点及其目录结构

1. 创建所需的文件夹

在文件夹“HTML5＋CSS3 网页设计实例”中创建子文件夹 Unit02。

2. 启动 Dreamweaver CC

在 Windows 的【开始】菜单中选择【程序】→Adobe Dreamweaver CC 菜单命令，即可启动 Dreamweaver CC。

3. 创建站点

创建一个名称为“单元 2”的本地站点，站点文件夹为 Unit02。

4. 建立子文件夹“0201”

在【文件】面板中站点根目录 Unit02 上右击，然后在弹出的快捷菜单中选择【新建文件夹】命令，如图 2-3 所示。此时会建立一个名称为 untitled 的文件夹，如图 2-4 所示，将文件夹名称重命名为“0201”，如图 2-5 所示。

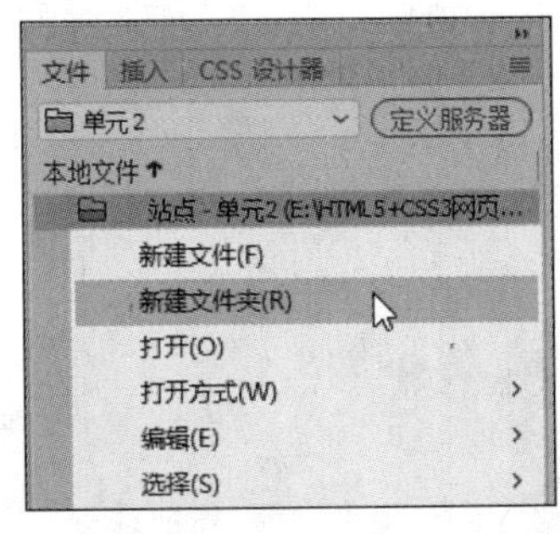

图 2-3　【新建文件夹】快捷菜单

图 2-4　创建文件夹的默认名称

5. 建立子文件夹“text”

在【文件】面板中创建好的文件夹“0201”上右击，在弹出的快捷菜单中选择【新建文件夹】命令，然后将文件夹名称修改为“text”即可，结果如图 2-6 所示。切换到 Windows【资源管理器】中观察刚才所创建的文件夹，如图 2-7 所示。

图 2-5　新建子文件夹“0201”

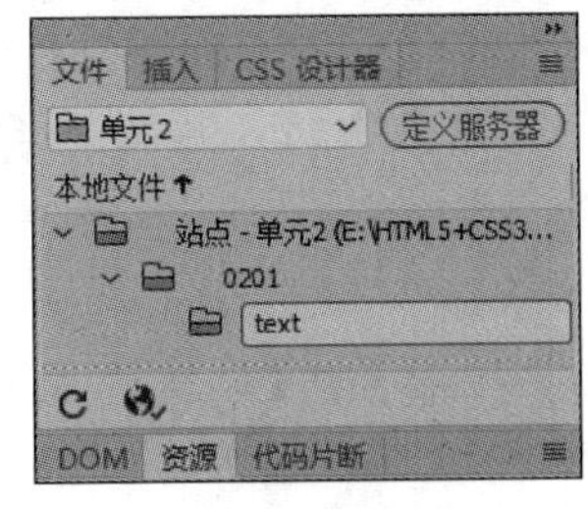

图 2-6　新建子文件夹“text”

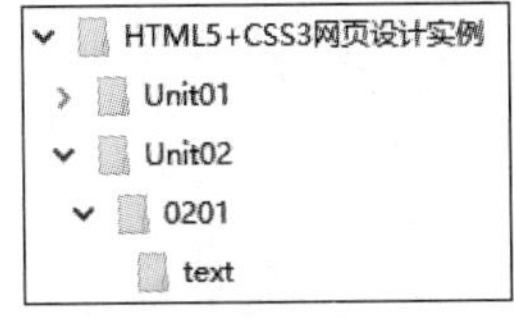

图 2-7　Windows【资源管理器】中新建的文件夹结构

任务 2-1-2　创建与保存网页文档 0201. html

1. 创建网页文档

在 Dreamweaver CC 主界面中，选择【文件】→【新建】命令，弹出【新建文档】对话框，在最左侧默认选中了【新建文档】，在【文档类型】列表框中默认选中了“HTML”，在【框架】中默认选中了“＜无＞”，如图 2-8 所示。这里直接单击【创建】按钮，此时在 Dreamweaver CC 的文档窗口区域创建了一个名称为 Untitled-1 的网页文档。

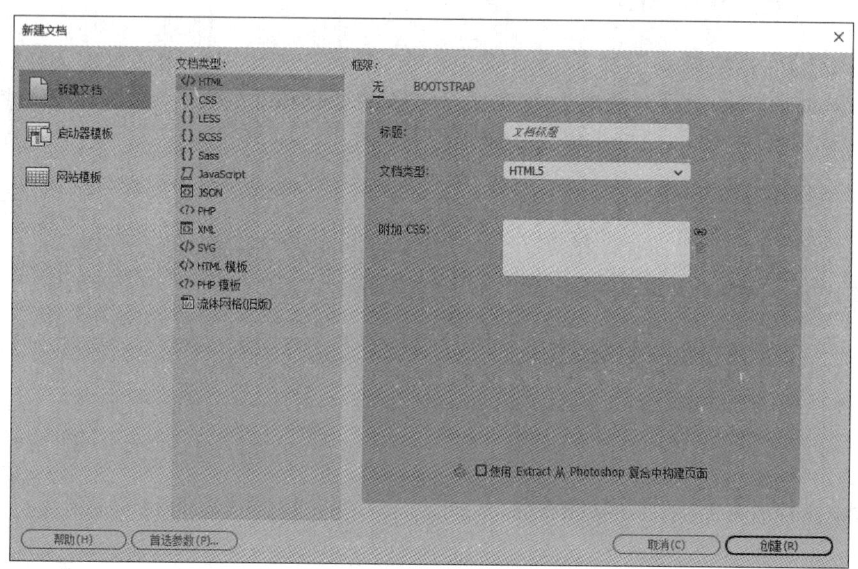

图 2-8　【新建文档】对话框

提示：也可以直接在【文件】面板中利用快捷菜单新建网页文档。

2. 保存网页文档

在 Dreamweaver CC 主界面中选择【文件】→【保存】命令，弹出如图 2-9 所示的【另存为】对话框，在该对话框中输入网页文档的名称 0201. html，然后单击【保存】按钮，新建的网页文档便会以名称 0201. html 保存在对应的文件夹“0201”中，这样便创建了一个空白的网页文档。

提示：也可以直接单击【标准】工具栏中的【保存】按钮或【全部保存】按钮进行保存，后面将会应用此方法快速进行保存。

任务 2-1-3　设置网页的首选项

为了更好地使用 Dreamweaver CC，建议在使用之前，首先根据自己的工作方式和爱好进行相关参数的设置。

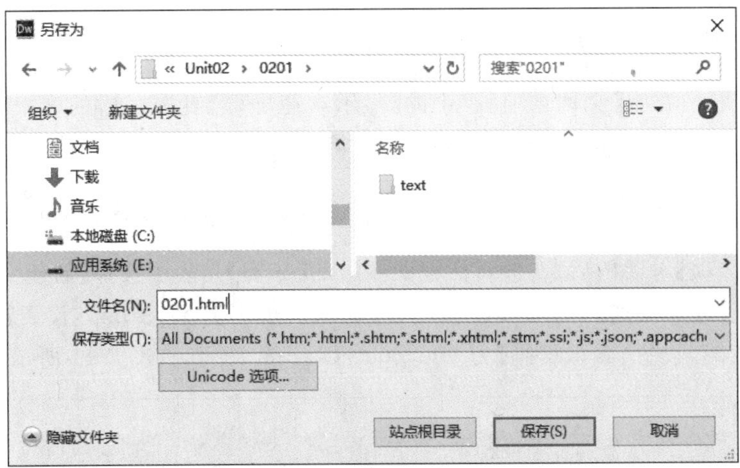

图 2-9 【另存为】对话框

1. 打开【首选项】对话框

在 Dreamweaver CC 主界面中，选择【编辑】→【首选项】命令或者使用快捷键 Ctrl+U，即可打开【首选项】对话框，如图 2-10 所示。

【首选项】对话框左边的【分类】列表中列出了多种类别，选择一种类别后，该类别中所有可用的选项将会显示在对话框的右边参数设置区域。根据需要修改参数并单击【确定】按钮，即可完成参数的设置。

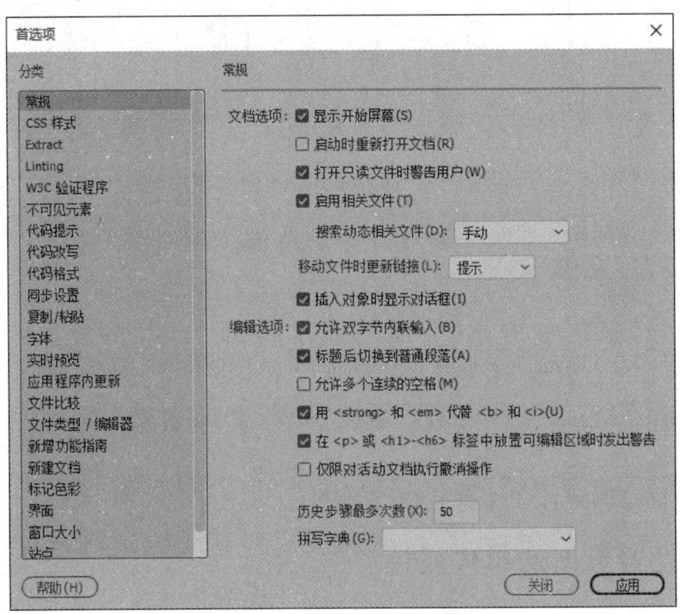

图 2-10 【首选项】对话框

2. 设置启动 Dreamweaver CC 时不再显示起始页

打开【首选项】对话框后，在该对话框的左边的【分类】列表中选择【常规】选项，如图 2-10 所示，取消右侧【文档选项】组中的【显示欢迎屏幕】复选框☑的选中状态，然后单击【确定】按钮。下次启动 Dreamweaver CC 时将不再显示起始页。

3. 设置新建网页文档的默认扩展名为“. html”，默认编码为 Unicode（UTF-8）

打开【首选项】对话框后，在该对话框的左边的【分类】列表中选择【新建文档】选项，然后在右边设置【默认文档】为“HTML”，设置【默认扩展名】为“. html”，设置【默认文档类型】为“HTML5”，设置【默认编码】为 Unicode（UTF-8）即可，如图 2-11 所示。

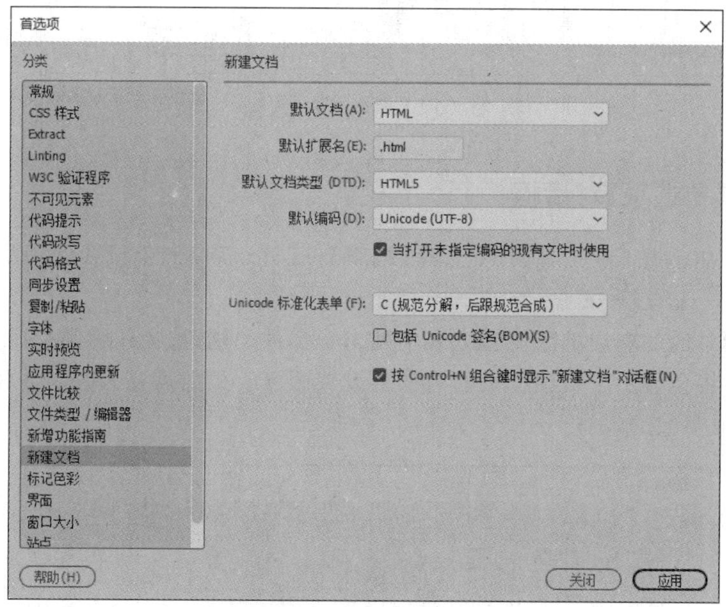

图 2-11　设置新建文档的参数

4. 设置“复制/粘贴”参数

打开【首选项】对话框后，在该对话框左边的【分类】列表中选择【复制/粘贴】选项，如图 2-12 所示。然后在右边选中【带结构的文本以及全部格式(粗体、斜体、样式)】单选按钮即可。在【复制/粘贴】选项中，还可以设置“复制/粘贴”时是否保留换行符、是否清理 Word 段落间距等。

“首选项”设置完成后，单击【确定】按钮即可。

任务 2-1-4　设置页面的整体属性

网页的页面属性可以控制网页的标题、背景颜色、背景图片、文本颜色等，主要对外观进行整体上的控制，以保证页面属性的一致性。

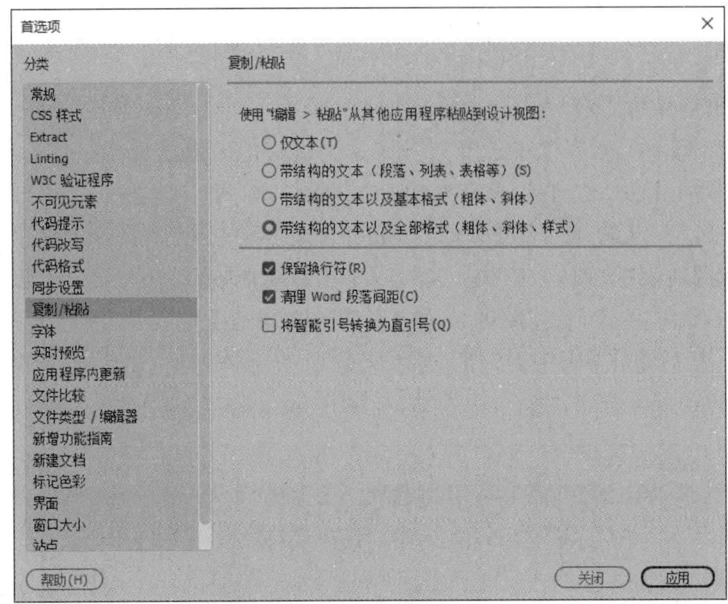

图 2-12 设置"复制/粘贴"属性

1. 打开【页面属性】对话框

在 Dreamweaver CC 主窗口中,选择【文件】→【页面属性】命令或者在【属性】面板中单击【页面属性】按钮,都可以打开【页面属性】对话框,如图 2-13 所示。

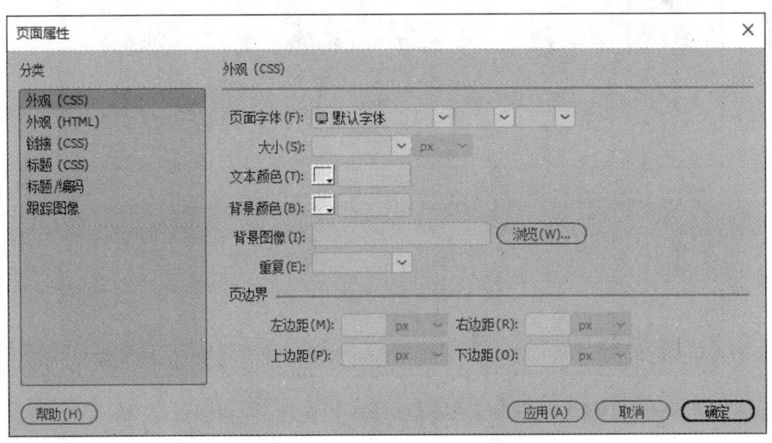

图 2-13 【页面属性】对话框

在【页面属性】对话框左边的【分类】列表中列出了 6 种不同的类别,选择一种类别后,该类别中所有可用的选项将会显示在对话框右边的属性参数设置区域。根据需要修改相应类别的属性参数并单击【确定】按钮或【应用】按钮即可完成页面属性的设置。

2. 设置【外观】属性

(1) 左边【分类】列表中选择“外观(CSS)”。

(2) 设置页面字体。

从【页面字体】下拉列表框中选择“仿宋”作为页面中的默认文本字体。

如果【字体】下拉列表框中没有列出所需的字体,可以单击列表框中的最后一项【管理字体...】,打开【管理字体】对话框,切换到【自定义字体堆栈】选项卡,在该选项卡的【可用字体】列表框中选取“仿宋”,然后单击 << 按钮,也可以在【可用字体】列表框中直接双击所需字体,【选择的字体】和【字体列表】列表框便会出现该字体,如图 2-14 所示。然后单击【确定】按钮,刚才所选取的字体便会出现在【字体列表】中,如图 2-15 所示。

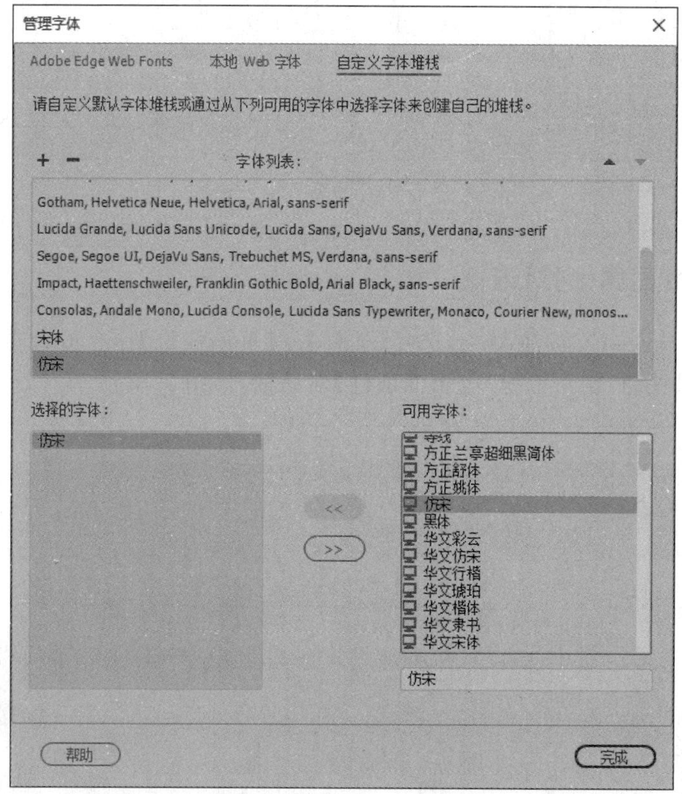

图 2-14　在【管理字体】对话框的【可用字体】列表中选择“仿宋”

(3) 设置页面字体的大小。

从字体【大小】列表框中单击选择 14,其单位为“像素(px)”。

(4) 设置网页的背景颜色。

一般情况下,背景颜色都设置成白色。如果不设置背景颜色,常用的浏览器也会默认为网页的背景颜色为白色。为了增强网页背景效果,可以对背景颜色进行设置。

提示: 文本颜色的设置方法与背景颜色的设置方法相同。

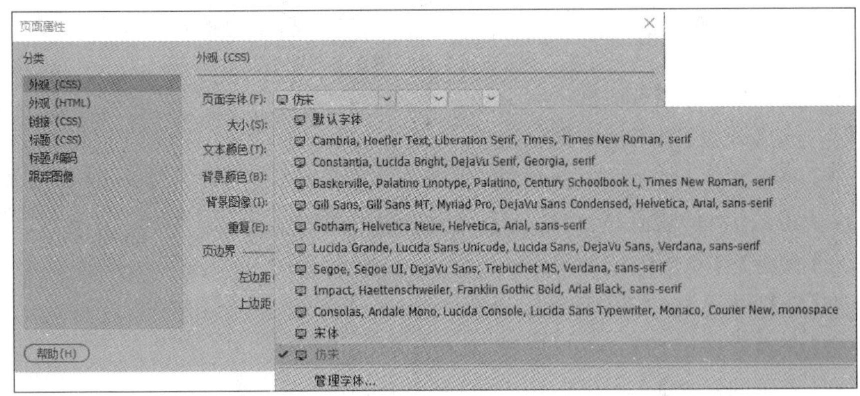

图 2-15　字体列表

(5) 设置页面边距。

在【左边距】文本框中输入网页左边空白的宽度：30px，表示网页内容的左边起始位置距浏览器左边框为 30 像素。在【右边距】文本框中输入网页右边空白的宽度：30px，表示网页内容的右边末尾位置距浏览器右边框为 30 像素。按相同方法将【上边距】和【下边距】设置为 10px。

(6) 设置背景图像。

在【页面属性】对话框中也可以设置网页的“背景图像”，其方法是：在【背景图像】文本框中输入网页背景图像的路径和名称，这里最好输入相对路径，不要使用绝对路径。也可以单击文本框右边的【浏览】按钮，然后弹出【选择图像源文件】对话框，在该对话框中选择图像文件作为网页的背景图像，最后单击【确定】按钮即可。

使用图像作背景时，可以在【重复】下拉列表框选择背景图像的重复方式，其选项包括 repeat、repeat-x、repeat-y 和 no-repeat。

【外观】属性的设置值如图 2-16 所示。此时单击【确定】按钮或者【应用】按钮，即可完成【外观】属性的设置。

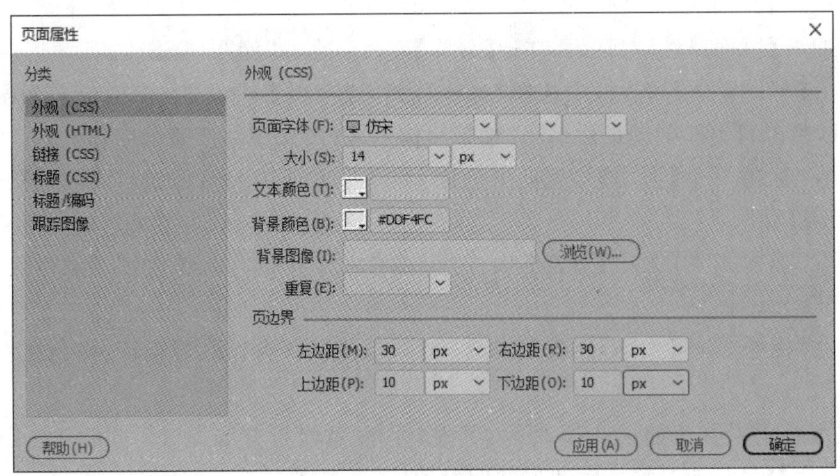

图 2-16　在【页面属性】对话框中设置页面的【外观】属性

3. 设置【链接】属性

(1) 打开【页面属性】对话框。

(2) 在左边【分类】列表框中选择“链接(CSS)”。

(3) 在【链接字体】列表框中选择“宋体”,如果【字体】下拉列表框中没有列出所需的字体,可以单击最后一项【管理字体...】,添加所需的字体。

(4) 在【大小】列表框中选择14,单位默认为“像素(px)”。

(5) 在【链接颜色】文本框中输入blue。

(6) 在【变换图像链接】文本框中输入aqua。

(7) 在【已访问链接】文本框中输入olive。

(8) 在【活动链接】文本框中输入red。

(9) 在【下画线样式】列表框中选择“仅在变换图像时显示下画线”。

【链接】属性的设置值如图2-17所示。此时单击【确定】按钮或者【应用】按钮,即可完成链接属性的设置。

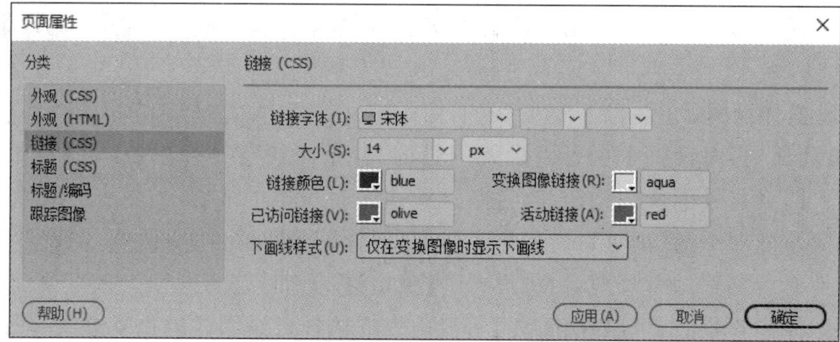

图2-17 在【页面属性】对话框中设置页面的【链接】属性

4. 设置【标题】属性

(1) 打开【页面属性】对话框,左边【分类】列表中选择“标题(CSS)”。

(2) 在【标题字体】列表框中选择“黑体”,如果【字体】下拉列表框中没有列出所需的字体,可以单击列表框中的最后一项“编辑字体列表...”,添加所需的字体。

(3) 在“标题1”的【大小】列表框中选择24,单位默认为“px(像素)”,【颜色】文本框中输入“#0000FF”。

(4) 在“标题2”的【大小】列表框中选择18,单位默认为“px(像素)”,【颜色】文本框中输入“#FF00FF”。

(5) 在“标题3”的【大小】列表框中选择14,单位默认为“px(像素)”,颜色文本框中输入“Black”。

标题属性的设置值如图2-18所示,其他“标题”的设置方法类似。此时单击【确定】按钮或者【应用】按钮,即可完成标题属性的设置。

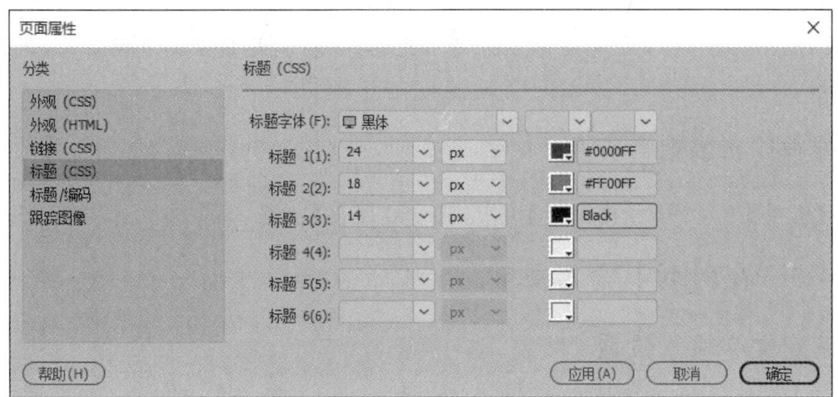

图 2-18　在【页面属性】对话框中设置页面的【标题】属性

5. 设置【标题/编码】属性

【标题/编码】选项用于设置网页标题和文字编码等属性。网页标题可以是中文、英文或其他符号，它显示在浏览器的标题栏位置。当网页被加入收藏夹时，网页标题又作为网页的名字出现在收藏夹中。

(1) 打开【页面属性】对话框，左边【分类】列表中选择【标题/编码】。

(2) 在【标题】文本框中输入“阿坝概况”。

(3) 在【文档类型】列表框中选择 HTML5。

(4) 在【编码】列表框中选择 Unicode (UTF-8)。

【标题/编码】属性的设置值如图 2-19 所示，此时单击【确定】按钮或者【应用】按钮，即可完成【标题/编码】属性的设置。

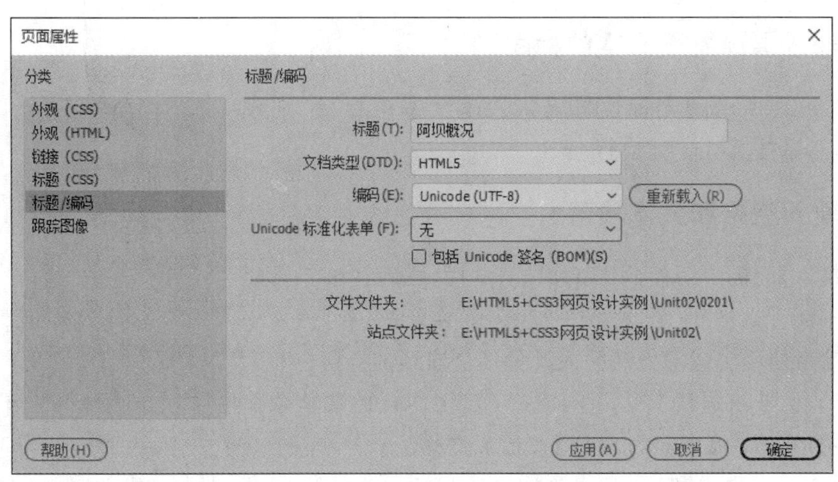

图 2-19　在【页面属性】对话框中设置页面的【标题/编码】属性

提示： 在【页面属性】对话框中也可以设置页面的【跟踪图像】属性，在正式制作网页之前，可以先绘制一幅网页设计草图，Dreamweaver CC 可以将这种草图设置成跟踪图像，作为辅助的背景，用于引导网页的设计。跟踪图像的文件格式必须为JPEG、GIF或PNG。在Dreamweaver CC中跟踪图像是可见的，但在浏览器中浏览网页时，跟踪图像不会被显示。

6. 保存网页的属性设置

单击【标准】工具栏中的【保存】按钮或【全部保存】按钮，保存网页的属性设置。

任务2-1-5　在网页中输入文字

1. 确定文字输入位置

用鼠标单击网页编辑窗口中的空白区域，窗口中随即出现闪动的光标，标识输入文字的起始位置，如图2-20所示。

2. 输入页面文本的标题

选择适当的输入法，并在适当的位置输入一行文字“阿坝概况”作为页面文本的标题，然后按Enter键换行，如图2-21所示。

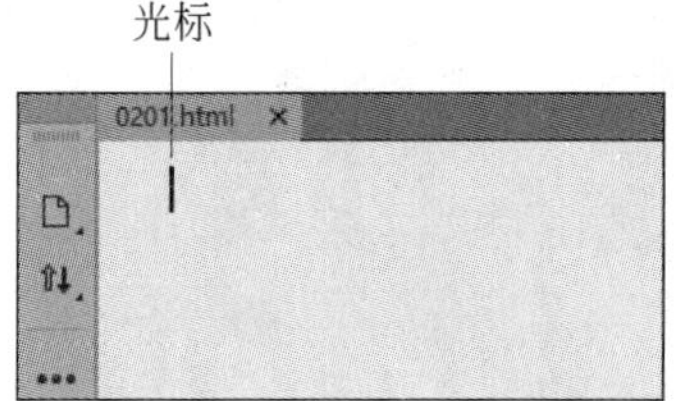

图2-20　文档窗口的光标

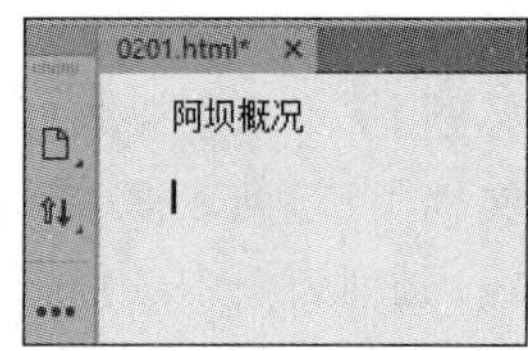

图2-21　输入页面文本的标题后换行

3. 输入页面段落文本的标题

在图2-21所示的光标位置输入段落文本的标题“地理位置：”，然后按Enter键换行。

4. 输入空格和文本段落

在【插入】面板中切换到HTML工具栏，然后在该工具栏中选择【不换行空格】命令，如图2-22所示，在新的一行插入一个空格，然后使用类似的方法插入其他3个连续的空格。

提示： 也可以选择Dreamweaver CC主界面的菜单命令【插入】→HTML→【不换行空格】来插入空格。

图2-22　插入【不换行空格】的下拉菜单

再输入一行文字“阿坝藏族羌族自治州地处青藏高原东南缘，横断山脉北端与川西北高山峡谷的结合部。”，按Shift+Enter组合键实现换行。

然后插入4个连续空格，接着输入文字“位于四川省西北部，紧邻成都平原，北部与青海、甘肃省相邻，东南西三面分别与成都、绵阳、德阳、雅安、甘孜等市州接壤。”，结果如图 2-23 所示。

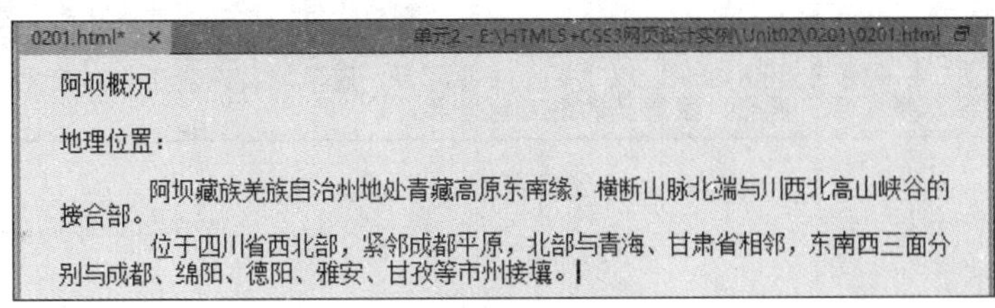

图 2-23　输入空格和多行文本

提示：应区别网页中两种不同换行方法的行距。按 Enter 键，换行的行距较大，换行会形成不同的段落；而按 Shift＋Enter 组合键，换行的行距较小，仍为同一个段落。

5. 保存所输入的文本

输入的文本应及时进行保存。

任务 2-1-6　输入与编辑网页中的文本

在网页中输入的文本与 Word 一样，也能进行编辑修改，常见的文本编辑操作如下：

(1) 拖动鼠标可以选中一个或多个文字、一行或多行文本，也可以选中网页中的全部文本。

(2) 按 Backspace 键或 Delete 键可实现删除文本的操作。

(3) 将光标移动到需要插入文本的位置，输入新的文本。

(4) 实现复制、剪切、粘贴等操作。

(5) 实现查找与替换操作。

(6) 实现撤销或重做操作。

这些文本的编辑操作可以使用 Dreamweaver CC 主界面中的【编辑】菜单中的命令完成，部分操作也可以先选中文本，然后右击并打开快捷菜单，利用快捷菜单中的命令完成。

1. 输入“行政区划：”及相关内容

输入段落标题“行政区划：”后按 Enter 键换行，然后插入 4 个空格和输入文本“辖马尔康、金川、小金、阿坝、若尔盖、红原、壤塘、汶川、理县、茂县、松潘、九寨沟、黑水 13 县，224 个乡镇。”。再一次按 Enter 键换行。

2. 输入“气候资源：”及相关内容

输入段落标题“气候资源：”后按 Enter 键换行，然后插入 4 个空格和输入如图 2-24 所示的多行文本。再一次按 Enter 键换行。

3. 输入“生态资源：”及相关内容

输入段落标题“生态资源：”后按 Enter 键换行，然后插入 4 个空格和输入如图 2-25

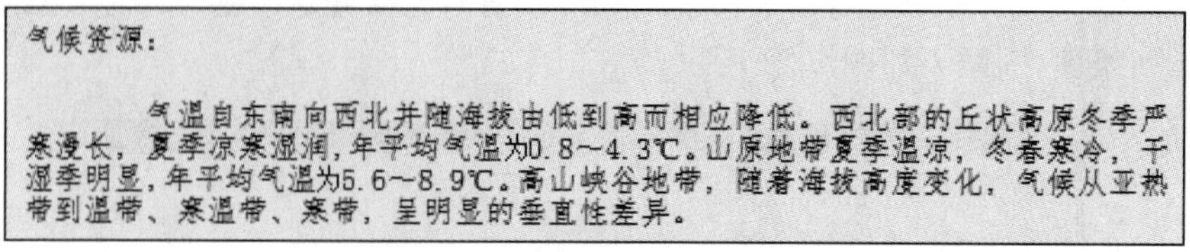

气候资源：

气温自东南向西北并随海拔由低到高而相应降低。西北部的丘状高原冬季严寒漫长，夏季凉寒湿润，年平均气温为0.8～4.3℃。山原地带夏季温凉，冬春寒冷，干湿季明显，年平均气温为5.6～8.9℃。高山峡谷地带，随着海拔高度变化，气候从亚热带到温带、寒温带、寒带，呈明显的垂直性差异。

图 2-24 “气候资源：”及相关内容

所示的多行文本。

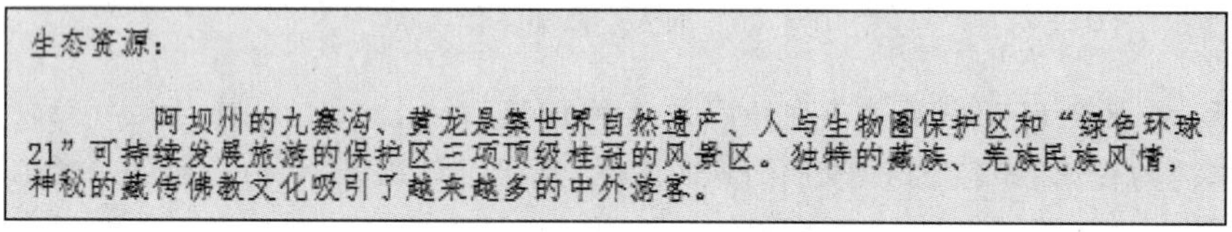

生态资源：

阿坝州的九寨沟、黄龙是集世界自然遗产、人与生物圈保护区和“绿色环球21”可持续发展旅游的保护区三项顶级桂冠的风景区。独特的藏族、羌族民族风情，神秘的藏传佛教文化吸引了越来越多的中外游客。

图 2-25 “生态资源：”及相关内容

4. 保存网页

保存网页 0201.html。

任务 2-1-7 格式化网页文本

Dreamweaver CC 中专门提供了对文本进行格式化的【格式】菜单和【属性】面板，文本的字体、大小和颜色等属性的设置可以通过【属性】面板来完成。

1. 显示【属性】面板

在 Dreamweaver CC 窗口中，选择【窗口】→【属性】命令，打开【属性】面板，HTML 的【属性】面板如图 2-26 所示。在【属性】面板中单击左下角的 CSS 按钮 CSS，即可切换到 CSS 的【属性】面板，如图 2-27 所示。同样在【属性】面板中单击 HTML 按钮 HTML 即可切换到 HTML 的【属性】面板。

图 2-26 HTML 的【属性】面板

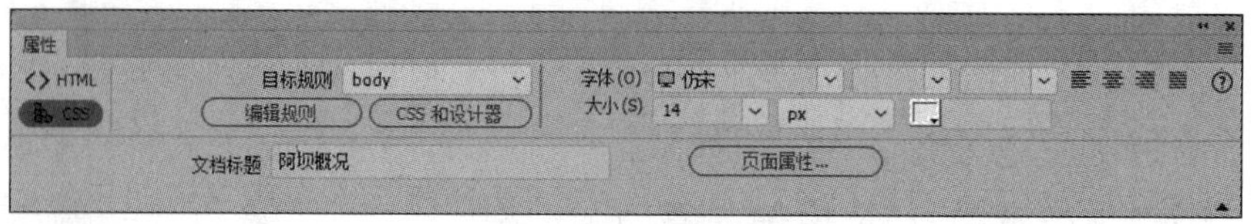

图 2-27 CSS 的【属性】面板

2. 设置标题“阿坝概况”的格式属性

选中网页的文本标题“阿坝概况”，在 HTML 的【属性】面板的【格式】下拉列表框中选择“标题 1”；切换到 CSS 的【属性】面板单击【属性】面板上【居中对齐】按钮，使页面文本标题居中对齐。

3. 设置各个段落标题的格式属性

选中第一个段落标题“地理位置：”，在 HTML 的【属性】面板的【格式】下拉列表框中选择“标题 2”。使用类似的方法对其他 3 个标题“行政区划：”“气候资源：”和“生态资源：”进行格式设置。

4. 保存对网页文本的格式设置

使用“保存”相关命令保存对网页文本的格式设置。

任务 2-1-8　设置超链接与浏览网页效果

1. 设置超链接

在网页文档中选中文字“阿坝藏族羌族自治州”，然后在【属性】面板的【链接】文本框中输入“#”，即链接到当前页面，此时页面文字“阿坝藏族羌族自治州”的颜色自动变为 blue，即在【页面属性】对话框中所设置的“链接颜色”。【属性】面板如图 2-28 所示。

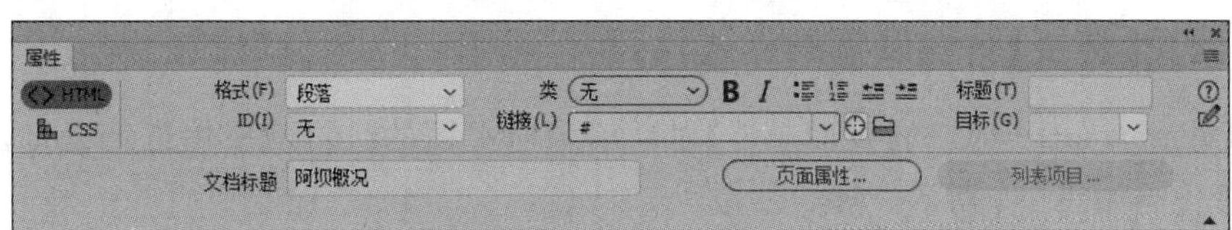

图 2-28　在【属性】面板的【链接】文本框中输入“#”

2. 浏览网页效果

按 F12 快捷键，可显示网页的浏览效果。

观察页面中标题、段落文字和项目列表的字体、大小、颜色和对齐方式。重点观察所设置超链接的文字颜色，将鼠标指针指向超链接文字“阿坝藏族羌族自治州”观察颜色的变化，单击超链接文字“阿坝藏族羌族自治州”观察颜色的变化。

任务 2-1-9　在【代码】视图中查看 CSS 代码和 HTML 代码

1. 切换到【代码】视图

在 Dreamweaver CC 主窗口【文档】工具栏中单击【代码】按钮，即可切换到【代码】视图。

2. 网页【外观】属性设置的样式代码

在 Dreamweaver CC 的【页面属性】对话框中对页面的【外观】属性进行设置，自动生成的样式代码如表 2-4 所示。

这些样式代码分别定义了页面文字的字体和大小，页面的背景颜色、左边距、上边距、右边距和下边距。

表 2-4　网页【外观】属性设置的样式代码

```css
body, td, th {
    font-family:"仿宋";
    font-size: 14px;
}
body {
    background-color: #DDF4FC;
    margin-left:30px;
    margin-top: 10px;
    margin-right:30px;
    margin-bottom: 10px;
}
```

3. 网页【链接】属性设置的样式代码

在 Dreamweaver CC 的【页面属性】对话框中对页面的【链接】属性进行设置，自动生成的样式代码如表 2-5 所示。

这些样式代码分别定义了页面链接文字的字体和大小，网页链接初始状态的颜色，已访问链接的颜色，变换图像链接的颜色，活动链接的颜色以及下画线的样式。

表 2-5　网页【链接】属性设置的样式代码

```css
a {
    font-family:"宋体";
    font-size: 14px;
    color: blue;
}
a:link {
    text-decoration: none;
}
a:visited {
    text-decoration: none;
```

续表

CSS 代码

```
    color: olive;
}
a:hover {
    text-decoration: underline;
    color: aqua;
}
a:active {
    text-decoration: none;
    color: red;
}
```

4. 网页【标题】属性设置的样式代码

在 Dreamweaver CC 的【页面属性】对话框中对页面的【标题】属性进行设置，自动生成的样式代码如表 2-6 所示。

这些样式代码分别定义了标题 h1 至标题 h6 的字体，以及标题 h1、h2、h3 的大小和颜色。

表 2-6　网页【标题】属性设置的样式代码

CSS 代码

```
h1, h2, h3, h4, h5, h6 {
    font-family:"黑体";
}
h1 {
    font-size: 24px;
    color: #0000FF;
    text-align: center;
}
h2 {
    font-size: 18px;
    color: #FF00FF;
}
h3 {
    font-size: 14px;
    color: Black;
}
```

5. HTML代码的标题标签与段落标签的应用

网页0201.html的部分HTML代码如表2-7所示，这些代码主要为标题标签和段落标签的应用。

表2-7　HTML代码的标题标签与段落标签的应用

行号	HTML代码
01	<h1>阿坝概况</h1>
02	<h2>地理位置:</h2>
03	<p> <a href="#">阿坝藏族羌族自治州</a>地处青藏高
04	原东南缘，横断山脉北端与川西北高山峡谷的接合部。
05	位于四川省西北部，紧邻成都平原，北部与青海、甘肃省相
06	邻，东南西三面分别与成都、绵阳、德阳、雅安、甘孜等市州接壤。</p>
07	<h2>行政区划:</h2>
08	<p> 辖马尔康、金川、小金、阿坝、若尔盖……</p>
09	<h2>气候资源:</h2>
10	<p> 气温自东南向西北并随海拔由低到高而相应降低……</p>
11	<h2>生态资源:</h2>
12	<p> 阿坝州的九寨沟、黄龙……</p>

1）标题标签

HTML中，定义了6级标题，分别为h1、h2、h3、h4、h5、h6，每级标题的字体大小依次递减，1级标题字号最大，6级标题字号最小。标题字可以在页面中实现水平方向左、居中、右对齐，以便文字在页面中的排版。对齐方式可以为left(左对齐)、right(右对齐)、center(居中对齐)。

表2-7中的01行应用了标题1，02、07、09和11行应用了标题2。

2）段落标签

当需要在网页中插入新的段落时，可以使用段落标签<p></p>，它可以将标签后面的内容另起一段，在Dreamweaver CC的设计视图中，按Enter键后，就会自动形成一个段落，相当于添加了<p>标签。段落文字的水平对齐方式有三种：left(左对齐)、right(右对齐)、center(居中对齐)。

表2-7中的03行至06行为一个段落，08、10和12行各为一个段落，各包含了一对段落标签<p> </p>。

3）强制换行标签

强制换行标签
是一个单标签，与段落标签在显示效果上都是另起一行书写，但是段落标签的行距要宽，制作网页时，换行可以通过按Shift+Enter组合键实现。

表2-7中的04行有一个强制换行标签。

4）转义符号

表2-7中的03、05、08、10和12行插入了多个转义符号“ ”，表示空格。

任务 2-2　使用 CSS 美化文本标题和文本段落

【任务描述】

（1）创建样式文件 base. css 和 main. css，在该样式文件中定义标签的属性、类选择符及其属性。

（2）创建网页文档 0202. html，且链接外部样式文件 base. css 和 main. css。

（3）在网页 0202. html 中添加必要的 HTML 标签和输入文字。

（4）浏览网页 0202. html 的效果，如图 2-29 所示，该网页包含文本标题和多个正文段落。

阿坝概况

地理位置：阿坝藏族羌族自治州地处青藏高原东南缘，横断山脉北端与川西北高山峡谷的接合部，位于四川省西北部，紧邻成都平原，北部与青海、甘肃省相邻，东南西三面分别与成都、绵阳、德阳、雅安、甘孜等市州接壤。

行政区划：辖马尔康、金川、小金、阿坝、若尔盖、红原、壤塘、汶川、理县、茂县、松潘、九寨沟、黑水13县，224个乡镇。

气候资源：气温自东南向西北并随海拔由低到高而相应降低。西北部的丘状高原冬季严寒漫长，夏季凉寒湿润，年平均气温为0.8～4.3℃。山原地带夏季温凉，冬春寒冷，干湿季明显，年平均气温为5.6～8.9℃。高山峡谷地带，随着海拔高度变化，气候从亚热带到温带、寒温带、寒带，呈明显的垂直性差异。

生态资源：阿坝州的九寨沟、黄龙是集世界自然遗产、人与生物圈保护区和“绿色环球21”可持续发展旅游的保护区三项顶级桂冠的风景区。独特的藏族、羌族民族风情，神秘的藏传佛教文化吸引了越来越多的中外游客。

图 2-29　网页 0202. html 的浏览效果

【任务实施】

1. 创建样式文件 base. css

在 Dreamweaver CC 主窗口的【文件】菜单中选择【新建】命令，打开【新建文档】对话框，在该对话框左侧选择“空白页”，【页面类型】选择 CSS。

在【新建文档】对话框中单击【创建】按钮创建一个 CSS 样式文件。将新建的 CSS 样式文件保存在 CSS 文件夹，名称为“base. css”。

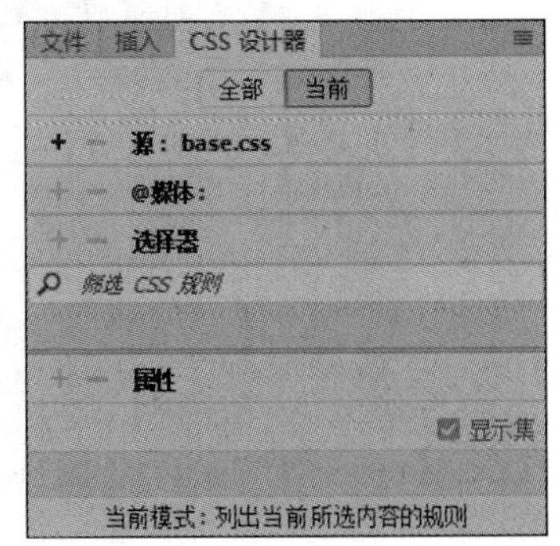

图 2-30　【CSS 设计器】的初始状态

1）定义标签 body 的属性

打开【CSS 设计器】面板，其初始状态如图 2-30 所示，在【选择器】区域单击【添加选择器】按钮➕，然后输入选择器名称 body，按 Enter 键。再单击选择选择器 body，并且取消【显示集】复选框的选中状态，如图 2-31 所示。

在【布局】区域 width 属性行中输入 1200px，如图 2-32

所示。

在【属性】面板中单击【文本】按钮[T],切换到【文本】属性设置区域,设置 color 属性为“#666”,如图 2-33 所示。

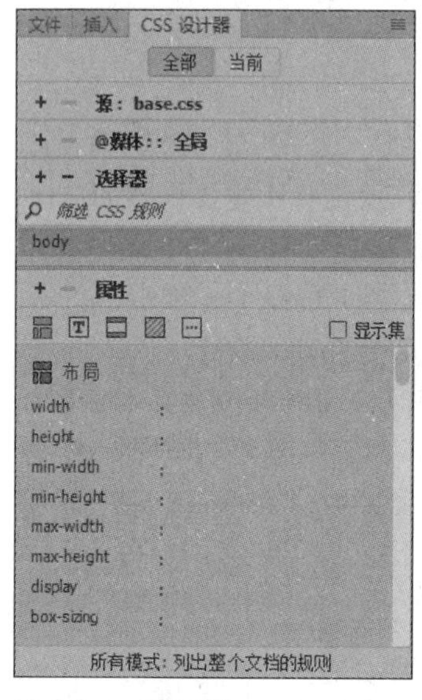

图 2-31 选择新添加的选择器 body

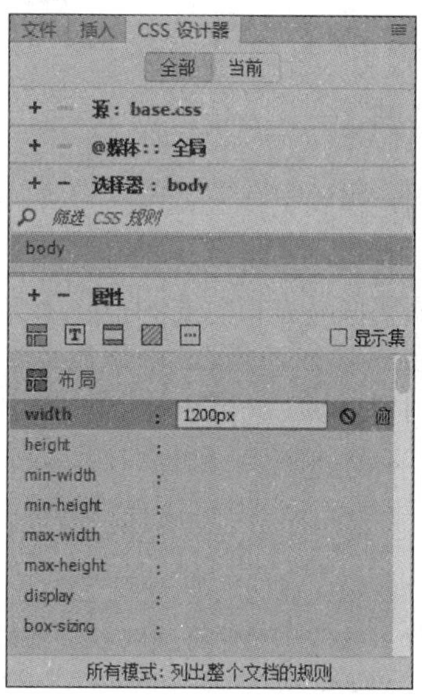

图 2-32 设置 width 的属性值

然后依次设置 font-family 属性为“微软雅黑”,font-size 属性为 12px,line-height 属性为 2em,text-indent 属性为 32px,设置结果如图 2-34 所示。

图 2-33 设置 color 的属性值

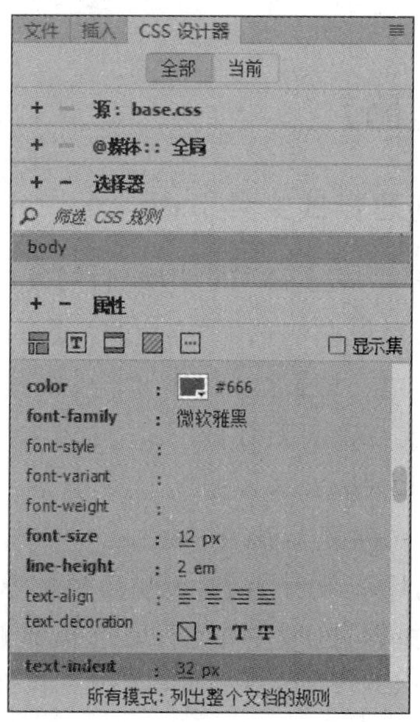

图 2-34 设置 body 的多项属性

在图 2-34 所示的【CSS 设计器】属性列表中指向某一个属性行,会出现【删除 CSS 属性】按钮，单击【删除 CSS 属性】按钮，则可以删除对应的属性设置。

标签 body 的属性设置完成后，会自动添加如下所示的 CSS 代码。

```
body {
    width: 1200px;
    color: #666;
    font-family: "微软雅黑";
    font-size: 12px;
    line-height: 2em;
    text-indent:32px;
}
```

2) 添加选择器 h1、h2、p 并定义其属性

在【CSS 设计器】面板的选择器列表中选择选择器 body，再单击【添加选择器】按钮，然后输入新的选择器"h1,h2,p"，如图 2-35 所示。

在选择器列表中选择刚才添加的选择器"h1,h2,p"，然后在【属性】面板 margin 区域依次单击将上、下、左、右的 margin 属性值设置为 0px，接着在 padding 区域依次单击设置上、下、左、右的 padding 属性值为 0px，如图 2-36 所示。

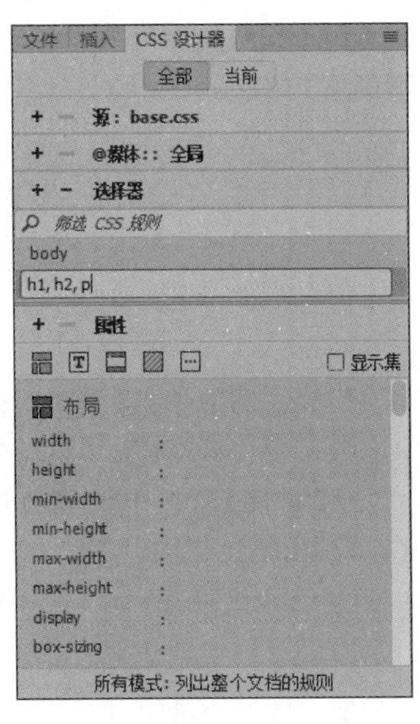

图 2-35　添加新的选择器 h1,h2,p

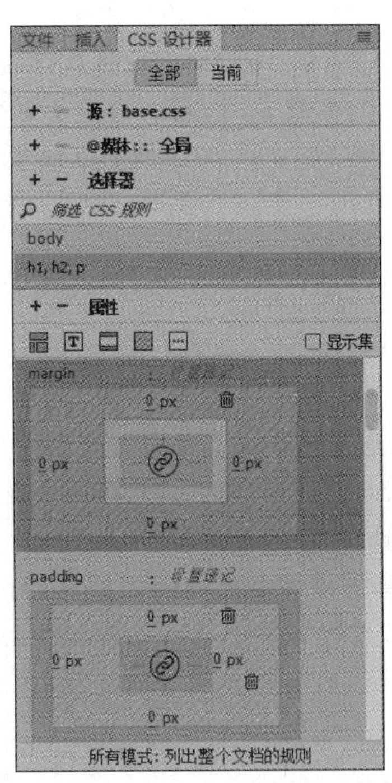

图 2-36　设置 margin 和 padding 属性

选择器 h1,h2,p 的属性设置完成后，会自动添加如下所示的 CSS 代码。

```
h1, h2, p {
    margin-top: 0px;
    margin-left: 0px;
```

```
    margin-right: 0px;
    margin-bottom: 0px;
    padding-top: 0px;
    padding-left: 0px;
    padding-right: 0px;
    padding-bottom: 0px;
}
```

由于 margin 和 padding 四个方向的属性都设置为 0px，可以将代码予以简化，结果如下所示。

```
h1, h2, p {
    margin: 0px;
    padding: 0px;
}
```

2. 创建样式文件 main.css

创建样式文件 main.css，将其保存到文件夹 css 中。

1）定义标签 section 的属性

打开【CSS设计器】面板，在【选择器】区域单击【添加选择器】按钮+，然后输入选择器名称 section，按 Enter 键。再单击选择选择器 section，在【布局】区域 width 属性行中输入 1200px。在 margin 区域上方输入 10，即设置 margin-top 的属性值为 10px。

标签 section 的属性设置完成后，会自动添加如下的 CSS 代码。

```
section {
    width: 1200px;
    margin-top: 10px;
}
```

2）添加选择器 ec-g 并定义其属性

在【CSS设计器】面板的选择器列表中选择选择器 section，然后单击【添加选择器】按钮+，接着添加新的选择器".ec-g"。

在选择器列表中选择刚才添加的选择器".ec-g"，在【属性】面板中设置布局属性，width 属性设置为 86px，padding 属性上、下、左、右设置为 10px。

选择器".ec-g"的属性设置完成后，会自动添加如下的 CSS 代码。

```
.ec-g {
    width: 860px;
    padding: 10px;
}
```

3）添加其他选择器并定义其属性

在【CSS设计器】面板中分别添加选择器".w-box"".w-box h2"".w-box p"，并设置各个选择器的属性。

样式文件 main.css 中各个选择器及其属性设置的 CSS 代码如表 2-8 所示。

表 2-8　样式文件 main.css 中各个选择器及其属性设置的 CSS 代码

序号	CSS 代码	序号	CSS 代码
01	section {	14	.w-box h2 {
02	width: 1200px;	15	text-align: center;
03	margin-top: 10px;	16	font-size: 24px;
04	}	17	}
05	.ec-g {	18	
06	width: 860px;	19	.w-box p {
07	padding: 10px;	20	margin: .75em 0;
08	}	21	line-height: 162%;
09	.w-box {	22	color: #666;
10	padding: 10px 20px 10px 5px;	23	font-size: 14px;
11	background-color: transparent;	24	padding-left: 15px;
12	}	25	text-indent:32px;
13		26	}

3. 创建网页文档 0202.html

1）创建网页文档 0202.html

在文件夹“0202”中创建网页文档 0202.html。

2）链接外部样式表

切换到网页文档 0202.html 的【代码视图】，在标签“</head>”的前面输入链接外部样式表的代码如下：

```
<link rel="stylesheet" type="text/css" href="css/base.css" />
<link rel="stylesheet" type="text/css" href="css/main.css" />
```

3）编写网页主体布局结构的 HTML 代码

切换到【代码】编辑窗口，在网页标签<body>和</body>之间输入 HTML 代码，在输入标签过程中会自动显示相关的标签列表，例如输入标签“<section>”时，当输入“<se”时会出现如图 2-37 所示的标签列表。

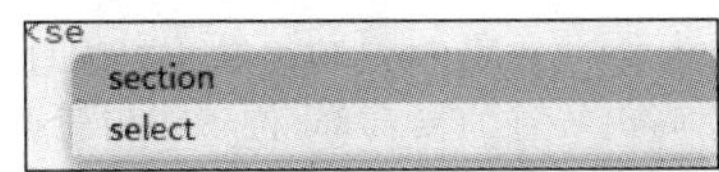

图 2-37　输入标签“<section>”时出现的标签列表

网页 0202.html 主体布局结构的 HTML 代码如表 2-9 所示。

表 2-9　网页 0202.html 主体布局结构的 HTML 代码

序号	HTML 代码	序号	HTML 代码
01	<section>	02	<div class="ec-g">

续表

序号	HTML 代码	序号	HTML 代码
03	<div class="w-box">	07	<!--文章内容-->
04	<!--文章标题-->	08	</div>
05	</div>	09	</div>
06	<div class="w-box">	10	</section>

说明：插入 div 标签也可以使用【插入】菜单中的 Div 命令实现，方法如下：将光标置于网页中需要插入 div 标签的位置，然后选择【插入】→Div 命令，打开【插入 Div】对话框，在该对话框中"插入"位置列表中选择"在插入点"，在 Class 列表中选择合适的类，例如选择"ec-g"，如图 2-38 所示，再单击【确定】按钮，即可插入 div 标签，然后输入文本内容或插入图片即可。

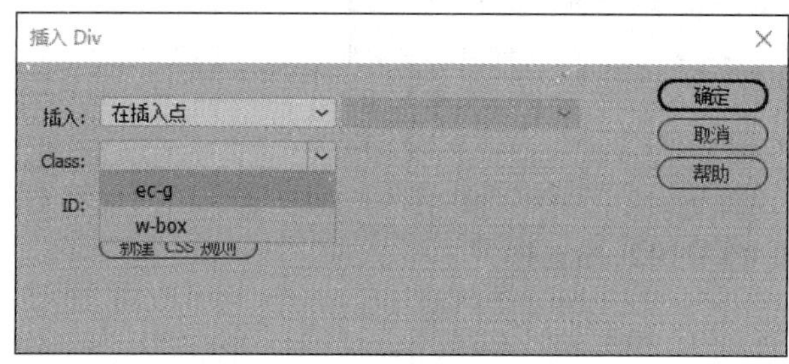

图 2-38 【插入 Div】对话框

4）输入 HTML 标签与文字

在网页文档 0202.html 中输入所需的标签与文字，HTML 代码如表 2-10 所示。

表 2-10 网页 0202.html 的 HTML 代码

序号	HTML 代码
01	<section>
02	<div class="ec-g">
03	<div class="w-box">
04	<h2>阿坝概况</h2>
05	</div>
06	<div class="w-box">
07	<p><strong>地理位置</strong>:阿坝藏族羌族自治州地处青藏高原东南缘，横断
08	山脉北端与川西北高山峡谷的接合部，位于四川省西北部，紧邻成都平原，北部与青
09	海、甘肃省相邻，东南西三面分别与成都、绵阳、德阳、雅安、甘孜等市州接壤。</p>
10	<p><strong>行政区划</strong>:辖马尔康、金川、小金、阿坝、若尔盖、红原、壤
11	塘、汶川、理县、茂县、松潘、九寨沟、黑水 13 县，224 个乡镇。</p>
12	<p><strong>气候资源</strong>:气温自东南向西北并随海拔由低到高而相应降
13	低。西北部的丘状高原冬季严寒漫长，夏季凉寒湿润，年平均气温为 0.8~4.3℃。山
14	原地带夏季温凉，冬春寒冷，干湿季明显，年平均气温为 5.6~8.9℃。高山峡谷地带，
15	随着海拔高度变化，气候从亚热带到温带、寒温带、寒带，呈明显的垂直性差异。</p>
16	<p><strong>生态资源</strong>:阿坝州的九寨沟、黄龙是集世界自然遗产、人与
17	生物圈保护区和"绿色环球 21"可持续发展旅游的保护区三项顶级桂冠的风景区。

续表

```
        独特的藏族、羌族民族风情，神秘的藏传佛教文化吸引了越来越多的中外游客。
      </p>
    </div>
  </div>
</section>
```

4. 保存与浏览网页

保存网页文档 0202. html，在浏览器 Google Chrome 中的浏览效果如图 2-29 所示。

【同步训练】

任务 2-3 制作介绍九寨沟概况的文本网页

在网页中输入以下 HTML 标签及文字。

<h2>九寨沟概况</h2>

<p>九寨沟位于四川省西北部岷山山脉南段的阿坝藏族羌族自治州九寨沟县漳扎镇境内，因沟内有树正、荷叶、则查洼等九个藏族村寨而得名。九寨沟年均气温为 6~14℃，冬无严寒，夏季凉爽，四季景色各异：仲春树绿花艳，盛夏幽湖翠山，金秋尽染山林，隆冬冰塑自然。以翠湖、叠瀑、彩林、雪峰、藏情、蓝冰这“六绝”著称于世。</p>

针对上述标题文字“九寨沟概况”和正文文字进行各种类型的文本属性设置。

(1) 设置字体分别为 sans-serif、Georgia、Times New Roman、Times、serif。

(2) 设置字体风格属性分别为 italic 或者 oblique。

(3) 设置标题文字的大小分别为 35px、2. 5em、400%或者 x-large，设置正文文字的大小分别为 16px、9pt、0. 875em、200%或者 small、medium、large。

(4) 设置字体加粗属性分别为 bold、bolder、lighter 或者 700。

(5) 设置颜色属性分别为 #3a3a3a、#c63、RGB(0,0,255)、RGB(0,0,100%)、gray 或者 orange 等。

(6) 设置水平对齐属性分别为居中对齐或者右对齐。

(7) 设置文字装饰属性分别为 underline、overline、line-through 或者 blink。

(8) 设置行高属性分别为 30px、40px 或者 150%等。

(9) 设置内边距 padding 为 3px、0、3px、0。

(10) 设置下外边距 margin-bottom 为 10px。

提示：请扫描二维码浏览提示内容。

【技术进阶】

1. 利用CSS样式实现文字排版

利用CSS样式除了可以设置网页文本的字体属性，还可以对字距、空白、修饰、转换等进行设置。

(1) 字距。

(2) 空白。

(3) 文本修饰。

(4) 文本转换。

提示：请扫描二维码浏览详细内容。以下同类情况类似处理。

2. 利用CSS样式实现段落排版

利用CSS样式除了可以实现文字排版之外，还可以实现段落排版，对缩进、对齐、行距、文本行等方面进行控制。

(1) 缩进。

(2) 对齐。

(3) 行距。

(4) 文本行。

3. 利用CSS样式实现段落首字下沉效果

利用CSS的伪元素first-letter可以设置段落的首字下沉的特效，HTML代码如下：

```
<p>很难找到一个像阿坝这样汇聚万千风情的地方了，神秘奇特的自然风光和多元民族的古老文
    化在此浪漫相遇。</p>
```

对应的CSS代码如下：

```
p:first-letter {
    font-size:36px;
    font-weight:bold;
    float:left;
}
```

在Google Chrome浏览器中的浏览效果如图2-39所示。

伪元素first-letter表示段落的第一个字符，可以针对段落的第一个字符设置样式，设置首字符左浮动，可以使其右侧的文本显示在第一个字符的右侧，而不是换行。

很难找到一个像阿坝这样汇聚万千风情的地方了，神秘奇特的自然风光和多元民族的古老文化在此浪漫相遇。

图 2-39　段落首字下沉效果的浏览效果

4. 利用 CSS 样式实现网页元素的水平对齐

在 CSS 中，可以使用多种属性来水平对齐元素。

1）使用 text-align 属性水平对齐元素

块元素指的是占据全部可用宽度的元素，并且在其前后都会换行。网页中常见的块元素有<h1>、<p>、<div>。text-align 是一个基本的属性，它会影响一个元素中的文本行互相之间的对齐方式。

2）使用 margin 属性水平对齐块元素

将块级元素或表元素居中，要通过在这些元素上适当地设置左、右外边距来实现。可通过将左和右外边距设置为 auto 来对齐块元素。把左和右外边距设置为 auto，规定的是均等地分配可用的外边距，结果就是居中的元素，示例代码如下：

```
.center
{
  margin-left:auto;
  margin-right:auto;
  width:70%;
  background-color:#b0e0e6;
}
```

如果宽度是 100%，则对齐没有效果。

3）使用 position 属性进行左和右对齐

使用绝对定位也可以对齐元素，绝对定位元素会从正常流中删除，并且能够交叠元素。示例代码如下：

```
.right
{
  position:absolute;
  right:0px;
  width:300px;
  background-color:#b0e0e6;
}
```

4）使用 float 属性来进行左和右对齐

使用 float 属性也可以对齐元素，示例代码如下：

```
.right
{
  float:right;
  width:300px;
```

```
  background-color:#b0e0e6;
}
```

5. CSS 属性值缩写的书写方法

对于 CSS 样式定义比较熟练的设计者，可以对 CSS 样式定义进行整理和缩写，使 CSS 代码简洁、可读性强。CSS 属性值的缩写是指将多个 CSS 属性定义合并到一行中的编写方式，这种编写方式能够精简 CSS 代码，更加便于阅读。

（1）font 字体样式的缩写。

（2）color 颜色样式的缩写。

（3）background 背景样式的缩写。

（4）padding 内边距样式的缩写。

（5）margin 外边距样式的缩写。

（6）border 边框样式的缩写。

（7）列表样式缩写。

6. CSS 样式的继承性、层叠性、特殊性和优先性

（1）继承性。

（2）层叠性。

（3）特殊性。

（4）优先性。

7. 利用关键字"!important"实现不同浏览器显示不同的宽度

由于关键字"!important"表示所附加的声明拥有最高优先级，但是由于 IE6 及更低版本浏览器不能识别它，可以利用 IE 的这个 Bug 作为过滤器，实现同一个规则对于 IE6 及更低版本应用一个属性定义，而对于 IE7 和其他浏览器却应用另一个属性定义。

例如，有如下所示的 CSS 定义。

```
#content {
    width:414px !important;
    width:400px;
}
```

由于 IE7 和 Firefox、Opera 等非 IE 浏览器能够识别"!important"，但是 IE6 及更低版本浏览器不能识别它，根据 CSS 规则，附加关键字"!important"的 width 属性定义优先级最高，因此对于 IE7 和 Firefox、Opera 等非 IE 浏览器对于上面的样式会解析为 414px。根据 CSS 层叠规则，IE6 及更低版本浏览器会忽略"!important"关键字，而解析为 400px，从而实现不同浏览器显示宽度不同的效果。

8. CSS 代码的精简与优化

编写 CSS 代码时，不仅要保证代码的功能满足设计要求，而且要考虑代码的简洁易读、冗余代码少，有必要对 CSS 样式代码进行精简和优化。

(1) 利用 CSS 代码缩写规则精简样式代码。

(2) 利用继承性优化 CSS 样式代码。

(3) 利用层叠覆盖优化 CSS 样式代码。

(4) 利用样式的默认值优化 CSS 样式代码。

(5) 利用选择符分组优化 CSS 样式代码。

(6) 利用公共类优化 CSS 样式代码。

【问题探究】

【问题 1】　什么 CSS？CSS 样式与 HTML 有何区别？CSS 样式有何优点？

CSS 是 Cascading Style Sheet 的缩写，称为“层叠样式表”，一般简称为“样式表”，“层叠”是指多个样式可以同时应用于同一个页面或网页中的同一个元素。

样式表是万维网协会(W3C)定义的一系列格式设置规则。使用样式表可以非常灵活地控制网页的外观，从精确的布局定位到特定的字体和样式，都可以使用 CSS 样式来完成。

CSS 样式与 HTML 的主要区别有：网页是用 HTML 语言书写的，一个 HTML 网页包含了许多 HTML 标签。HTML 是一种纯文本的、解决执行的标记语言，HTML 语言定义了网页的结构和网页元素，能够实现网页普通格式要求，但是网页制作技术在不断发展，同时也发现了 HTML 格式化功能的不足，于是 CSS 便应运而生。CSS 样式表可以控制许多仅使用 HTML 无法控制的属性，例如 CSS 可以指定自定义列表项目符号并指定不同的字体大小和单位，CSS 除了设置文本格式外，还可以控制网页中“块”级别元素的格式和定位。同时，CSS 弥补了 HTML 对网页格式化功能的不足，例如 CSS 可以控制段落间距、行距等。CSS 的代码是嵌入在 HTML 文档中，编写 CSS 的方法和编写 HTML 文档的方法是一样的。

CSS 样式的主要优点是提供便利的更新功能，更新 CSS 样式时，使用该样式的所有网页文档的格式都自动更新为新样式。

CSS 样式具有更好的易用性与扩展性，CSS 样式表可以应用到很多页面中，从而使不同的页面获得一致的布局和外观；使用外部样式表可以一次作用于若干个文档，甚至整个站点。

【问题 2】　定义 CSS 样式的位置有哪几种？CSS 的三种用法在同一个网页文档中可以混用吗？

浏览网页时，当浏览器读到一个样式表时，浏览器会根据它来格式化 HTML 文档。插入样式表的方法有以下三种。

(1) 外部样式表。

(2) 内部样式表。

(3) 内联样式。

【问题 3】 CSS 样式的应用主要有哪几种形式？各有哪些特点和规则？

HTML 文档中包含多种网页元素，例如文本、列表、图像、表格、表单等，而每一种网页元素又有多种不同类型的属性，CSS 样式的应用主要有三种形式：第一种对某一种标签重新设置属性；第二种对某一种标签的特定属性进行设置；第三种是组合多种属性自定义样式。这三种形式定义时也有所不同。

(1) 定义标签样式。

(2) 定义复合样式。

(3) 定义类样式。

【问题 4】 如何设计网页的页面标题？

网页的页面标题相当于商店的招牌，标题通常位于页面的上端或中央，清楚明确地表示出来。

1) 标题大小、粗细要合适

与其他文字相比，标题的字号应大一些、粗一点为宜。在大小相同的情况下，加粗文字也能产生强化的效果。但是标题也不能过度放大，应该选择与主页风格相和谐的字号、粗细以及配色。

2) 标题使用鲜艳的色彩

标题使用鲜艳的色彩可以起到强化标题的作用，当基于特定风格的要求而不得不将文字缩小时，鲜艳的色彩能够有效地保持文字的强度，使标题得到强化，使其效果清晰、引人瞩目。

3) 利用空间突出标题

标题周围留出一定的空间，使标题文字具有更加强烈而醒目的效果。

【问题 5】 如何设计网页中的页面文字？

网页最基本的作用是传递信息，信息最好的载体就是文字。网页中主要通过文字来传递给浏览者一定的信息。合理地将文字和图像结合起来，使整个网页更加有吸引力。

(1) 文字字体的选择。

(2) 文字粗细的确定。

(3) 文字字号的确定。

(4) 文字的字间距和行间距。

【问题 6】 设置网页中文本颜色的方法主要有哪些？

设置网页中文件颜色的方法主要有以下三种。

(1) 在“颜色”文本框中输入以十六进制 RGB 值表示的颜色值，如“#DDF4FC”，十六进制 RGB 值颜色以符号“#”开头，由 6 位数字组成，每个数字取从“1”到“F”的十六进制数值。如果 6 位数字相同，可以缩写为 3 位。

(2) 单击“颜色”文本框旁边的按钮，弹出颜色选择器，从中可以选择合适的颜色。

(3) HTML 预设了一些颜色名称，在【颜色】文本框里直接输入这个颜色的名称设置相应颜色，例如在【颜色】文本框中输入 blue，可以设置颜色为蓝色。常用的预设颜色名称有 16 种，即 aqua（水绿）、black（黑）、olive（橄榄）、teal（深青）、red（红）、blue（蓝）、maroon（褐）、navy（深蓝）、gray（灰）、lime（浅绿）、fuchsia（紫红）、white（白）、green（绿）、purple（紫）、silver（银）和 yellow（黄）。

【问题 7】　何谓色彩的三原色？色彩的三要素是指什么？

色彩的三原色是能够按照一些数量规定合成其他任何一种颜色的基色。所有的颜色其实都是由三原色按照不同的比例混合而来。计算机屏幕的色彩是由红、绿、蓝三种原色组成。

色彩三要素是指色相、饱和度和明度，自然界的颜色可分为彩色和非彩色两大类，非彩色是指黑色、白色和各种深浅不一的灰色，其他所有颜色均属于彩色。

色相是色彩的相貌、颜色的属性，也就是区分色彩各类的名称，例如“红色”代表一个具体的色相。色相由波长决定，例如天蓝、蓝色、靛蓝是同一色相，它们看上去有区别是因为明度和饱和度不同。

饱和度又叫纯度，是指色彩的纯净程度，也可以说是色相感觉鲜艳或灰暗的程度。

明度是指色彩的明暗程度，体现颜色的深浅。它是全部色彩都具有的属性，最适合表现物体的立体感和空间感。

非彩色只有明度特征，没有色相和饱和度的区别。

【问题 8】　网页页面色彩的搭配有哪些技巧？

不同的颜色给人不同的感觉，颜色靠设计者的眼光和审美观点做出恰当的选择，色彩选择总原则是“总体协调、局部对比”，即网页的整体色彩效果和谐，局部或小范围可以有一些强烈色彩的对比。选择页面色彩时应考虑以下因素：文化、流行趋势、浏览群体、个人偏好等。网页页面色彩的搭配有以下技巧。

(1) 特色鲜明。

(2) 搭配合理。

(3) 讲究艺术性。

(4) 合理使用邻近色。

(5) 合理使用对比色。

(6) 巧妙地使用背景色。

(7) 严格控制色彩的数量。

【单元习题】

(一) 单项选择题

(二) 多项选择题

(三) 填空题

(四) 简答题

提示：请扫描二维码浏览习题内容。

单元 3　网页中图像与背景的应用设计

图像是网页中的主要元素之一，图像不但能美化网页，而且能够更直观地表达信息。在页面中恰到好处地使用图像，能使网页更加生动、形象和美观。

【知识必备】

1. HTML5 中常用的图片标签

HTML5 的图像标签如表 3-1 所示。

表 3-1　HTML5 的图像标签

标签名称	标 签 描 述	标签名称	标 签 描 述
<img>	定义图像	<figcaption>	定义 figure 元素的标题
<map>	定义图像映射	<figure>	定义媒介内容的分组，以及它们的标题
<area>	定义图像地图内部的区域		

1）<img>标签

<img>标签用于向网页中嵌入一幅图像。从技术上讲，<img>标签并不会在网页中插入图像，而是从网页上链接图像。<img>标签创建的是被引用图像的占位空间。<img>标签有两个必需的属性：src 属性和 alt 属性。

2）<figure>标签和<figcaption>标签

<figure>标签表示一段独立的流内容(图像、图表、照片、代码等)，一般表示文档主体流内容中的一个独立单元，figure 元素的内容应该与主内容相关，但如果被删除，则不应对文档流产生影响。使用 figcaption 元素可以为 figure 元素组添加标题。向文档中插入带有标题图像的示例代码如下：

```
<figure>
  <figcaption>九寨沟风光</figcaption>
  <img src="images/t01.jpg" width="300" height="220" />
</figure>
```

其浏览效果如图 3-1 所示。

<figcaption>标签用于定义<figure>元素的标题，figcaption 元素应该被置于 figure 元素的第一个或最后一个子元素的位置。

图 3-1　带标题的图片浏览效果

2. CSS 的背景设置与定位

1）背景色的设置

CSS 允许应用纯色作为背景，可以使用 background-color 属性为元素设置背景色，这个属性接受任何合法的颜色值。background-color 属性用于设置元素的背景颜色，其取值为指定的颜色或 transparent(默认值即透明色)。也就是说，如果一个元素没有指定背景色，那么背景就是透明的，这样其父元素的背景才能可见。一般都不采用这种方法进行设置，如果某个元素的父元素被设置了背景色，那么该元素就可以使用这种形式恢复成透明色的效果。

定义背景颜色的示例代码如下：

```
.main { background-color: #fff;}
p {background-color: gray;}
```

如果希望背景色从元素中的文本向外少有延伸，只需增加一些内边距即可。

```
p {background-color: gray; padding: 20px;}
```

可以为网页中的任何元素设置背景颜色，也可以为 HTML 的标签设置背景颜色。

2）背景图像的设置

在 CSS3 之前，背景图片的尺寸是由图片的实际尺寸决定的。在 CSS3 中，可以规定背景图片的尺寸，这就允许我们在不同的环境中重复使用背景图片。可以以像素或百分比规定尺寸，如果以百分比规定尺寸，那么尺寸相对于父元素的宽度和高度。

背景图像可以作为修饰要素在网页布局与排版中使用，CSS 为了实现网页背景图像广泛应用，提供了大量的属性，且得到了各大浏览器的广泛支持，综合利用这些属性可以提高网页布局和排版的灵活性和适应能力。

CSS 也允许使用背景图像创建相当复杂的效果，要把图像放入背景，需要使用 background-image 属性，该属性的默认值是 none，表示背景上没有放置任何图像。如果需要设置一个背景图像，必须为这个属性设置一个 URL 值，示例代码如下：

```
body {background-image: url(bg_01.gif);}
```

大多数背景都应用到 body 元素，不过并不仅限于此。下面的示例代码为一个段落应用了一个背景，而不会对文档的其他部分应用背景。

```
p.flower {background-image: url(bg_02.gif);}
```

甚至可以为行内元素设置背景图像，下面的示例代码为一个链接设置了背景图像。

```
a.radio {background-image: url(bg_03.gif);}
```

background-image 也不能继承，事实上，所有背景属性都不能继承。

(1) background-image。background-image 属性用于定义对象的背景图像，当背景图像与背景颜色(background-color)同时被定义时，背景图像覆盖于背景颜色之上。其取值可以为 none(无背景图像)或者为图像地址，可以使用绝对或相对地址指定背景图像。

(2) background-size。background-size 属性用于定义背景图像的尺寸，其属性值可以为数值或者 auto，也可以是 percentage、cover 和 contain。示例代码如下：

```
background-size: 200px;
background-size: 200px 100px;
background-size: auto 200px;
background-size: 50% 25%;
background-size: contain;
background-size: cover;
```

如果属性值为数值或者 auto，用于设置背景图像的高度和宽度，第 1 个值设置背景图的宽度，第 2 个值设置背景图的高度，其单位可以为像素(px)或者百分比(%)，如果只设置 1 个值，则第 2 个值会被设置为 auto。

如果属性值为 percentage，则 width 和 height 是针对背景区域，不是背景图像大小。以父元素的百分比来设置背景图像的宽度和高度，同样第 1 个值设置宽度，第 2 个值设置高度。如果只设置 1 个值，则第 2 个值会被设置为 auto。

如果属性值为 cover，则把背景图像扩展至足够大，以使背景图像完全覆盖背景区域。背景图像的某些部分也许无法显示在背景定位区域中。

如果属性值为 contain，则把背景图像扩展至最大尺寸，以使其宽度和高度完全适应内容区域。

(3) background-position。background-position 属性用于定义对象背景图像的位置，应先定义对象的 background-image 属性，该属性不受对象的填充属性 padding 的影响。默认值为 0，即背景图像默认位于对象内容区块的左上角。如果只指定了一个值，该值将用于横坐标，纵坐标默认为 50%。如果指定了两个值，第一个值用于横坐标，第二个值用于纵坐标。

背景图像的位置由 background-position-x 和 background-position-y 两个属性综合确定。background-position-x 定位背景图像的横坐标位置，默认值为 0，其取值包括 left、center、right 和数值。background-position-y 定位背景图像的纵坐标位置，默认值为 0，其取值包括 top、center、bottom 和数值。当背景图像的位置坐标定义为数值时，单位可以取长度单位，也可以为百分比。

下面的示例代码在 body 元素中将一个背景图像居中放置。

```
body {
    background-image:url('bg_03.gif');
    background-repeat:no-repeat;
    background-position:center;
}
```

(4) background-repeat。background-repeat 属性用于定义对象的背景图像是否重复以及如何平铺，应先定义对象的 background-image 属性。其取值包括 repeat(重复，即背景图像在纵向和横向上都平铺)、no-repeat(不重复)、repeat-x(横向平铺)和 repeat-y(纵向平铺)。

如果需要在页面上对背景图像进行平铺，可以使用 background-repeat 属性。属性值 repeat 导致图像在水平垂直方向上都平铺，就像以往背景图像的通常做法一样。repeat-x 和 repeat-y 分别导致图像只在水平或垂直方向上重复，no-repeat 则不允许图像在任何方向上平铺。背景图像默认将从一个元素的左上角开始，示例代码如下：

```
body {
    background-image: url(bg_03.gif);
    background-repeat: repeat-y;
}
```

网页设计时，经常使用横向重复属性使一些小图片形成大的背景图像，主要应用于导航栏、标题栏以及按钮等。

(5) background-origin。background-origin 属性用于规定背景图片的定位区域，背景图片可以放置于 content-box、padding-box 或 border-box 区域，示意图如图 3-2 所示。

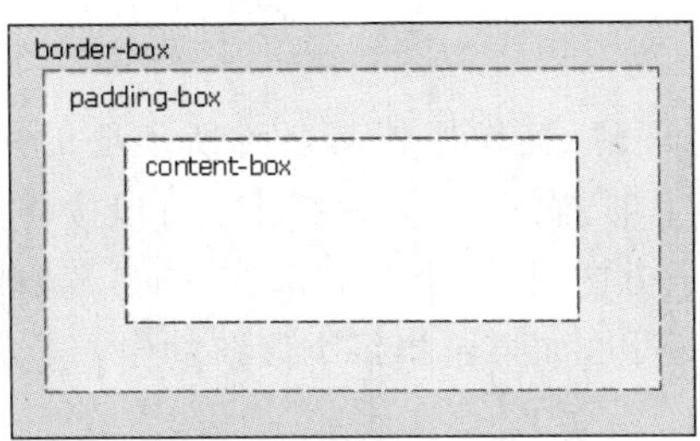

图 3-2　背景图片放置位置的示意图

在 content-box 中定位背景图片的示例代码如下：

```
div {
    background:url(bg_flower.gif);
    background-repeat:no-repeat;
    background-size:100%100%;
    background-origin:content-box;
}
```

(6) background-attachment。background-attachment 属性用于定义背景图像是否随对象内容滚动还是固定位置。其取值包括 scroll(背景图像随对象内容滚动)和 fixed(背景图像处在固定位置),默认值是 scroll,也就是说在默认的情况下,背景会随文档滚动。

如果文档比较长,那么当文档向下滚动时背景图像也会随之滚动,当文档滚动到超过图像的位置时图像就会消失。可以通过 background-attachment 属性防止这种滚动,通过这个属性,可以声明图像相对于可视区是固定的(fixed),因此不会受到滚动的影响。

对于背景图像固定的页面,浏览网页时可以看到页面滚动时背景仍保持固定,网页中的内容可以浮动在背景图像的不同位置。背景图像固定一般用于整个网页的背景设置,即设置 body 标签的背景属性,示例代码如下:

```
body {
    background-attachment: fixed;
    background-image: url(../images/bg0301. jpg);
    background-repeat: repeat-y;
}
```

(7) background。background 属性是一个复合属性,可以快速定义背景图像,其组成包括 background-color、background-image、background-position、background-repeat 和 background-attachment,默认值为 transparent none repeat scroll 0,如果其单个属性没有显式定义,则取其默认值,示例代码如下:

```
background: #c63 url(images/0303bg01.gif) repeat-x left top fixed;
```

该属性不可继承,如果未指定,其父元素的背景颜色和背景图像将在元素下面显示。

3. 背景定位的方法

1) 应用位置关键字

图像放置关键字最容易理解,其作用如其名称所表明的。例如,top right 使图像放置在元素内边距区的右上角。根据规范,位置关键字可以按任何顺序出现,只要保证不超过两个关键字(一个对应水平方向,另一个对应垂直方向)。如果只出现一个关键字,则认为另一个关键字是 center。所以,如果希望每个段落的中部上方出现一个图像,只需声明如下所示的代码。

```
p {
    background-image:url('bgimg.gif');
    background-repeat:no-repeat;
    background-position:top;
}
```

2) 应用百分数值

百分数值的表现方式更为复杂。假设希望用百分数值将图像在其元素中居中,这很容易,示例代码如下:

```
body {
    background-image:url('bg_03.gif');
    background-repeat:no-repeat;
    background-position:50% 50%;
}
```

这会导致图像适当放置，其中心与其元素的中心对齐。换句话说，百分数值同时应用于元素和图像。也就是说，图像中描述为“50% 50%”的点(中心点)与元素中描述为“50% 50%”的点(中心点)对齐。如果图像位于“0 0”，其左上角将放在元素内边距区的左上角；如果图像位置是“100% 100%”，会使图像的右下角放在右边距的右下角。

因此，如果想把一个图像放在水平方向 2/3、垂直方向 1/3 处，其代码如下：

```
body {
    background-image:url('bg_03.gif');
    background-repeat:no-repeat;
    background-position:66% 33%;
}
```

如果只提供一个百分数值，所提供的这个值将用作水平值，垂直值将假设为 50%。这一点与关键字类似。background-position 的默认值是“0 0”，在功能上相当于“top left”。这就解释了背景图像为什么总是从元素内边距区的左上角开始平铺，除非设置了不同的位置值。

3) 应用长度值

长度值解释的是元素内边距距左上角的偏移，偏移点是图像的左上角。例如，如果设置值为“50px 100px”，图像的左上角将在元素内边距距左上角向右偏移 50 像素、向下偏移 100 像素的位置上，对应的代码如下：

```
body {
    background-image:url('bg_03.gif');
    background-repeat:no-repeat;
    background-position:50px 100px;
}
```

4. 图像的透明度

通过 CSS 创建透明图像是很容易的，定义透明效果的 CSS3 属性是 opacity。CSS 的 opacity 属性是 W3C CSS 推荐标准的一部分。

1) 创建透明图像

创建透明图像的 CSS 代码如下：

```
img {
    opacity:0.4;
    filter:alpha(opacity=40);                    /* 针对 IE8 以及更早的版本 */
}
```

IE9、Firefox、Chrome、Opera 和 Safari 使用属性 opacity 来设定透明度。opacity 属性能够设置的值为 0.0～1.0，值越小，越透明。IE8 以及更早的版本使用滤镜 filter：alpha（opacity＝x）来设定透明度，x 能够取的值为 0～100。值越小，越透明。

2）创建透明图像的 hover 效果

将鼠标指针移动到图片上时，会改变图片的透明度，实现图像透明度的 hover 效果。

创建透明图像的 hover 效果的 CSS 代码如下：

```
img {
    opacity:0.4;
    filter:alpha(opacity=40);                /* 针对 IE8 以及更早的版本 */
}
img:hover {
    opacity:1.0;
    filter:alpha(opacity=100);               /* 针对 IE8 以及更早的版本 */
}
```

在这个实例中，当指针移动到图像上时，我们希望图像是不透明的，对应的 CSS 是 opacity＝1，IE8 以及更早的浏览器则设置为：filter：alpha（opacity＝100）。当鼠标指针移出图像后，图像会再次透明。

【引导训练】

任务 3-1　制作介绍九寨沟景区景点的图文混排网页

【任务描述】

任务 3-1-1　使用【管理站点】对话框创建站点“单元 3”

任务 3-1-2　应用【文件】面板新建网页 0301.html

任务 3-1-3　设置页面的背景图像

任务 3-1-4　在网页中输入所需的文本内容与设置文本格式

（1）在网页 0301.html 中输入所需的文本内容。

（2）将网页 0301.html 的标题设置为“诺日朗群海”。

（3）将网页 0301.html 中文本标题“诺日朗群海”的字体设置为“黑体”，大小设置为“18 像素”，颜色设置为＃0000FF，对齐方式设置为“居中对齐”，目标规则为“内联样式”。

（4）将网页 0301.html 中正文文本的字体设置为“宋体”，大小设置为“14 像素”，样式名称命名为 style6。

任务 3-1-5　插入图像与设置图像属性

（1）在网页 0301.html 中插入图像 t01.jpg，且设置其属性：宽为 600px，高为 400px，

替换文本为“诺日朗群海”，垂直边距为 15px，水平边距为 10px，对齐方式为“居中对齐”。

（2）在网页 0301.html 中插入图像 t02.jpg、t03.jpg、t04.jpg 和 t05.jpg，且设置各个图像的属性：宽为 150px，高为 100px；替换文本分别为“图 2”“图 3”“图 4”和“图 5”，垂直边距为 10px，水平边距为 50px，对齐方式为“居中对齐”。

任务 3-1-6　在“代码”视图中查看 CSS 代码和 HTML 代码

【任务实施】

任务 3-1-1　使用【管理站点】对话框创建站点“单元 3”

1. 创建所需的文件夹

在文件夹“HTML5＋CSS3 网页设计实例”中创建子文件夹 Unit03。然后在文件夹 Unit03 中创建子文件夹 0301，再在该子文件夹 0301 中创建 images、text 等子文件夹，且将所需的素材复制到对应的子文件夹中。

2. 启动 Dreamweaver CC

使用 Windows 的【开始】菜单或桌面的快捷方式启动 Dreamweaver CC。

3. 打开【管理站点】对话框

在 Dreamweaver CC 的主界面，选择【站点】→【管理站点】命令，打开如图 3-3 所示的【管理站点】对话框。

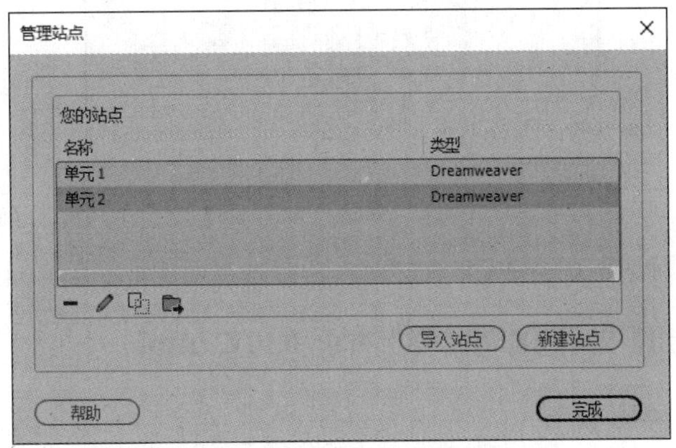

图 3-3　【管理站点】对话框

4. 打开【站点设置对象】对话框

在【管理站点】对话框中单击【新建站点】按钮，打开【站点设置对象】对话框，在【站点名称】文本框中输入站点名称“单元 3”，在【本地站点文件夹】文本框中输入完整的路径名称“E:\HTML5＋CSS3 网页设计实例\Unit03\”，如图 3-4 所示。

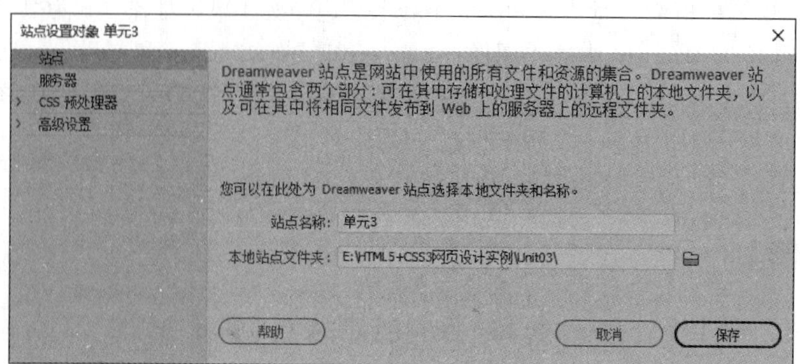

图 3-4 【站点设置对象】对话框

在【站点设置对象】对话框中单击【保存】按钮，保存创建的站点，返回【管理站点】对话框，如图 3-5 所示。我们可以发现在站点列表中增加了 1 个站点选项“单元 3”。如果需要对站点信息进行修改，可以在【管理站点】对话框中单击【编辑当前选定的站点】按钮，重新打开【站点设置对象】对话框，对站点信息进行修改即可。

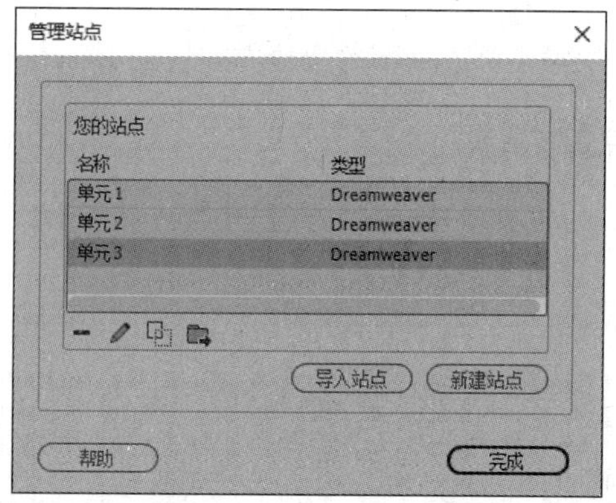

图 3-5 新建站点“单元 3”后的【管理站点】对话框

在【管理站点】对话框中单击【完成】按钮，新建站点便完成。

任务 3-1-2 应用【文件】面板新建网页 0301.html

1. 打开【文件】面板

如果【文件】面板处理隐藏状态，则选择【窗口】→【文件】命令，可打开【文件】面板。

提示：如果【文件】面板处于打开状态，在【窗口】下拉菜单的【文件】菜单项左侧会有 1 个“√”标记，此时再次单击【文件】菜单项，则会关闭该面板。

2. 新建网页文档

在【文件】面板中站点“单元 3”的文件夹 0301 上右击，在弹出的快捷菜单中单击【新建文件】命令，如图 3-6 所示。然后输入新的网页文档名称 0301.html，按 Enter 键确认，结果如图 3-7 所示。

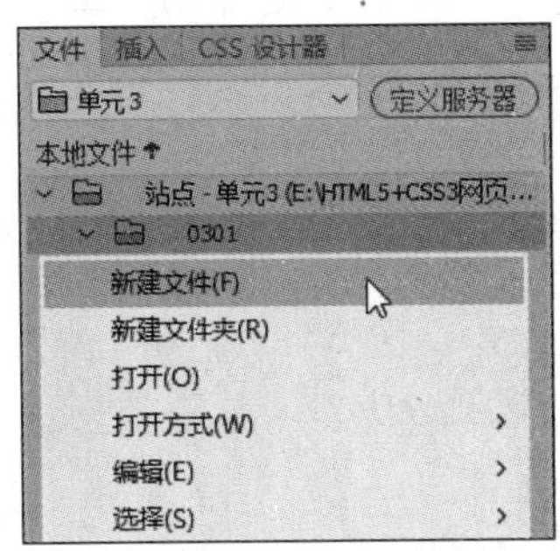

图 3-6　【新建文件】命令

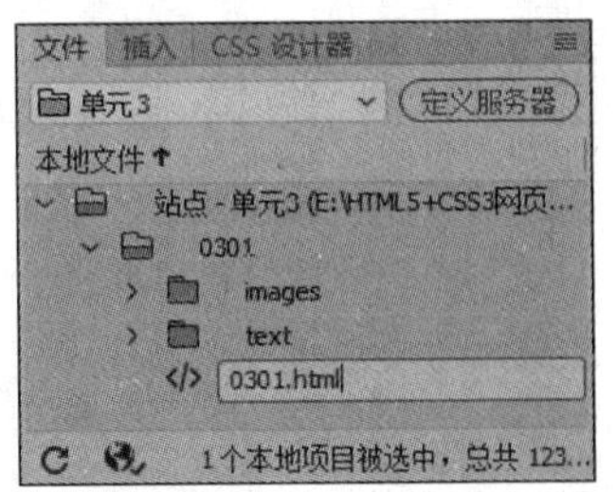

图 3-7　新建 1 个网页文档

任务 3-1-3　设置页面的背景图像

1. 打开新建的网页文档 0301. html

在【文件】面板中双击网页文档名称 0301. html，在 Dreamweaver CC 的文档窗口中打开该网页文档。

2. 设置网页的背景图像

单击【属性】面板上的【页面属性】按钮，打开【页面属性】对话框，在【页面属性】对话框中“外观(CSS)”属性组中单击背景图像文本框右侧的【浏览】按钮，弹出【选择图像源文件】对话框，在该对话框中搜索到所要设置的背景图像文件 bg-gray. png，如图 3-8 所示。

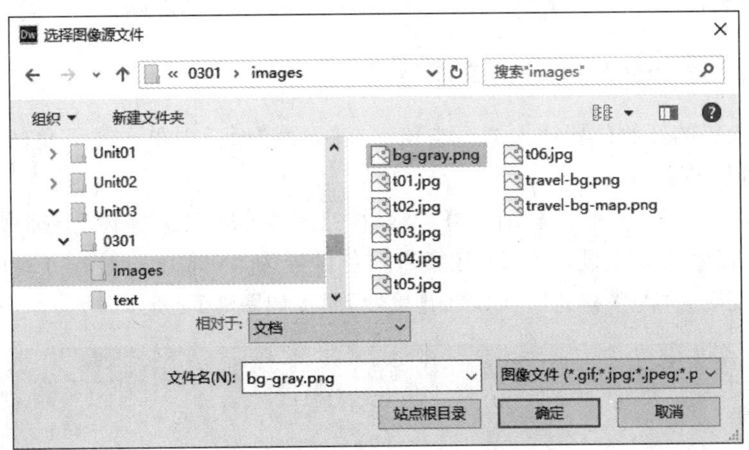

图 3-8　【选择图像源文件】对话框

单击【确定】按钮，返回【页面属性】对话框，如图 3-9 所示。然后单击【页面属性】对话框中的【确定】按钮，这样就为网页设置了所需的背景图像。

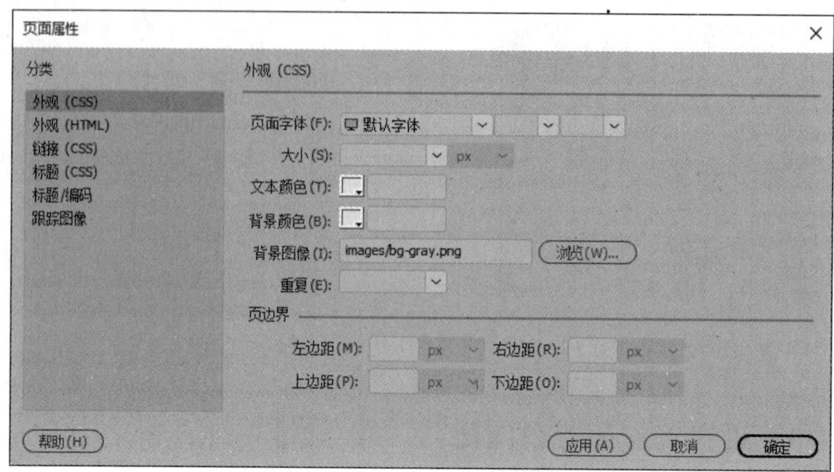

图 3-9 【页面属性】对话框

任务 3-1-4 在网页中输入所需的文本内容与设置文本格式

1. 在网页中输入所需的文本内容

在网页 0301.html 中输入以下文本内容。

诺日朗群海

诺日朗群海海拔达2365米，是日则沟的起点。18个海子组成的群海水色湛蓝，穿林而出的叠瀑使群海五光十色。春夏时堤埂柳暗花明，湖水充满生机；秋天红叶如火，湖水一片灿烂；冬季水凝成冰，一派冰清玉洁。

2. 设置网页 0301.html 的文本格式

在正文段落的开始位置插入 2 个空格。在【属性】面板中单击左下角的【CSS】按钮，切换到 CSS【属性】面板。

选择页面文本的标题“诺日朗群海”，然后在【属性】面板的“字体”下拉列表框中选择字体“黑体”，接着将大小设置为“18 像素”，颜色设置为 #0000FF，对齐方式设置为“居中对齐”，目标规则为“内联样式”。CSS 的【属性】面板如图 3-10 所示。

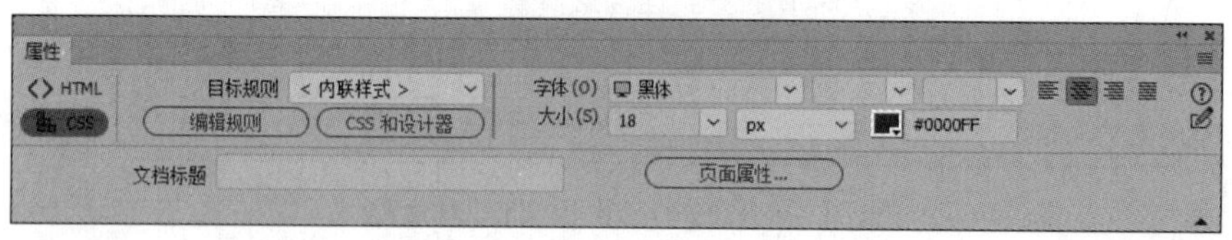

图 3-10 CSS 的属性设置

以类似的方法将页面正文文本的字体设置为“宋体”，大小设置为“14 像素”。

3. 设置网页标题

在【文档】工具栏的"标题"文本框中输入网页的标题"诺日朗群海"。

4. 保存网页

单击【标准】工具栏中的【保存】按钮或【全部保存】按钮，保存网页的属性设置。

5. 预览网页效果

按 F12 预览网页的效果如图 3-11 所示。

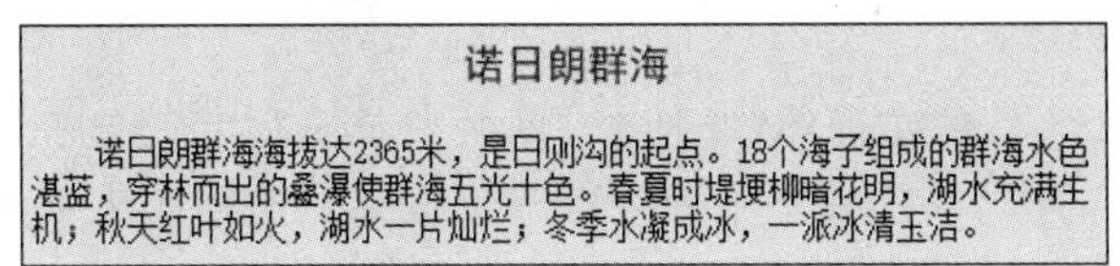

图 3-11　网页"0301.html"的分步预览效果

任务 3-1-5　插入图像与设置图像属性

1. 插入第 1 幅图像

将光标置于标题"诺日朗群海"右侧，按 Enter 键换行，且设置对齐方式为"居中对齐"。然后选择【插入】→image 命令，在弹出的【选择图像源文件】对话框中选择 images 文件夹中的图像文件 t01.jpg，如图 3-12 所示。

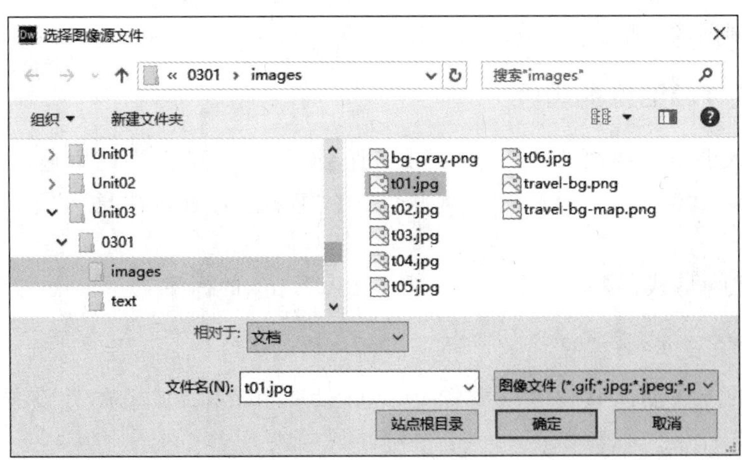

图 3-12　在【选择图像源文件】对话框中选择图像文件

在【选择图像源文件】对话框中单击【确定】按钮，即可在网页 0301.html 中插入一幅图像。

2. 设置第 1 幅图像的属性

选中插入的第 1 幅图像，在【属性】面板的“宽”文本框中输入 600，在“高”文本框中输入 400，默认单位均为 px；然后在【替换】文本框中输入“诺日朗群海”，【属性】面板中的设置结果如图 3-13 所示。

图 3-13　图像 t01.jpg 的属性设置

在 Dreamweaver CC 的主窗体【文档】工具栏中单击【代码】按钮，切换到“代码”编辑窗口，在第 1 幅图像的标签<img>中添加以下设置垂直边距和水平边距的代码。

```
hspace="10" vspace="15"
```

该图像对应的<img>标签完整的代码如下：

```
<img src="images/t01.jpg" width="600" height="400" alt="诺日朗群海" hspace=
"10" vspace="15"/>
```

3. 插入第 2 幅图像

在 Dreamweaver CC 的主窗体【文档】工具栏中单击【设计】按钮，切换到“设计”窗口，将光标置于文本之后，按 Enter 键换行，且设置对齐方式为“居中对齐”。然后按照类似的方法插入 4 幅图像，即文件夹 images 中图像 t02.jpg、t03.jpg、t04.jpg 和 t05.jpg。

4. 设置 4 幅图像的属性

选中插入的第 2 幅图像 t02.jpg，在【属性】面板的“宽”文本框中输入 150，在“高”文本框中输入 100，默认单位均为“像素”。在“替换”列表框中输入“图 2”作为替换文本。

同样，切换到【代码】编辑区，在第 2 幅图像 t02.jpg 的标签<img>添加以下代码。

```
hspace="5" vspace="10"
```

以同样的方法插入其他 3 幅图像 t03.jpg、t04.jpg 和 t05.jpg，并设置各个图像的属性。

5. 保存与浏览网页

保存网页中插入的图像和设置的图像属性，按 F12 键浏览图文混排网页的效果，如图 3-14 所示。

图 3-14　图文混排网页的浏览效果

任务 3-1-6　在“代码”视图中查看 CSS 代码和 HTML 代码

1. 切换到“代码”视图

在 Dreamweaver CC 主窗口【文档】工具栏中单击【代码】按钮，即可切换到“代码”视图。

2. 查看网页 0301.html 中的图像标签

在网页中插入图像可以起到美化网页的作用，插入图像的标签只有 1 个。网页 0301.html 中所插入的图像 t01.jpg 的 HTML 代码如表 3-2 所示，所插入的其他图像的 HTML 代码与图像 t01.jpg 类似。

表 3-2　图像 t01.jpg 的 HTML 代码

HTML 代码
<img src="images/t01.jpg" width="600" height="400" alt="诺日朗群海"   hspace="10" vspace="15" />

图像标签属性的含义：src属性用于指定图像源文件所在的路径；width和height用于指定图像的显示大小；alt属性用于指定提示文字；vspace用于调整图像和文字之间的上下距离；hspace用于调整图像和文字之间的左右距离。

3. 查看网页0301.html中的CSS样式代码

通过【属性】面板设置页面背景图像自动生成的CSS样式代码如表3-3所示。表3-3中03行是页面背景图像的代码。

表3-3　网页0301.html中的CSS样式

行号	HTML代码
01	`<style type="text/css">`
02	`body {`
03	`    background-image: url(images/bg-gray.png);`
04	`}`
05	`</style>`

任务3-2　使用CSS美化网页文本与图片

【任务描述】

（1）打开现有的CSS样式文件base.css，认识网页标签的属性设置。

（2）创建CSS样式文件main.css，在该样式文件定义所需的CSS代码，通过CSS代码的定义与分析熟悉HTML的元素类型、CSS的样式规则、CSS的选择符、CSS的属性定义及属性值的单位等方面的内容。

（3）在网页中输入以下HTML标签及文字。

```
<div id="top">
    <div><img src="images/t01.jpg"></div>
</div>
<div class="content">
    <p>阿坝州地处四川盆地与青藏高原的接合部，总面积为8.42万平方公里，总人口90余
     万，是以藏族、羌族为主的少数民族自治州。境内自然风光雄秀、历史人文璀璨、生态气
     候优越，拥有九寨沟、黄龙、大熊猫栖息地三处世界自然遗产，被誉为“世界自然遗产之
     乡”。</p>
</div>
<div id="bot"><p>本内容最终解释权归阿坝旅游所有</p></div>
```

（4）浏览网页 0302. html 的效果，如图 3-15 所示。

阿坝州地处四川盆地与青藏高原的接合部，总面积为8.42万平方公里，总人口90余万，是以藏族、羌族为主的少数民族自治州。境内自然风光雄秀、历史人文璀璨、生态气候优越，拥有九寨沟、黄龙、大熊猫栖息地三处世界自然遗产，被誉为"世界自然遗产之乡"。
本内容最终解释权归阿坝旅游所有

图 3-15　网页 0302. html 的浏览效果

【任务实施】

1. 创建文件夹

在站点“单元 3”中创建文件夹 0302，在该文件夹中创建子文件夹 CSS。

2. 创建网页

在该站点的文件夹 0302 中创建网页 0302. html。

3. 在文件夹 CSS 中创建 2 个样式文件

在文件夹 CSS 中创建样式文件 base. css，在该样式文件定义所需的 CSS 代码。

样式文件 base. css 的 CSS 代码定义如表 3-4 所示。观察、分析该样式文件 base. css 中的 CSS 代码，熟悉 CSS 的样式规则、CSS 的选择符、CSS 的属性定义及属性值的单位。

表 3-4　样式文件 base. css 的 CSS 代码定义

序号 | CSS 代码

```
body {
    background-image: url(../images/travel-bg-gray.png);
    background-position: left top;
    background-repeat: repeat-x;
}
section {
```

续表

```css
    width: 1200px;
    margin-top: 10px;
}
div,p{
    margin:0px;
    padding:0px;
}

img {
  border: none;
  vertical-align: middle;
}
```

在文件夹 CSS 中创建样式文件 main.css，在该样式文件定义所需的 CSS 代码。样式文件 main.css 的 CSS 定义代码如表 3-5 所示。

表 3-5　样式文件 main.css 的 CSS 代码定义

```css
#top,#bot {
  width: 100%;
  max-width: 1920px;
  background: #09C;
  margin: 5px auto;
  text-align: center;
  line-height: 35px;
}

#top img {
  width: 100%;
  height:300px;
}
.content {
  width: 100%;
  max-width: 1047px;
  margin: 10px auto;
}
.content p {
  font-family: "微软雅黑";
  font-size:16px;
  text-indent: 32px;
  color: #1999e6;
}

#bot {
  width: 100%;
  height:35px;
  line-height: 35px;
  background-color: #09C;
  text-align: center;
  color: #FF0;
  font-size:16px;
  font-weight:bold;
  float: left
}
```

4. 在网页 0302.html 中插入所需的标签和输入所需的文字内容

在网页 0302.html 中插入所需的标签和输入所需的文字内容，完整的 HTML 代码如表 3-6 所示。

表 3-6　网页 0302.html 完整的 HTML 代码

```
<!doctype html>
<html>
  <head>
  <meta charset="utf-8">
  <title>阿坝旅游</title>
  <link rel="stylesheet" type="text/css" href="css/base.css" />
  <link rel="stylesheet" type="text/css" href="css/main.css" />
  </head>
  <body>
    <div id="top">
        <div><img src="images/t01.jpg"></div>
    </div>
    <div class="content">
        <p>阿坝州地处四川盆地与青藏高原的接合部,总面积为 8.42 万平方公里,总人口
          90 余万,是以藏族、羌族为主的少数民族自治州。境内自然风光雄秀、历史人文璀
          璨、生态气候优越,拥有九寨沟、黄龙、大熊猫栖息地三处世界自然遗产,被誉为"
          世界自然遗产之乡"。</p>
    </div>
    <div id="bot"><p>本内容最终解释权归阿坝旅游所有</p></div>
  </body>
</html>
```

5. 查看与编辑 CSS 属性

在网页的【设计】视图中,将光标置于图片下的文字段落中,在【属性】面板中查看选择器".content p"的属性设置,如图 3-16 所示。

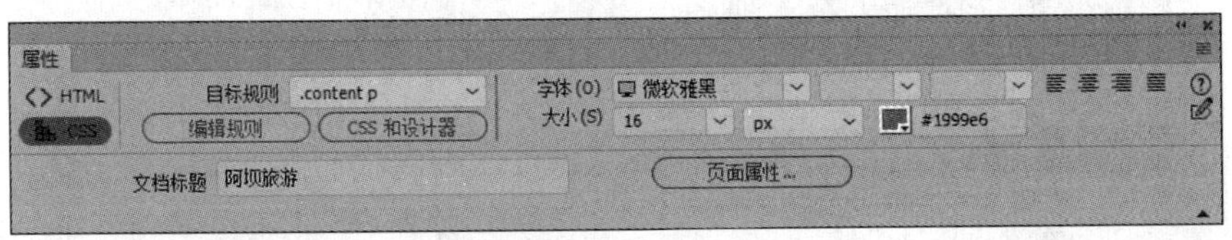

图 3-16　在【属性】面板中查看选择器".content p"的属性设置

在【属性】面板中单击【编辑规则】按钮,打开【.content p 的 CSS 规则定义(在 main.css 中)】对话框,如图 3-17 所示。在该对话框中可以对选择器的属性进行编辑修改。

将光标置于最后的文本段落中,分别在【属性】面板和【CSS 设计器】面板中查看 ID 选择器"#bot"的属性设置,如图 3-18 所示。

同样,在【属性】面板中单击【编辑规则】按钮,打开【#bot 的 CSS 规则定义(在 main.css 中)】对话框,如图 3-19 所示。在该对话框中可以对选择器的属性进行编辑修改。

在【#bot 的 CSS 规则定义(在 main.css 中)】对话框左侧"分类"列表中选择"背景",切换到【背景】界面,对背景相关的属性进行编辑修改,如图 3-20 所示。

在【#bot 的 CSS 规则定义(在 main.css 中)】对话框左侧"分类"列表中选择"区块",

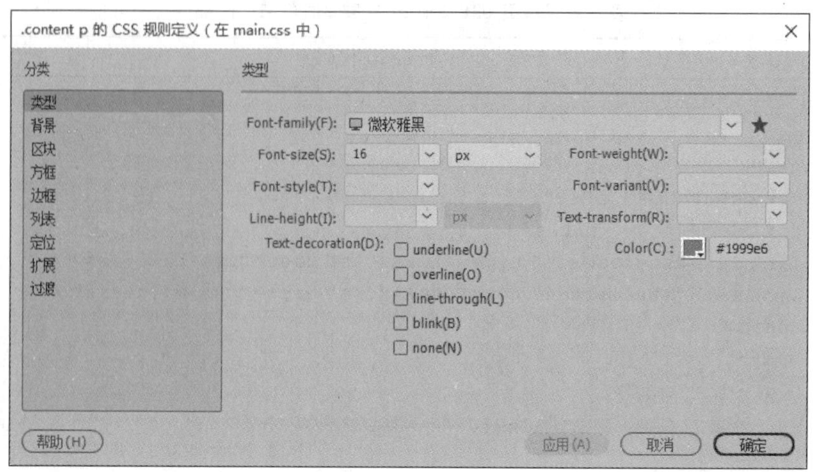

图 3-17　在【.content p 的 CSS 规则定义(在 main.css 中)】对话框中编辑选择器“.content p”的属性设置

图 3-18　分别在【属性】面板和【CSS 设计器】面板中查看 ID 选择器“#bot”的属性设置

切换到【区块】界面，对区块相关的属性进行编辑修改，如图 3-21 所示。

在【#bot 的 CSS 规则定义(在 main.css 中)】对话框左侧【分类】列表中选择“方框”，切换到【方框】界面，对方框相关的属性进行编辑修改，如图 3-22 所示。

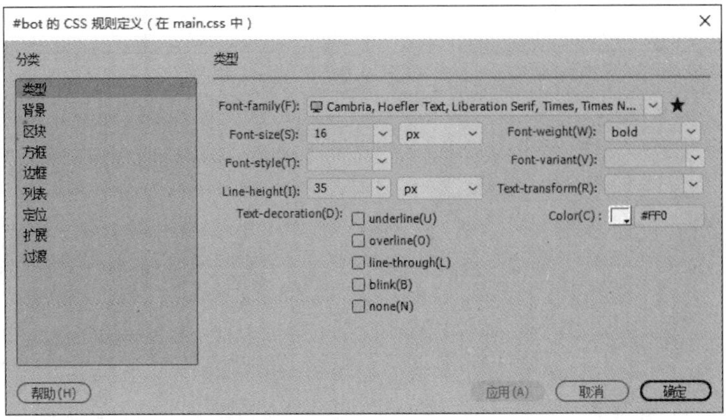

图 3-19　在【#bot 的 CSS 规则定义(在 main. css 中)】对话框的【类型】界面编辑属性设置

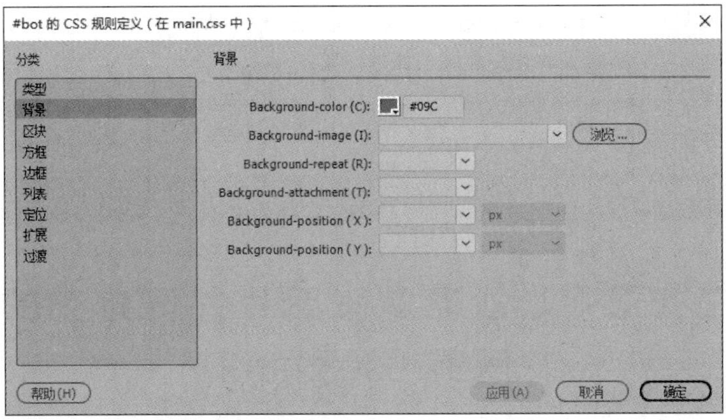

图 3-20　在【#bot 的 CSS 规则定义(在 main. css 中)】对话框的【背景】界面编辑背景相关的属性设置

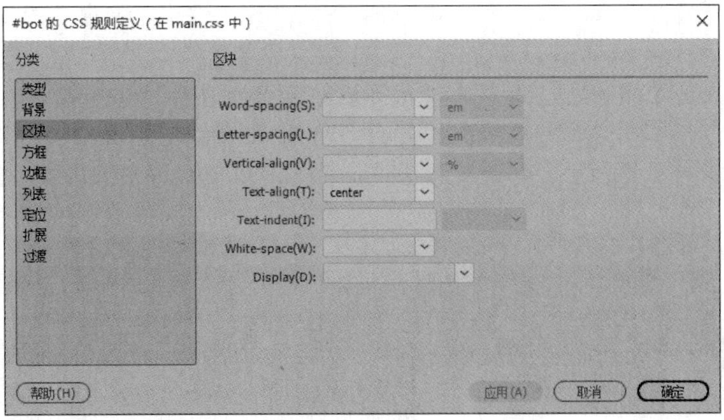

图 3-21　在【#bot 的 CSS 规则定义(在 main. css 中)】对话框的【区块】界面编辑区块相关的属性设置

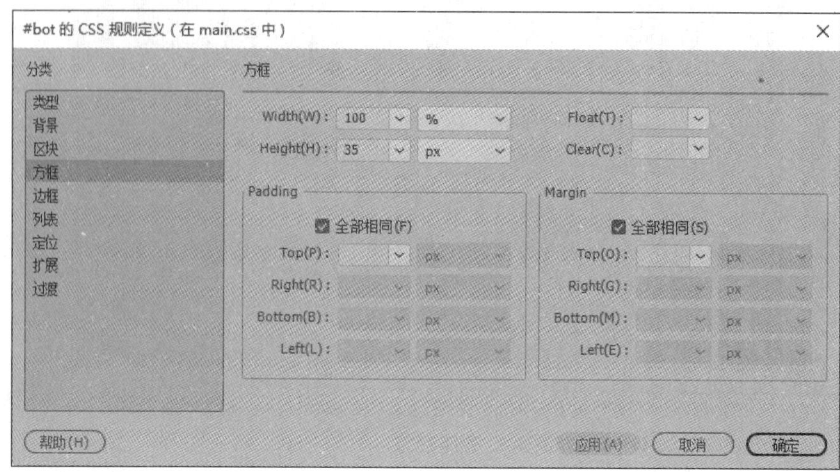

图 3-22　在【#bot 的 CSS 规则定义(在 main. css 中)】对话框的【方框】界面编辑方框相关的属性设置

6. 保存与浏览网页 0302. html

保存网页文档 0302. html，在浏览器 Google Chrome 中的浏览效果如图 3-15 所示。

任务 3-3　创建多张图片并行排列的网页 0303.html

【任务描述】

(1) 创建样式文件 base. css 和 main. css，在该样式文件中定义标签的属性、类选择符及其属性。

(2) 创建网页文档 0303. html，且链接外部样式文件 base. css 和 main. css。

(3) 在网页 0303. html 中添加必要的 HTML 标签和输入文字。

(4) 浏览网页 0303. html 的效果，如图 3-23 所示，该网页包含多张图片。

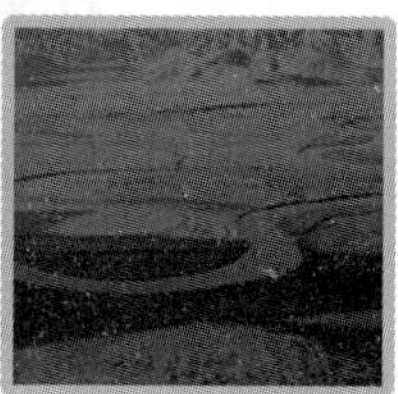

图 3-23　网页 0303. html 的浏览效果

【任务实施】

1. 创建文件夹

在站点“单元 3”中创建文件夹 0303，在该文件夹中创建子文件夹 CSS。

2. 定义网页主体布局结构和美化图片的 CSS 代码

在文件夹“CSS”中创建样式文件 base. css，在该样式文件中编写样式代码，如表 3-7 所示。

表 3-7　样式文件 base. css 中的 CSS 代码定义

序号	CSS 代码	序号	CSS 代码
01	html, body,div, img {	08	body {
02	margin: 0;	09	line-height: 150%;
03	padding: 0;	10	font-weight: bold;
04	}	11	font-size: 14px;
05	img {	12	font-family: "微软雅黑", "宋体";
06	border: none;	13	background: #FFFFFF;
07	}	14	}

在文件夹 CSS 中创建样式文件 main. css，在该样式文件中编写样式代码，网页主体布局结构和美化图片的 CSS 代码如表 3-8 所示。

表 3-8　样式文件 main. css 中网页主体布局结构和美化图片的 CSS 代码定义

序号	CSS 代码	序号	CSS 代码
01	#wrap {	10	.conDiv img {
02	margin: 10px auto;	11	width: 150px;
03	width: 1020px;	12	height: 140px;
04	}	13	display: block;
05	.conDiv {	14	margin-right: 5px;
06	width: 100%;	15	float: left;
07	height: 198px;	16	border-radius: 5px;
08	margin: 20px auto;	17	border: 5px solid #CCC;
09	}	18	}

表 3-8 中的 CSS 代码“border-radius：5px;”实现了圆弧边框的效果。

3. 创建网页文档 0303. html 与链接外部样式表

在文件夹 0303 中创建网页文档 0303. html，切换到网页文档 0303. html 的【代码视图】，在标签“</head>”的前面输入链接外部样式表的代码，如下所示。

```
<link type="text/css" rel="stylesheet" href="css/base.css"/>
<link type="text/css" rel="stylesheet" href="css/main.css"/>
```

4. 编写网页主体布局结构的 HTML 代码

网页 0303. html 主体布局结构的 HTML 代码如表 3-9 所示。

表 3-9　网页 0303. html 主体布局结构的 HTML 代码

```
<div id="wrap">
  <div class="conDiv">
    <!—图片位置-->
  </div>
</div>
```

5. 在网页中插入图片与设置图片属性

在网页文档 0303. html 中插入图片与设置图片属性，HTML 代码如表 3-10 所示。

表 3-10　网页 0303. html 的 HTML 代码

```
<div id="wrap">
  <div class="conDiv">
      <img src="images/t01.jpg" alt="图片 1"/>
      <img src="images/t02.jpg" alt="图片 2"/>
      <img src="images/t03.jpg" alt="图片 3"/>
      <img src="images/t04.jpg" alt="图片 4"/>
      <img src="images/t05.jpg" alt="图片 5"/>
  </div>
</div>
```

6. 保存与浏览网页

保存网页文档 0303. html，在浏览器 Google Chrome 中的浏览效果如图 3-23 所示。

【同步训练】

任务 3-4　在网页中设置图片与背景属性

在网页中输入以下 HTML 标签及文字。

```
<div><img src="images/t01.jpg" alt="九寨沟美景"/></div>
```

针对上述图片进行各种类型的图片属性设置，并设置背景图像。

(1) 设置多种不同的图片长度和宽度。

(2) 设置多种不同的图片边框。

(3) 设置 div 区域的背景图像，并设置背景图像多种不同的 background-repeat、background-size、background-position、background-origin 属性值以及 margin 和 padding 属性值。

提示：请扫描二维码浏览提示内容。

任务 3-5　创建图文混排的网页 0305.html

(1) 创建样式文件 base. css 和 main. css，在该样式文件中定义标签的属性、类选择符及其属性。

(2) 创建网页文档 0305. html，且链接外部样式文件 base. css 和 main. css。

(3) 在网页 0305. html 中添加必要的 HTML 标签、插入图片和输入文字。

(4) 浏览网页 0305. html 的效果，如图 3-24 所示，该网页左侧为 1 张图片，右侧为文字内容。

图 3-24　网页 0305. html 的浏览效果

提示：请扫描二维码浏览提示内容。

【技术进阶】

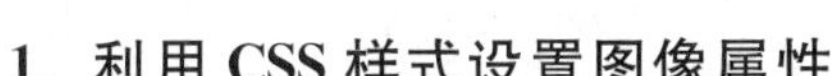

1. 利用 CSS 样式设置图像属性

(1) 控制图像尺寸。

(2) 控制图像的边框。

(3) 控制图像的填充和边界。

(4) 图像浮动。

(5) 图像的定位。

2. 图文混排布局的实现技巧

网页设计时，经常在文本段落中插入恰当的图像，实现对网页的美化。

表 3-11 所示的 HTML 代码可以实现图片通栏布局效果，相关样式定义的 CSS 代码

如表 3-12 所示，其浏览效果如图 3-25 所示。

表 3-11　实现图片通栏布局效果的 HTML 代码

```html
<div class="main">
  <img src="images/t01.jpg"/>
  <img src="images/t02.jpg">
  <img src="images/t03.jpg">
  <h2>九寨沟</h2>
  <p>九寨沟位于四川省西北部岷山山脉南段的阿坝藏族羌族自治州九寨沟县漳扎镇境内，
   因沟内有树正、荷叶、则查洼等九个藏族村寨而得名。九寨沟年均气温为 6~14℃，冬无严
   寒，夏季凉爽，四季景色各异：仲春树绿花艳，盛夏幽湖翠山，金秋尽染山林，隆冬冰塑自
   然。以翠湖、叠瀑、彩林、雪峰、藏情、蓝冰这“六绝”著称于世。九寨沟集原始美、自然美、
   野趣美于一体，具有极高的游览观赏价值和科普价值，被誉为“人间仙境”“童话世界”。九
   寨沟作为一个世界罕见的地质地貌带和生物多样性地区，具有无可替代的生态意义和科
   学研究价值。
  </p>
</div>
```

表 3-12　实现图片通栏布局效果的样式定义代码

```css
.main {
  width: 430px;
  padding: 5px;
  border: 2px solid #c000;
  overflow: hidden;
}
.main img {
  width: 140px;
  height: 65px;
  float: left;
  clear: both;
  padding: 4px;
  margin-right: 10px;
  border: #ccc 1px solid;
}
.main h2 {
  line-height: 180%;
  text-align: center;
  padding: 0px;
  margin: 0px;
}

.main p{
  font-size: 12px;
  line-height: 1.8em;
  text-indent: 2em;
  margin: 0px;
  padding: 0px;
}
```

从表 3-12 中的 CSS 代码可以看出，使用 float 和 clear 属性，将一组图片垂直排列，这里定义所有的图片都左浮动，并定义 clear 属性为 both，清除相邻图片并列浮动，保证它们纵向显示。通过定义左侧图片左浮动，右侧文本保持默认的流动布局，这样保证页面中的文本围绕图片的右侧显示。如果让页面中的文本围绕图片的左侧显示，则只需要修改 img 的 float 属性值为 right，同时设置 margin-left 的属性值为 10px 即可。

图 3-25 所示的布局形式是一种典型的浮动与流动混合应用，左侧是浮动布局，右侧是流动布局，调整左侧的浮动元素与右侧的流动元素之间间距可以通过设置左侧浮动元素的右边界或右填充来实现。但是设置右侧浮动元素的左边界或左填充效果不明显，这是由于右侧浮动元素的左边界或左填充被左侧的图片覆盖所致，此时右侧浮动元素的左

九寨沟
九寨沟位于四川省西北部岷山山脉南段的阿坝藏族羌族自治州九寨沟县漳扎镇境内，因沟内有树正、荷叶、则查洼等九个藏族村寨而得名。九寨沟年均气温为6～14℃，冬无严寒，夏季凉爽，四季景色各异：仲春树绿花艳，盛夏幽湖翠山，金秋尽染山林，隆冬冰塑自然。以翠湖、叠瀑、彩林、雪峰、藏情、蓝冰这“六绝”著称于世。九寨沟集原始美、自然美、野趣美于一体，具有极高的游览观赏价值和科普价值，被誉为“人间仙境”“童话世界”。九寨沟作为一个世界罕见的地质地貌带和生物多样性地区，具有无可替代的生态意义和科学研究价值。

图 3-25　图片通栏布局的浏览效果

边界或左填充要大于左侧图片的宽度才能显示间距效果，不过这样做不可取，还是通过定义左侧浮动元素的右边界或右填充实现调控两者之间的间距更方便。

3. 全图排版网页的制作

对于一些素材库或相册类的网站，往往有大量的图像需要在同一个页面中显示，使用 CSS 可以制作全图网页，并可以精确地控制这些图像的位置，同时，也便于随时修改 CSS 样式。

表 3-13 所示的 HTML 代码可以实现全图排版效果，相关样式定义的 CSS 代码如表 3-14 所示，其浏览效果如图 3-26 所示。

表 3-13　全图排版网页的 HTML 代码

```html
<div id="main">
    <ul>
        <li><img src="images/t01.jpg" alt="图片 1"/></li>
        <li><img src="images/t02.jpg" alt="图片 2"/></li>
        <li><img src="images/t03.jpg" alt="图片 3"/></li>
        <li><img src="images/t04.jpg" alt="图片 4"/></li>
        <li><img src="images/t05.jpg" alt="图片 5"/></li>
        <li><img src="images/t06.jpg" alt="图片 6"/></li>
        <li><img src="images/t07.jpg" alt="图片 7"/></li>
        <li><img src="images/t08.jpg" alt="图片 8"/></li>
        <li><img src="images/t09.jpg" alt="图片 9"/></li>
        <li><img src="images/t10.jpg" alt="图片 10"/></li>
        <li><img src="images/t11.jpg" alt="图片 11"/></li>
        <li><img src="images/t12.jpg" alt="图片 12"/></li>
    </ul>
</div>
```

表 3-14　实现全图排版网页的样式定义代码

```css
ul {
  margin: 0px;
  padding: 0px;
}
li{
  padding: 4px;
  float: left;
  list-style-type: none;
}
img{
  border: 2px solid #ccc;
  height: 60px;
  width: 80px;
}
```

图 3-26　全图排版网页的浏览效果

分析全图排版网页的 HTML 代码和对应的 CSS 样式代码可知，main 为主容器，每张图像放置在 li 标签内，通过定义 li 标签的浮动属性来实现排版。定义项目列表 ul 的边界属性值和填充属性值为 0。定义列表项 li 的填充属性，控制每个列表项的间距。由于每个图像的原始尺寸可能不完全相同，所以统一设置图像的尺寸，以保证各个图像在页面中以缩略图的方式显示，另外还设置了图像的边框属性。由于主容器 main 的宽度没有限定，浏览全图网页时，调整浏览器窗口的大小时，图像的排列位置也会同步发生变化。

4. “图片替代文本”效果的实现

通常将网站的 Logo 制作成图像，以背景图像方式嵌入网页中，这样可以美化文字，改善页面效果。但是图像不便于 SEO 进行搜索，为此 HTML 代码中在嵌入背景图像的同时也保留对应的文本，浏览时显示背景图像，隐藏对应的文本。实现图文并存效果的方法有多种，这里主要介绍三种方法。

（1）躲避法。

（2）隐藏法。

（3）覆盖法。

5. 利用 CSS Sprites 原理合成图片

网页制作时经常会出现一些尺寸相同但内容不同的图片，这些图片可能是页面上的图标、栏目标题或者导航栏背景图片。由于这样的图片尺寸往往不大但数目较多，如果这

些小图片对应于多个图像文件，用户浏览网页时则需要调用多个图像文件才能将页面完整显示出来。而将多个小图片集成于同一个图像文件，利用背景图像的定位设置显示图像不同的区域，只需要调用一个图像文件即可，这样可以有效地解决图像加载的问题。

应用 CSS 布局网页时，装饰性图片被分离到 CSS 文件中定义，通过 CSS 背景属性的 background-image、background-repeat 和 background-position 等来实现。将多个类似的小图片集成存储于一个图像文件中，在需要引用图片的地方，设置合适的 background-position 即可。可以在垂直方向及水平方向双向控制，也可以设置是否重复。但要注意把握合适的“度”，如果集成得到的图像文件太大，会造成下载时间较长，反而会影响网页的浏览速度。

6. 利用 CSS 样式设置图像的阴影效果

图像的阴影是由很多颜色不断渐变的像素行或者像素列有序地排在一起，其中最里层像素行或像素列颜色最深，最外层颜色最浅，它们的颜色值不断递减。利用 CSS 样式设置图像的阴影效果时只需设置多行或多列颜色递减，且宽度相同并有规律地排列在一起就能够实现。

使用简单的错位，通过相对定位方法就可以快速制作阴影效果。HTML 代码如下所示，其浏览效果如图 3-27 所示。

```
<div class="shadow">
  <div class="img_in" ><img src="images/t01.jpg" alt="" /></div>
</div>
```

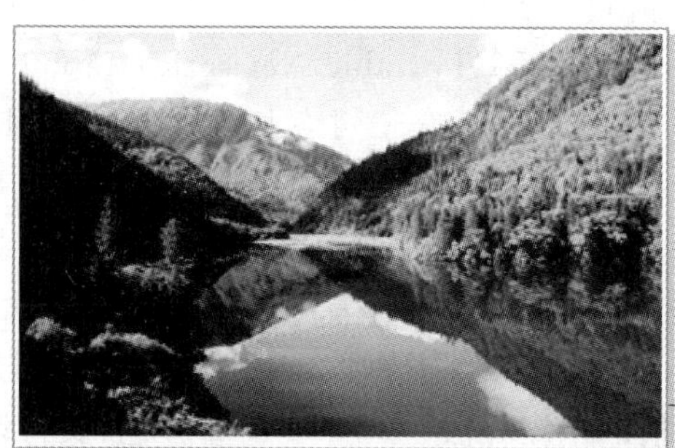

图 3-27　采用相对定位方法设置图像阴影的浏览效果

采用相对定位方法设置图像阴影效果的 CSS 代码如表 3-15 所示。

表 3-15　采用相对定位方法设置图像阴影效果的 CSS 代码

序号	CSS 代码	序号	CSS 代码
01	.shadow {	05	.img_in img{
02	width:300px;	06	width:294px;
03	background:#ccc;	07	height:180px
04	}	08	}

续表

序号	CSS代码	序号	CSS代码
09	.img_in {	13	padding:2px;
10	position:relative;	14	background:#fff;
11	top:-3px;	15	border:1px solid #999;
12	left:-3px;	16	}

【问题探究】

【问题1】 页面中的图像有何作用？网页中的图像在信息传达上应具备哪些功能？

传递信息的视觉要素包括版式、文字、图像、色彩等，其中能在一瞬间让人了解访问的主页是否与印象相同的就是图像，而又以直接表现标题或主页信息的插图和照片最有说服力，它能够使访问者直接确认信息。浏览网页时，通过观看图片，就能了解网页的主题，使读者在阅读标题和正文之前，对内容有一个大致了解，就可以放心地深入正文之中了。

网页中图像在信息传达上应具备以下功能。

(1) 要有良好的视觉吸引力，能吸引浏览者的注意力，通过“阅读最省力原则”来吸引人们注意网站。

(2) 要简洁明确地传达网站信息，能使人们一目了然地抓住网站信息的重点。

(3) 要有强而有力的诱导作用，造成鲜明的视觉感受效果，能使人们与自己的问题联系起来，从观看过程中产生愿望和欲求。

【问题2】 目前，因特网上支持的图像格式主要有哪几种类型？

目前，因特网上支持的图像格式主要有GIF(Graphics Interchange Format)、JPEG(Joint Photographic Experts Group)、PNG(Portable Network Graphic)三种。其中GIF和JPEG两格式的图片文件由于文件较小、适合于网络上的传输，而且能够被大多数的浏览器完全支持，所以是网页制作中最为常用的文本格式。

GIF图像文件的特点是：最多只能包含256种颜色、支持透明的前景色、支持动画格式。GIF格式特定的存储方式使得GIF文件特别擅长于表现那些包含大面积单色区的图像，以及所含颜色不多、变化不繁杂的图像，例如徽标、文字图片、卡通形象等。

JPEG图像采用的是一种有损的压缩算法，支持24位真彩色，支持渐进显示效果，即在网络传输速度较慢时，一张图像可以由模糊到清晰慢慢地显示出来，但不支持透明的背景色，适用于表现色彩丰富、物体形状结构复杂的图像，例如照片等。

【问题3】 设计网页时，应对网页中的图像进行合理搭配，对图像的处理主要包括哪些方面？

好的图像可以使页面增色，但不当的图像则会带来不良效果。网页中图像不是孤立的，要与页面统一，对图像的处理主要包括以下几个方面。

1) 图像的外形处理

图像的外形能使网页的气氛发生变化，并直接影响网页访问者的兴趣。一般而言，方形的图像显得稳定而严肃；三角形的图像显得锐利；圆形或曲线外形的图像显得柔软亲切;一些不规则或不带边框的图像显得活泼。

2）图像的面积处理

图像在网页中占据的面积大小能直接显示其重要程序。一般地,大图像容易在网页中形成视觉焦点且感染力强,传达的情感较为强烈;小图像常用来穿插在文本群中,显得简洁而精致,有点缀和呼应网页主题的作用。

3）图像的数量处理

图像的数量是根据网页中内容灵活确定的。如果网页中只使用了一幅图像,则会使网页的内容显得突出且安定。如果再增加一幅图像,则网页会因为有了对比和呼应而活跃起来。

4）图像的背景处理

网页图像与背景是对比和统一的关系,也就是说,图像与背景在和谐统一的基础上,应有一定的对比,以使主要图像更加突出。

【问题4】　网页中使用图像应注意哪些事项?

网页中使用图像应注意以下几点。

(1) 网站的首页中最好有醒目的标题文字、Logo标志、主题图像等,令人过目不忘应是制作网页永远的目标。

(2) 网页中的图像最好有一定的实际作用,尽量减少只有装饰作用的图像在页面中所占比例,以便突出页面主题。

(3) 页面中的图像要力求清晰可见、意义简洁。对于图形内包含文字,应注意不要因压缩而导致无法识别。

(4) 图像设计时不要过多使用渲染、渐变层、光影等特殊效果的图像,这样会使图像容量变大。设计时应该多替浏览者考虑,尽量采用压缩设计。

(5) 为了节省传输时间,许多浏览者会采用"不显示图像"的模式浏览网页,所以在放置图像时,一定要为每个图像加上不显示时的"替代文字",当页面中没有显示图像时,浏览者也能看到该图像想表达的内容。

【问题5】　在Dreamweaver CC的【代码视图】窗口中如何使用【编码】工具栏实现所需的功能?

代码视图会以不同的颜色显示HTML源代码,以帮助用户区分各种标签,同时用户也可以自己指定标签或代码的显示颜色。Dreamweaver CC中的【编码】工具栏位于【代码视图】窗口的左侧,鼠标光标停在工具栏位置,单击右键弹出快捷菜单,在该快捷菜单中通过单击【编码】菜单,可以显示或隐藏【编码】工具栏。

利用【编码】工具栏可以实现以下操作。

(1) 缩进与凸出代码。

(2) 选择父标签。

(3) 注释代码。

(4) 环绕标签。

(5) 显示/隐藏行号。

【单元习题】

（一）选择题

（二）填空题

（三）简答题

提示：请扫描二维码浏览习题内容。

单元4　网页中列表与表格的应用设计

列表标签能够实现网页结构化列表，对于需要排列显示的标题列表、导航菜单、新闻信息等，使用列表标签有明显的优势。列表在网页布局和排版方面也有强大的功能，由于列表比较整齐美观，方便浏览，是常用的元素。由于CSS定义了强大的列表属性，各种浏览器对CSS列表属性都支持，使用列表配合div标签可以实现更多的网页布局。

列表标签ul、ol、li、dl、dt和dd都是块状元素，一般习惯于配对使用，ul和li结合定义无序列表，ol和li结合定义有序列表，dl、dt和dd结合实现定义列表，li标签显示为列表项，即display属性设置为list-item，每个列表项占据一行，这种样式也是块状元素的一种特殊形式。

表格在显示数据方面非常灵活，设计网页时应充分发挥表格的数据组织功能。表格与定义列表一样，一般由三个标签配合使用，表格由table标签来定义，行由tr标签来定义，每行中的单元格由td标签来定义，td标签必须包含在tr标签内。数据存放在单元格中，即<td></td>标签内。一个数据单元格中可以包含文本、图像、列表、段落、表单、表格等网页元素。

【知识必备】

1. HTML5的列表标签

HTML5的列表标签如表4-1所示。

表4-1　HTML5的列表标签

标签名称	标签描述	标签名称	标签描述
<ul>	定义无序列表	<dd>	定义列表中项目的描述
<ol>	定义有序列表	<menu>	定义命令的菜单/列表
<li>	定义列表的项目	<menuitem>	定义用户可以从弹出菜单调用的命令/菜单项目
<dl>	定义列表	<command>	定义命令按钮
<dt>	定义列表中的项目		

1）<ul>、<ol>和<li>标签

<ul>标签用于定义无序列表，<ol>标签用于定义有序列表，<li>标签用于定义列表项目。<li>标签可用在有序列表(<ol>)和无序列表(<ul>)中。ul 是 unordered list(无序列表)的缩写，表示项目列表；ol 是 order list(有序列表)的缩写，表示有顺序的列表；li 是 item in a list(列表项)的缩写，表示列表项。

(1) 项目列表。项目列表以项目符号开头，在列表项之间没有先后次序时使用，所以又称为无序列表。项目列表的列表项使用圆点、圆圈等符号表示，项目列表用 ul 标签表示，每个列表项用 li 标签表示，一般网页中都使用项目列表。项目列表的示例代码如下：

```
<ul>
   <li>九寨沟</li>
   <li>黄龙</li>
   <li>四姑娘山</li>
   <li>花湖</li>
</ul>
```

项目列表 ul 的浏览效果如图 4-1 所示。

(2) 有序列表。有序列表的列表项使用 1、2、3 或 a、b、c 等表示顺序，有序列表用 ol 标签表示，每个列表项用 li 标签表示。有序列表一般用于描述工作进度、作息时间、大纲目录等。有序列表的示例代码如下：

```
<ol>
   <li>九寨沟</li>
   <li>黄龙</li>
   <li>四姑娘山</li>
   <li>花湖</li>
</ol>
```

有序列表 ol 的浏览效果如图 4-2 所示。

- 九寨沟
- 黄龙
- 四姑娘山
- 花湖

图 4-1　项目列表 ul 的浏览效果

1. 九寨沟
2. 黄龙
3. 四姑娘山
4. 花湖

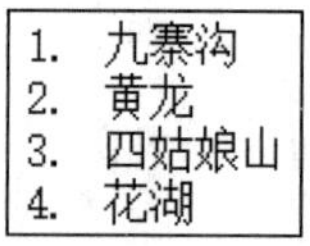

图 4-2　有序列表 ol 的浏览效果

2）<dl>、<dt>和<dd>标签

<dl>标签用于设置定义列表(definition list)，<dd>在定义列表中用于定义条目的定义部分，<dt>标签定义了定义列表中的项目(即术语部分)。<dl>标签用于结合<dt>(定义列表中的项目)和<dd>(描述列表中的项目)。dl 是 definition list(定义列表)的缩写，表示自定义列表，dl 最早是为了描述术语解释而定义的标签，术语的名称顶格显示，术语的解释缩进显示，这样多个术语列表时，显得井然有序，dl 后来被拓

展应用到页面的布局中；dt 是 definition term(定义术语)的缩写，表示定义列表的标题；dd 是 definition in a definition list(定义列表中的定义)的缩写，表示对术语的解释，即定义列表项。

定义列表 dl 是一种与项目列表 ul 和有序列表 ol 有区别的列表形式，定义列表的列表项可以带文本、图片和其他多媒体页面元素。定义列表 dl 可以更好地表现术语、索引等内容，可以更好地对所表示的内容进行描述。定义列表由三个 HTML 标签组织，分别是 dl、dt 和 dd，其中 dt 用于标识组成定义列表的术语名称或标题部分，其后跟随 dd 标签，dd 用来标识对它的定义、解释或内容索引等。

定义列表 dl 的示例代码如下：

```
<dl>
  <dt>推荐旅游景点</dt>
  <dd>九寨沟</dd>
  <dd>黄龙</dd>
  <dd>四姑娘山</dd>
  <dd>花湖</dd>
</dl>
```

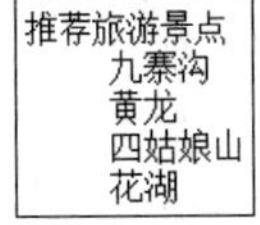

图 4-3　定义列表 dl 的浏览效果

定义列表 dl 的浏览效果如图 4-3 所示。

3）<menu>标签

<menu>标签用于定义菜单列表。当希望列出表单控件时使用该标签。注意与 nav 的区别，menu 专门用于表单控件。示例代码如下：

```
<menu>
  <li><input type="checkbox" />Red</li>
  <li><input type="checkbox" />Blue</li>
</menu>
```

4）<command>标签

<command>标签用于定义命令按钮，例如单选按钮、复选框或按钮。只有当<command>标签位于<menu>标签内时，该元素才是可见的。否则不会显示这个元素，但是可以用它规定键盘快捷键。示例代码如下：

```
<menu>
  <command onclick="alert('Hello World')">Click Me!</command>
</menu>
```

2. CSS 列表属性(List)

CSS 列表属性允许放置、改变列表项标志，或者将图像作为列表项标志。

CSS 列表属性包括列表类型、列表符号图像和位置。CSS 列表属性的定义示例代码如下：

```
li{
    list-style-type:circle;
    list-style-image:url(images/0201icon04.gif);
    list-style-position:outside;
}
```

1) list-style-type 属性

list-style-type 属性用于定义列表符号样式，默认为实心圆点 disc。当 list-style-image 属性已定义为有效值时，list-style-type 属性则无效。list-style-type 属性的取值有以下类型：disc（实心圆点）、circle（圆圈）、square（实心方块）、decimal（阿拉伯数字）、lower-roman（小写罗马数字）、upper-roman（大写罗马数字）、lower-alpha（小写字母）、upper-alpha（大写字母）、none（不使用项目符号）。

在一个无序列表中，列表项的标志(marker)是出现在各列表项旁边的圆点。在有序列表中，标志可能是字母、数字或另外某种计数体系中的一个符号。要修改用于列表项的标志类型，可以使用属性 list-style-type，示例代码如下：

```
ul {list-style-type : square}
```

上面的代码把无序列表中的列表项标志设置为方块。

2) list-style-image 属性

有时，常规的标志是不够的，可能想对各标志使用一个图像，这可以利用 list-style-image 属性做到，只需要简单地使用一个 url()值，就可以使用图像作为标志。list-style-image 属性用于定义列表项符号的图像，默认情况下不指定列表项符号的图像。list-style-image 属性的取值有 none(不指定图像)和 url(指定图像地址)。示例代码如下：

```
ul li {list-style-image : url(01.gif)}
```

3) list-style-position 属性

CSS 可以确定标志出现在列表项内容之外还是内容内部，这是利用 list-style-position 属性完成的。该属性用于定义列表项符号的显示位置，默认为 outside（外）。list-style-position 属性的取值有 outside（列表项符号或图像位于文本以外）和 inside（列表项符号或图像位于文本以内）。

4) list-style 属性

为简单起见，可以将以上 3 个列表样式属性合并为一个方便的属性：list-style。示例代码如下：

```
li {list-style : url(example.gif) square inside}
```

list-style 的值可以按任何顺序列出，而且这些值都可以忽略。只要提供了一个值，其他的就会填入其默认值。

list-style 属性可以综合设置列表项符号样式、图像和位置，当 list-style-type 属性和 list-style-image 属性同时被设置了，list-style-image 属性设置的列表项图像优先。

各种浏览器都为列表标签预定义了默认样式，如果要定义个性化的列表样式，则应清除列表样式的默认值。清除列表样式默认值的示例代码如下：

```
ul{
    margin: 0px;                        /* 清除非 IE 浏览器中的默认值 */
    padding: 0px;                       /* 清除 IE 浏览器中的默认值 */
    list-style-type: none;              /* 清除列表项的默认列表符号 */
}
ul li {
    margin: 0px;
    padding: 0px;
    list-style-type: none;
}
```

3. 表格元素及标签

HTML5 的表格标签如表 4-2 所示。

表 4-2　HTML5 的表格标签

标签名称	标 签 描 述	标签名称	标 签 描 述
<table>	定义表格	<thead>	定义表格中的表头内容
<caption>	定义表格标题	<tbody>	定义表格中的主体内容
<th>	定义表格中的表头单元格	<tfoot>	定义表格中的表注内容(脚注)
<tr>	定义表格中的行	<col>	定义表格中一个或多个列的属性值
<td>	定义表格中的单元	<colgroup>	定义表格中供格式化的列表

table、tr 和 td 标签被用来实现表格化数据显示，它们有着明确的语义，各个标签的语义如下。

1) table

table 标签主要用来定义数据表格的整体样式，数据表中的数据显示通过 td 标签来实现。

2) tr

tr 是 a row in a table 的缩写，表示表格中的一行，其内部还需要包含单元格 td。

3) td

td 是 a diamonds in a table 的缩写，表示表格中的一个单元格，td 标签是表格中最小的容器元素。

table、tr 和 td 都是块状元素，table 显示为表格，即 display 属性值为 table;tr 显示为表格行，即 display 属性值为 table-row;td 显示为单元格，即 display 属性值为 table-cell。

4) th

th 用于定义表格的标题，具有预定义格式，可以使单元格内的数据居中并加粗显示。

5) caption

caption 标签用于定义表格的标题，对表格进行简单的描述，该元素是内联元素，其他表格元素是块状元素。

4. CSS 表格属性(Table)

设置 CSS 表格属性可以改善表格的外观。

1) 表格边框属性(border)

表格及单元格边框的默认宽度为 2px,使用 border 属性可以灵活设置表格及单元格的边框样式。如果为 table 标签设置边框,则只会影响整个表格的四周边框,而不会影响到单元格。如果为单元格 td 标签设置边框,则会影响所有单元格的边框。

如果将 border-width 属性设置 1px 就可以显示细线框,设置较大(例如 5px)就可以显示粗线框;如果将 border-style 属性设置为 dashed 就可显示虚线框,设置为 double 就可显示为双线框;如果只设置 border-bottom 属性的值,则会显示单线框。

以下示例代码为 table、th 以及 td 设置了蓝色边框。

```
table, th, td {border: 1px solid blue;}
```

2) 表格边框折叠属性(border-collapse)

border-collapse 属性用于定义表格的边框和单元格的边框是重合还是分离。其取值包括 separate(边框分离,即表格具有双线条边框)和 collapse(边框重合,即表格边框折叠为单一边框),默认值为 separate。当 border-collapse 属性值为 separate 时,如果设置 border-spacing 属性的值设置较大(例如 8px),就可以显示为宫字形表格。对于不支持 border-spacing 属性的浏览器,可以在 table 标签内设置 cellspacing 属性值来定义边框的宽度。

由于 table、th 以及 td 元素都有独立的边框。如果需要把表格显示为单线条边框,则使用 border-collapse 属性。示例代码如下:

```
table {border-collapse:collapse;}
table,th, td {border: 1px solid black;}
```

3) 单元格间距属性(border-spacing)

border-spacing 属性用于指定相邻单元格边框之间的距离,该属性值用于设置相邻单元格之间的距离。如果指定一个值,则表示相邻单元格水平和垂直方向的间距相同;如果指定两个值,第一个值指定水平方向间距,第二个值指定垂直方向间距。border-spacing 的取值不能为负值,也不能为百分比。

4) 单元格边框显示属性(empty-cells)

empty-cells 属性定义当单元格无内容时,是否显示该单元格的边框,其取值包括 show(显示空单元格的边框和背景)和 hide(隐藏空单元格的边框和背景),默认值为 show。

5) 表格内容显示方式属性(table-layout)

table-layout 属性控制表格内容的显示方式,其取值包括 fixed(浏览器以一次一行的方式显示表格内容)和 auto(表格在所有单元格的内容都读取之后才显示),默认值为 auto。

6) 表格颜色属性(background-color)

通过行或列的 background-color 属性设置背景颜色,可以改善数据表格的视觉效果。

以下示例代码设置边框的颜色以及 th 元素的文本和背景颜色。

```
table, td, th {border:1px solid green;}
th {
    background-color:green;
    color:white;
}
```

7）表格宽度（width）和高度（height）属性

通过 width 和 height 属性可以设置表格的宽度和高度。

以下示例代码将表格宽度设置为 100%，同时将 th 元素的高度设置为 50px。

```
table {width:100%;}
th {height:50px;}
```

8）表格文本对齐属性（text-align 和 vertical-align）

text-align 和 vertical-align 属性用于设置表格中文本的对齐方式。text-align 属性用于设置水平对齐方式，例如左对齐、右对齐或者居中，示例代码如下：

```
td {text-align:right;}
```

vertical-align 属性用于设置垂直对齐方式，例如顶部对齐、底部对齐或居中对齐，示例代码如下：

```
td {
    height:50px;
    vertical-align:bottom;
}
```

9）表格内边距属性（padding）

如需控制表格中内容与边框的距离，则为 td 和 th 元素设置 padding 属性，示例代码如下：

```
td {padding:15px;}
```

【引导训练】

任务 4-1　创建以项目列表形式表现新闻标题的网页

【任务描述】

（1）创建样式文件 base.css 和 main.css，在该样式文件中定义标签的属性、类选择符及其属性。

（2）创建网页文档 0401.html，且链接外部样式文件 base.css 和 main.css。

（3）在网页 0401.html 中添加必要的 HTML 标签和输入文字。

（4）浏览网页 0401.html 的效果，如图 4-4 所示，该网页包含以项目列表形式表现的新闻标题。

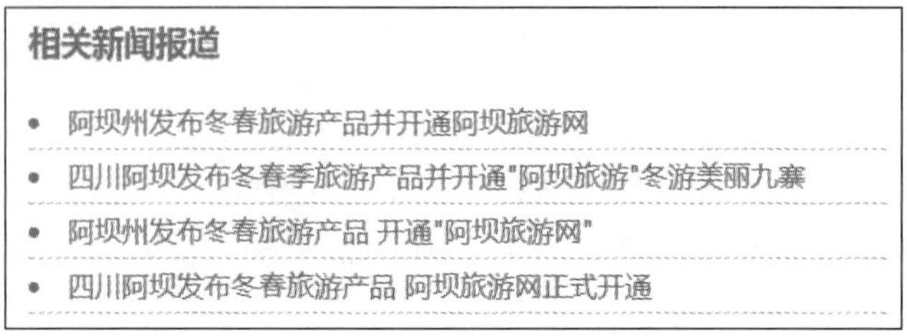

相关新闻报道

- 阿坝州发布冬春旅游产品并开通阿坝旅游网
- 四川阿坝发布冬春季旅游产品并开通"阿坝旅游"冬游美丽九寨
- 阿坝州发布冬春旅游产品 开通"阿坝旅游网"
- 四川阿坝发布冬春旅游产品 阿坝旅游网正式开通

图 4-4　网页 0401.html 的浏览效果

【任务实施】

1. 创建所需的文件夹和复制所需的资源

在文件夹"HTML5＋CSS3 网页设计实例"中创建子文件夹 Unit04，然后在该文件夹中创建子文件夹 0401，再在该子文件夹 0401 中创建 css、images 等子文件夹，且将所需的素材复制到对应的子文件夹中。

2. 启动 Dreamweaver CC

通过 Windows 的【开始】菜单或桌面的快捷方式启动 Dreamweaver CC。

3. 创建本地站点与网页

创建 1 个名称为"单元 4"的本地站点，站点文件夹为 Unit04。在文件夹 0401 中创建网页文档 0401.html。

4. 定义网页主体布局结构和美化列表的 CSS 代码

在文件夹 CSS 中创建样式文件 base.css，在该样式文件中编写样式代码，如表 4-3 所示。

表 4-3　网页 0401.html 中样式文件 base.css 的 CSS 代码定义

序号	CSS 代码	序号	CSS 代码
01	body, html,ul {	05	body {
02	padding: 0;	06	font-family: '微软雅黑';
03	margin: 0;	07	color: #47a3da;
04	}	08	}

在文件夹 CSS 中创建样式文件 main.css，在该样式文件中编写样式代码，如表 4-4 所示。

表 4-4　网页 0401.html 中样式文件 main.css 的 CSS 代码定义

序号	CSS 代码	序号	CSS 代码
01	.content {	09	#news_con li {
02	margin: 10px auto;	10	border-bottom: 1px dashed #cccccc;
03	max-width: 1000px;	11	line-height: 30px;
04	}	12	height: 30px;
05	#news_con {	13	list-style-position: inside;
06	width: 50%;	14	}
07	float: left		
08	}		

5. 在网页文档 0401.html 中链接外部样式表

切换到网页文档 0401.html 的【代码】视图，在标签“</head>”的前面输入链接外部样式表的代码，如下所示。

```
<link type="text/css" rel="stylesheet" href="css/base.css"/>
<link type="text/css" rel="stylesheet" href="css/main.css"/>
```

6. 在网页 0401.html 中插入所需的标签和输入所需的文字内容

打开网页 0401.html 的【代码】窗口，将光标置于<body></body>之间，然后在【插入】菜单中选择 Div 选项，打开【插入 Div】对话框，在【插入】列表框中选择“在插入点”，在 Class 列表框中选择 content，如图 4-5 所示。

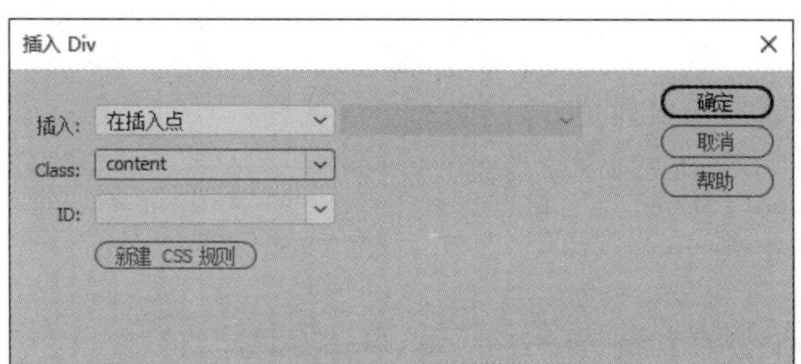

图 4-5　【插入 Div】对话框

单击【确定】按钮，在网页中插入如下所示的 HTML 代码。

```
<div class="content">此处显示  class "content" 的内容</div>
```

删除文本“此处显示 class "content" 的内容”，然后将光标置于<div class="content">与</div>之间，在【插入】菜单中依次选择【标题】~【标题 3】命令，如图 4-6 所示，在网页中插入标签<h3> </h3>。

接着将光标置于标签<h3> </h3>之后，在【插入】菜单中依次选择【项目列表】选项，在网页中插入标签<ul></ul>，且在标签<ul>内输入“id="news_con"”。接着将光标置于<ul>与</ul>之间，在【插入】菜单中依次选择【列表项】命令，在网页中插入

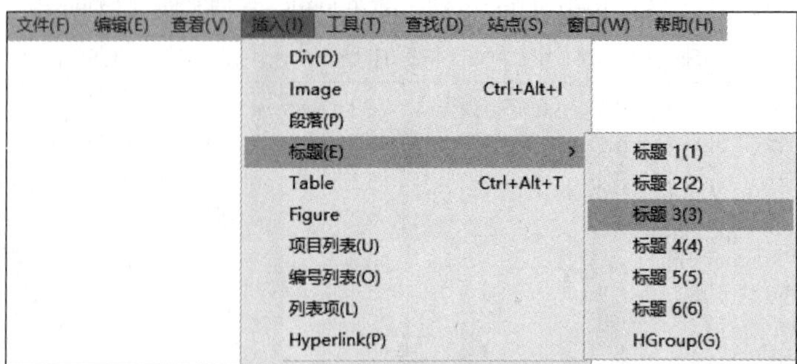

图 4-6　在下拉菜单中选择【标题 3】

标签<li></li>，分别插入 5 个<li></li>标签，网页中插入多个标签的 HTML 代码如下：

```
<div class="content">
  <h3></h3>
  <ul id="news_con">
     <li></li>
     <li></li>
     <li></li>
     <li></li>
     <li></li>
  </ul>
</div>
```

在网页中输入文字，结果如下：

```
<div class="content">
  <h3>相关新闻报道</h3>
  <ul id="news_con">
     <li>阿坝州发布冬春旅游产品并开通阿坝旅游网</li>
     <li>四川阿坝发布冬春季旅游产品并开通"阿坝旅游"冬游美丽九寨</li>
     <li>阿坝州发布冬春旅游产品 开通"阿坝旅游网"</li>
     <li>四川阿坝发布冬春旅游产品 阿坝旅游网正式开通</li>
  </ul>
</div>
```

7. 保存与浏览网页

保存网页 0401.html，浏览网页的效果，如图 4-4 所示。

任务 4-2　创建以项目列表形式表现图文按钮的网页

【任务描述】

(1) 创建样式文件 base. css 和 main. css，在该样式文件中定义标签的属性、类选择符及其属性。

(2) 创建网页文档 0402. html，且链接外部样式文件 base. css 和 main. css。

(3) 在网页 0402. html 中添加必要的 HTML 标签和输入文字。

(4) 浏览网页 0402. html 的效果，如图 4-7 所示，该网页包含以项目列表形式表现的图文按钮。

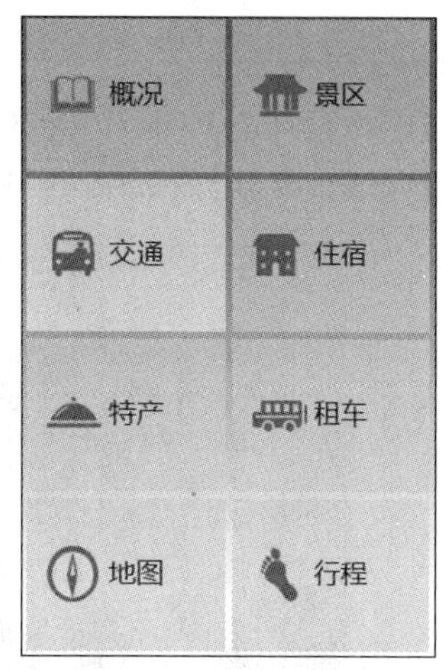

图 4-7　网页 0402. html 的浏览效果

【任务实施】

1. 创建文件夹与网页

在站点"单元 4"中创建文件夹 0402，在该文件夹中创建子文件夹 CSS、images。在文件夹 0402 中创建网页文档 0402. html。

2. 定义网页主体布局结构和美化列表的 CSS 代码

在文件夹 CSS 中创建样式文件 base. css，在该样式文件中编写样式代码，如表 4-5 所示。

表 4-5　网页 0402. html 中样式文件 base. css 的 CSS 代码定义

序号　CSS 代码

```
body {
  min-width: 1200px;
  line-height: 2em;
  margin: auto;
  color: #333;
  background-image: url(../images/travel-bg.png);
  background-position: left top;
  background-repeat: repeat-x;
  background-color: #FFF;
}
ul,li {
  margin: 0;
  padding: 0;
```

续表

```css
  border: none;
}
ul,li {
  list-style-type: none;
  list-style-position: outside;
  text-indent: 0;
}
```

【CSS 设计器】面板中 body 标签的背景属性设置如图 4-8 所示。

【CSS 设计器】面板中 ul 与 li 标签的属性设置如图 4-9 所示。

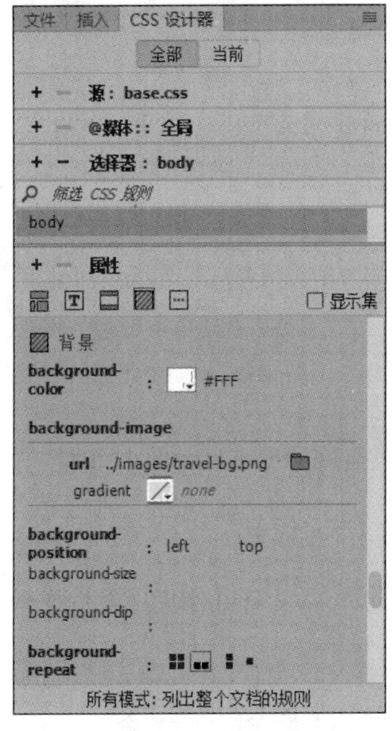

图 4-8 body 标签的背景属性设置

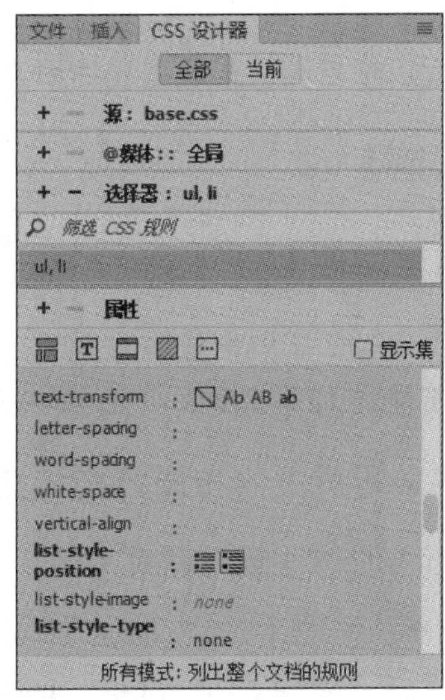

图 4-9 ul 与 li 标签的属性设置

在文件夹 CSS 中创建样式文件 main. css，在该样式文件中编写样式代码，如表 4-6 所示。

表 4-6 网页 0402. html 中样式文件 main. css 的 CSS 代码定义

```css
section {
  width: 1200px;
  margin: auto;
  margin-top: 30px;
}
.actpList {
  float: left;
```

续表

CSS 代码

```
  margin-left: -5px;
  overflow: hidden;
  width: 320px;
}
.actpList li {
  margin-bottom: 5px;
  margin-left: 5px;
  background-color: rgba(225,232,237,.7);
  width: 146px;
  float: left;
  font-family: "Microsoft YaHei";
  font-size: 20px;
}
.actpList li:hover {
  background-color: rgba(250,250,250, .7);
}
.actpList li i {
  margin: 34px 5px 35px 15px;
}

.ico-travel {
  background-image:
           url(../images/travel-ico.png);
  background-repeat: no-repeat;
  width: 16px;
  height: 16px;
  line-height: 16px;
  overflow: hidden;
  display: inline-block;
  vertical-align: middle;
}
.ico-actp-01,.ico-actp-02,
.ico-actp-03,.ico-actp-04,
.ico-actp-05,.ico-actp-06,
.ico-actp-07,.ico-actp-08 {
  width: 40px;
  height: 40px;
}

.ico-actp-01 {
  background-position: -500px 0;
}

.ico-actp-02 {
  background-position: -550px 0;
```

续表

序号　CSS代码

```
}

.ico-actp-03 {
  background-position: -600px 0;
}

.ico-actp-04 {
  background-position: -650px 0;
}

.ico-actp-05 {
  background-position: -500px -50px;
}

.ico-actp-06 {
  background-position: -550px -50px;
}

.ico-actp-07 {
  background-position: -600px -50px;
}
.ico-actp-08 {
  background-position: -650px -50px;
}
```

3. 在网页文档 0402.html 中链接外部样式表

切换到网页文档 0402.html 的【代码视图】，在标签“</head>”的前面输入链接外部样式表的代码如下：

```
<link type="text/css" rel="stylesheet" href="css/base.css"/>
<link type="text/css" rel="stylesheet" href="css/main.css"/>
```

4. 编写网页主体布局结构的 HTML 代码

打开网页 0402.html 的【代码】窗口，将光标置于<body>和</body>之间，然后在【插入】菜单中选择 Section 菜单项，如图 4-10 所示。打开【插入 Section】对话框，单击【确定】按钮即可插入标签<section></section>。

然后将光标置于标签<section>与</section>之间，在【插入】菜单中选择【项目列表】命令，插入标签<ul></ul>，并且设置项目列表的 css 类为 actpList。网页 0402.html 主体布局结构的 HTML 代码如表 4-7 所示。

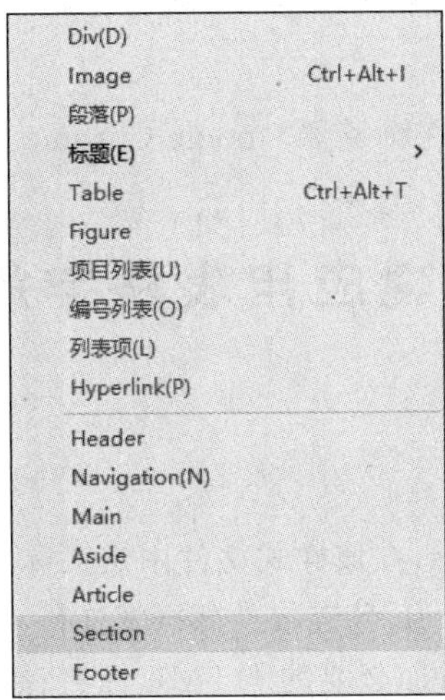

图 4-10　在【插入】菜单中选择 Section 菜单项

表 4-7　网页 0402.html 主体布局结构的 HTML 代码

```
<section>
  <ul class="actpList">
      <!--列表式导航按钮-->
  </ul>
</section>
```

5. 在网页中添加必要的 HTML 标签与输入文本内容

在网页文档 0402.html 中添加必要的 HTML 标签与输入文本内容，对应的 HTML 代码如表 4-8 所示。

表 4-8　网页 0402.html 的 HTML 代码

```
<section>
  <ul class="actpList">
    <li><i class="ico-travel ico-actp-01"> </i>概况</li>
    <li><i class="ico-travel ico-actp-02"> </i>景区</li>
    <li><i class="ico-travel ico-actp-03"> </i>交通</li>
    <li><i class="ico-travel ico-actp-04"> </i>住宿</li>
    <li><i class="ico-travel ico-actp-05"> </i>特产</li>
    <li><i class="ico-travel ico-actp-06"> </i>租车</li>
    <li><i class="ico-travel ico-actp-07"> </i>地图</li>
    <li><i class="ico-travel ico-actp-08"> </i>行程</li>
  </ul>
</section>
```

6. 保存与浏览网页

保存网页文档 0402.html，在浏览器 Google Chrome 中的浏览效果如图 4-7 所示。

任务 4-3　创建应用表格存放数据的网页

【任务描述】

（1）创建样式文件 main.css，在该样式文件中定义标签的属性、类选择符及其属性。
（2）创建网页文档 0403.html，且链接外部样式文件 main.css。
（3）在网页 0403.html 中添加必要的 HTML 标签、插入表格和输入文字。
（4）网页 0403.html 的浏览效果如图 4-11 所示，该网页包含一个 4 行 3 列的表格。

票名	票面价	票数
全价套票	¥160.00	1
单门票	¥80.00	2
观光车票	¥60.00	3

图 4-11　网页 0403.html 的浏览效果

【任务实施】

1. 创建文件夹与网页

在站点“单元 4”中创建文件夹 0403，在该文件夹中创建子文件夹 CSS、images。在文件夹 0403 中创建网页文档 0403.html。

2. 编写网页主体布局结构的 HTML 代码

打开网页 0403.html 的【代码】窗口，将光标置于<body></body>之间，然后在【插入】菜单中选择 Section 菜单项，打开【插入 Section】对话框，单击【确定】按钮即可插入标签<section></section>，然后设置标签<section>的 id 值为 content，代码如下：

```
<section id="content"></section >
```

3. 通过【表格】对话框插入 4 行 3 列表格

将光标置于<section id="content">与</section>之间，在 Dreamweaver CC 主界面中，选择【插入】→Table 命令，弹出 Table 对话框。

（1）在【表格】对话框的“行数”文本框中输入 4，在“列数”文本框中输入 3。

(2) 在“表格宽度”文本框中输入 40,其后的下拉列表框中选择宽度的单位为“百分比”。

提示:创建表格时,宽度单位既可以是像素,也可以是百分比。如果宽度单位是像素,那么所定义的表格宽度是固定的,也就是一个绝对数值,不会受浏览器大小变化的影响;如果宽度单位是百分比,那么所定义的表格宽度是一个相对数值,按浏览器窗口宽度的百分比来指定表格的宽度,它会随着浏览器的大小变化而进行相应地改变。

(3) 在“边框粗细”文本框中指定表格边框的宽度,默认值为 0,单位为“像素”。如果在浏览器中浏览时不显示表格边框,将“边框粗细”设置为 0。这里为了便于识别表格边框,暂时设置边框宽度为 1,以后再设置为 0。其他参数保持其默认值不变。

(4) 在“单元格边距”文本框中指定单元格边距大小,默认值为 5,这里设置为 1。

(5) 在“单元格间距”文本框中指定单元格间距大小,默认值为 0,这里保持默认值不变。

(6) 在“标题”区域选择“顶部”形式的标题。

【表格】对话框设置完成后如图 4-12 所示。

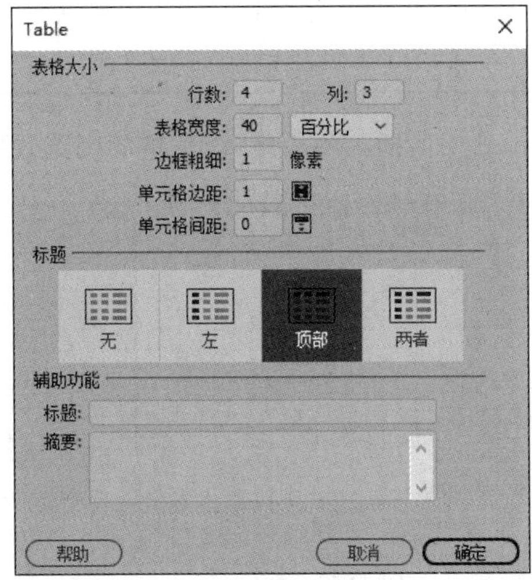

图 4-12　【表格】对话框

(7) 设置完成后在【表格】对话框中单击【确定】按钮,一个 4 行 3 列的表格便插入网页中。网页 0403.html 中所插入表格的初始 HTML 代码如表 4-9 所示。

表 4-9　网页 0403.html 中所插入表格的初始 HTML 代码

```
<table width="40%" border="1" cellspacing="0" cellpadding="1">
<tbody>
  <tr>
    <th scope="col"> </th>
    <th scope="col"> </th>
    <th scope="col"> </th>
  </tr>
```

续表

```
  <tr>
    <td> </td>
    <td> </td>
    <td> </td>
  </tr>
  <tr>
    <td> </td>
    <td> </td>
    <td> </td>
  </tr>
  <tr>
    <td> </td>
    <td> </td>
    <td> </td>
  </tr>
</tbody>
</table>
```

(8) 保存网页 0403.html 中所插入的表格，该表格的浏览效果如图 4-13 所示。

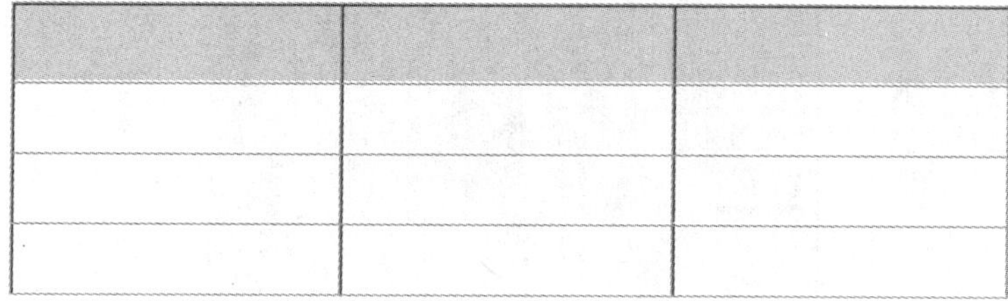

图 4-13　网页 0403.html 中所插入表格的初始浏览效果

4. 设置网页 0403.html 中表格的属性

(1) 选择网页 0403.html 中所插入的表格。

用鼠标指针指向表格边框线，当鼠标光标变为÷形状时单击选中整个表格。选择整个表格时，表格的【属性】面板如图 4-14 所示。

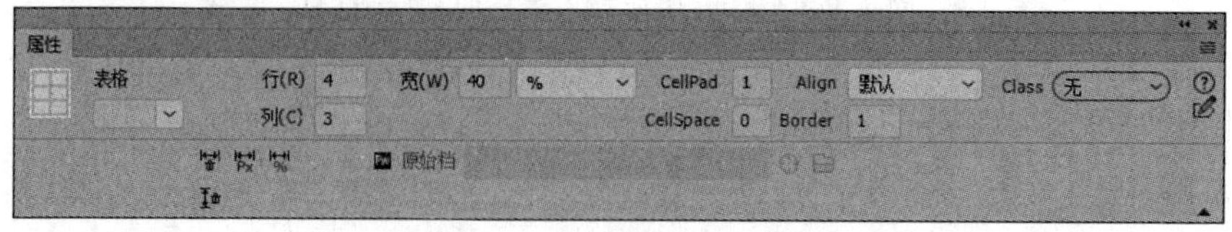

图 4-14　表格的【属性】面板

(2) 通过表格的【属性】面板设置其属性。

在 Border 文本框中输入 0，对齐方式选择“居中对齐”。表格的属性更改后，效果如

图 4-15 所示。

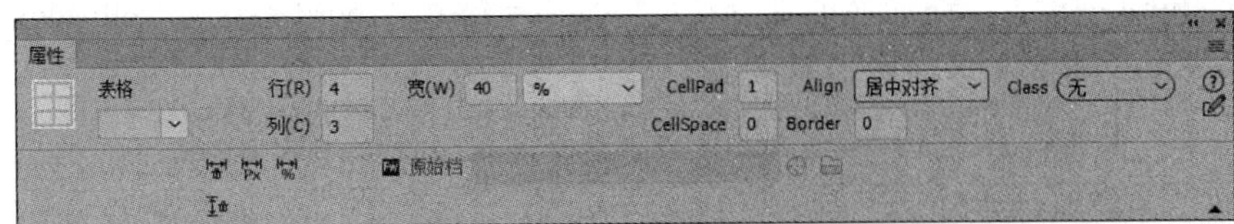

图 4-15　设置 4 行 3 列表格的属性

(3) 保存网页中表格的属性设置。

5. 在网页 0403. html 的表格中输入所需的文字内容

在网页 0403. html 表格的单元格中输入所需的文字内容，网页 0403. html 中完整的 HTML 代码如表 4-10 所示。

表 4-10　网页 0403. html 中完整的 HTML 代码

```
<section id="content">
  <table width="40%" border="0" cellspacing="0" cellpadding="1" align="center" >
  <tbody>
    <tr>
      <th scope="col">票名</th>
      <th scope="col">票面价</th>
      <th scope="col">票数</th>
    </tr>
    <tr>
      <td>全价套票</td>
      <td>￥160.00</td>
      <td class="last">1</td>
    </tr>
    <tr>
      <td>单门票</td>
      <td>￥80.00</td>
      <td class="last">2</td>
    </tr>
    <tr>
      <td>观光车票</td>
      <td>￥60.00</td>
      <td class="last">3</td>
    </tr>
  </tbody>
  </table>
</section>
```

6. 定义网页主体布局结构和美化列表的 CSS 代码

在文件夹 CSS 中创建样式文件 main. css，在该样式文件中编写样式代码，如表 4-11

所示。由于网页 0403.html 中的表格及单元格都采用 CSS 样式进行美化与控制，所以将网页 0403.html 中设置表格属性的部分代码“width="40%" border="0" cellpadding="1" align="center"”删除。

表 4-11　网页 0403.html 中样式文件 main.css 的 CSS 代码定义

```css
#content {
  margin: 15px auto ;
}
table {
  overflow: hidden;
  border: 1px solid #d3d3d3;
  background: #fefefe;
  width: 40%;
  -moz-border-radius: 5px;
  -webkit-border-radius: 5px;
  border-radius: 5px;
  margin: 0 auto;
}
td {
  padding: 8px 10px 8px;
  text-align:center;
  border-top: 1px solid #ccc;
  border-right: 1px solid #ccc;
}

th {
  text-align: center;
  padding: 10px 15px;
  background: #e8eaeb;
  border-right: 1px solid #ccc;
}
```

【CSS 设计器】面板中 td 标签的边框属性设置如图 4-16 所示。

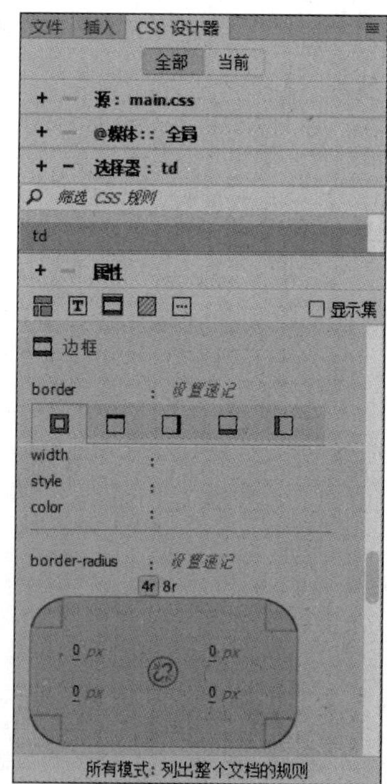

图 4-16　【CSS 设计器】面板中 td 标签的边框属性设置

说明：由于 CSS 样式代码中将表格的外边框线设置为“1px solid #d3d3d3”，所以表格的单元格只需设置“上”和“右”边框线，标题行单元格则只需设置“右”边框线。另外，表格的边框线设置圆弧半径为 5px，标题行单元格还设置背景颜色为＃e8eaeb。

7. 在网页文档 0403.html 中链接外部样式表

切换到网页文档 0403.html 的【代码视图】，在标签</head>的前面输入链接外部样式表的代码如下：

```
<link type="text/css" rel="stylesheet" href="css/main.css"/>
```

8. 保存与浏览网页 0403.html

保存网页文档 0403.html，在浏览器 Google Chrome 中的浏览效果如图 4-11 所示。

任务 4-4　创建包含个性化表格的网页

【任务描述】

（1）创建样式文件 base.css 和 main.css，在该样式文件中定义标签的属性、类选择符及其属性。

（2）创建网页文档 0404.html，且链接外部样式文件 base.css 和 main.css。

（3）在网页 0404.html 中添加必要的 HTML 标签、插入表格和输入文字。

（4）浏览网页 0404.html 的效果，如图 4-17 所示，该网页包含个性化的表格。

票类	票名	票种	票面价	网上价	票数
套票	全价套票	成人票	￥160.00	￥160.00	1
套票	优惠套票	优惠票	￥120.00	￥120.00	2
门票	单门票	成人票	￥80.00	￥80.00	3
门票	单优惠门票	优惠票	￥40.00	￥40.00	4
门票	儿童免票	优惠票	￥0.00	￥0.00	5

图 4-17　网页 0404.html 的浏览效果

【任务实施】

1. 创建站点与文件夹

在站点“单元 4”中创建文件夹 0404，在该文件夹中创建子文件夹 CSS。

2. 定义网页主体布局结构和美化表格的 CSS 代码

在文件夹 CSS 中创建样式文件 main.css，在该样式文件中编写样式代码，网页主体布局结构和美化表格的 CSS 代码如表 4-12 所示。

表 4-12　样式文件 main.css 中网页主体布局结构和美化表格的 CSS 代码定义

```
section {
  margin-top: 10px;
}

.box-table {
  margin: auto;
  padding: 0;
  font-size: 12px;
  font-weight: bold;
  color: #333;
  line-height: 22px;
  min-width: 600px;
}

.box-table th {
  background-color: #f0fbeb;
  text-align: left;
}

.box-table th,.box-table td {
  line-height: 31px;
  border: 1px solid #d7d7d7;
  padding: 0 5px;
  border-top: 0;
  border-left: 0;
}

.box-table th.c,.box-table td.c {
  text-align: center;
}

.box-table th.r,
.box-table td.r {
  text-align: right;
}
.box-table th.work {
  background-color: #e3ffcd
}

.box-table tr.odd td {
  background-color: #fafafa;
}

.box-table tr.odd td.work,
.box-table td.work {
  background-color: #f7fff2
}

.box-table th.work,
.box-table td.work {
  text-align: center
}

.box-table tr.nocaption th,
.box-table tr.caption th {
  border-top: 1px solid #d7d7d7;
}

.box-table th.first,.box-table td.first {
  border-left: 1px solid #d7d7d7;
}

.priceRMB {
  font-family: Arial;
  font-size: 1.125em
}

.yellow {
  color: #f60;
}
```

3. 创建网页文档 0404.html 与链接外部样式表

在文件夹 0404 中创建网页文档 0404.html。切换到网页文档 0404.html 的【代码视图】,在标签</head>的前面输入链接外部样式表的代码如下：

```
<link type="text/css" rel="stylesheet" href="css/main.css"/>
```

4. 在网页中插入表格与输入文本内容

在网页文档 0404.html 中插入表格、添加必要的 HTML 标签、插入表格与输入文本内容，对应的 HTML 代码如表 4-13 所示。

表 4-13　网页 0404.html 的 HTML 代码

```
<section>
  <table cellspacing="0" class="box-table" >
    <tr class="nocaption">
      <th class="first c" width="10%">票类</th>
      <th class="tdl c" width="30%">票名</th>
      <th class="tdl c" width="15%">票种</th>
      <th class="tdl c" width="15%">票面价</th>
      <th class="tdl c" width="15%">网上价</th>
      <th class="tdl tdr work c" width="15%">票数</th>
    </tr>
    <tr class="listItem">
      <td class="first c" rowspan="1">套票</td>
      <td class="tdl" rowspan="1"><b>全价套票</b></td>
      <td class="tdl c">成人票</td>
      <td class="tdl tdl c priceRMB">¥160.00</td>
      <td class="tdl tdl c priceRMB"><b class="yellow">¥160.00</b></td>
      <td class="tdl tdr c">1</td>
    </tr>
    <tr class="listItem odd" >
      <td class="first c" rowspan="1">套票</td>
      <td class="tdl" rowspan="1"><b>优惠套票</b></td>
      <td class="tdl c">优惠票</td>
      <td class="tdl c priceRMB">¥120.00</td>
      <td class="tdl c priceRMB"><b class="yellow">¥120.00</b></td>
      <td class="tdl tdr c">2</td>
    </tr>
    <tr class="listItem odd" >
      <td class="first c" rowspan="1">门票</td>
      <td class="tdl" rowspan="1"><b>单门票</b></td>
      <td class="tdl c">成人票</td>
      <td class="tdl c priceRMB">¥80.00</td>
      <td class="tdl c priceRMB"><b class="yellow">¥80.00</b></td>
      <td class="tdl tdr c">3</td>
    </tr>
    <tr class="listItem" >
      <td class="first c" rowspan="1">门票</td>
      <td class="tdl" rowspan="1"><b>单优惠门票</b></td>
      <td class="tdl c">优惠票</td>
      <td class="tdl c priceRMB">¥40.00</td>
      <td class="tdl c priceRMB"><b class="yellow">¥40.00</b></td>
      <td class="tdl tdr c">4</td>
```

续表

HTML 代码

```
    </tr>
    <tr class="listItem odd" >
      <td class="first c" rowspan="1">门票</td>
      <td class="tdl" rowspan="1"><b>儿童免票</b></td>
      <td class="tdl c">优惠票</td>
      <td class="tdl c priceRMB">￥0.00</td>
      <td class="tdl c priceRMB"><b class="yellow">￥0.00</b></td>
      <td class="tdl tdr c">5</td>
    </tr>
  </table>
</section>
```

5. 保存与浏览网页

保存网页文档 0404.html，在浏览器 Google Chrome 中的浏览效果如图 4-17 所示。

【同步训练】

任务 4-5　创建项目列表为主的旅游攻略标题网页

（1）创建样式文件 main.css，在该样式文件中定义标签的属性、类选择符及其属性。

（2）创建网页文档 0405.html，且链接外部样式文件 main.css。

（3）在网页 0405.html 中添加必要的 HTML 标签和输入所需的文字。

（4）浏览网页 0405.html 的效果，如图 4-18 所示，该网页包含项目列表形式表现的旅游攻略标题。

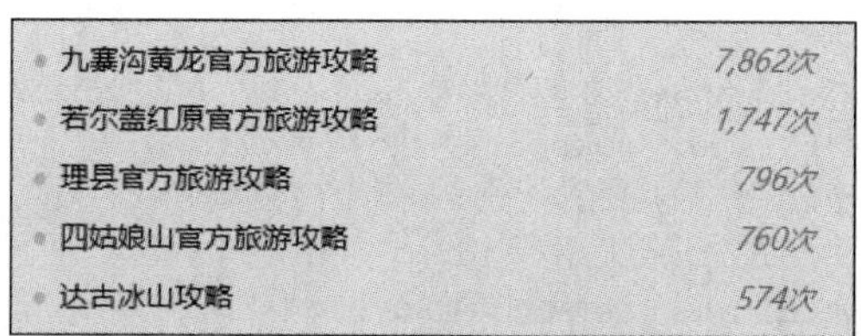

图 4-18　网页 0405.html 的浏览效果

提示：请扫描二维码浏览提示内容。

任务 4-6　创建包含 5 行 3 列表格的网页

(1) 创建样式文件 main. css，在该样式文件中定义标签的属性、类选择符及其属性。
(2) 创建网页文档 0406. html，且链接外部样式文件 main. css。
(3) 在网页 0406. html 中添加必要的 HTML 标签、插入表格和输入文字。
(4) 浏览网页 0406. html 的效果，如图 4-19 所示，该网页包含一个 5 行 3 列的表格。

部门	业务范围	电话
客户服务部	计算机故障外勤服务、景区门票包车咨询、订票故障处理、办理奖励票	400-088-6969转1
网站运营部	网站运营、新闻发布、技术支撑、活动策划	028-87037858
个性化旅游部	提供自助行旅游产品预订和酒店预订服务	400-088-6969转2
团队部	承接旅行社团队地接业务，商务，会奖	028-61674822

图 4-19　网页 0406. html 的浏览效果

提示：请扫描二维码浏览提示内容。

【技术进阶】

1. 控制列表项行内显示的方法

列表项默认以单列垂直显示，也可以在一行内并列显示，实现的方法也有两种。

1) 设置列表项向左浮动

定义列表项的 float 属性值为 left。

2) 列表项定义为内联元素

定义列表项为内联元素，实现列表项行内并列流动。

2. 控制列表符号个性化显示的方法

1) 使用 list-style-image 属性设置列表项的图像符号

为 list-style-image 属性设置正确的图像地址和图像名称，从而设置列表项的图像符号。

2) 使用 background 属性控制列表项的图像符号

使用 background-image 属性设置背景属性，并使用 background-position 属性精确定位背景图像的位置。背景图像必须指定有效的图像地址，且不重复。

3. 应用 CSS 样式实现列表的截字效果

设计网页时可以应用 CSS 样式实现列表的截字处理，被截除的内容用"……"表示，如图 4-20 所示。

很难找到一个像阿坝这样汇聚万千风情的地方了，神秘奇特的自然风光和……

图 4-20　列表的截字效果

制作网页时将列表文字书写完全，是否显示由 CSS 进行控制，这也有助于 SEO，搜索引擎可以获取完整的列表内容。

CSS 截字效果由三条属性定义完成，即强调文本在一行内显示，文本不换行(CSS 代码为 white-space: nowrap;)，设置元素内文本溢出显示省略标记(CSS 代码为 text-overflow: ellipsis;)，设置溢出隐藏(CSS 代码为 overflow: hidden;)。

实现列表的截字效果的 HTML 代码如下：

```
<ul>
    <li>很难找到一个像阿坝这样汇聚万千风情的地方了,神秘奇特的自然风光和多元民族的
      古老文化在此浪漫相遇。</li>
</ul>
```

实现列表的截字效果的 CSS 代码如下：

```
li {
  font-size:12px;
  color: #16a;
  width:400px;
  white-space:nowrap;
  text-overflow:ellipsis;
  overflow:hidden;
}
```

4. 使用 CSS 样式改善数据表格显示样式的基本方法

标准布局模型中表格的主要功能是组织和显示数据。当数据较多，应使用 CSS 样式来改善数据表格的版式，通过添加边框、背景色，调整单元格间距，设置表格的宽度和高度等措施使数据的可读性增加，方便浏览者快速、准确地浏览。

(1) 标题行与数据行要有区分，让浏览者能够快速地分出标题行和数据行，可以通过分别为标题行和数据行设置不同的背景色来实现。

(2) 标题与正文的文本显示效果要有区别，可以通过分别定义标题与正文不同的字体、大小、颜色、粗细等文本属性来实现。

(3) 为了避免阅读中出现的读错行现象，可以适当增加行高，或者交替定义不同的行背景色等方法来实现。

(4) 为了在多列数据中快速找到某列数据，可以适当增加列宽，或者定义不同的列背景色等方法来实现。

【问题探究】

【问题 1】 表格的组成元素有哪些?

表格的组成元素主要包括行、列、单元格，如图 4-21 所示。

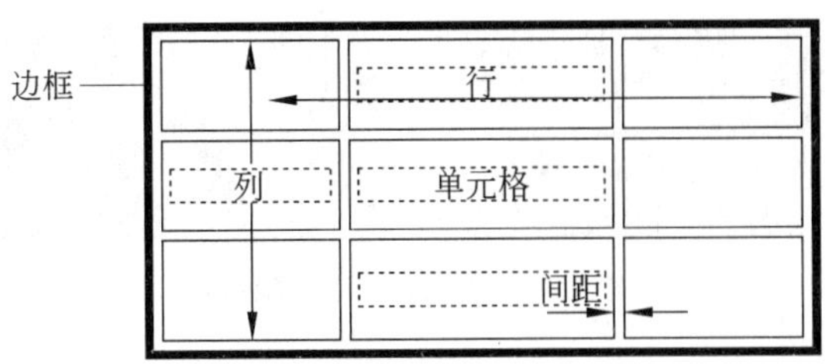

图 4-21　表格的组成元素

（1）单元格：表格中的每 1 个小格称为 1 个单元格。

（2）行：水平方向的一排单元格称为一行。

（3）列：垂直方向的一排单元格称为一列。

（4）边框：整张表格的外边缘称为边框。

（5）间距：指单元格与单元格之间的距离。

【问题 2】　表格在制作网页时的主要用途有哪些？

1）利用表格布局网页中的文字、图像等页面元素

要实现网页的排版布局，可以首先向网页中插入 1 个或几个大表格，预先设计好行列的分布，然后把图像、文本、多媒体对象等页面元素分别插入表格里合适的单元格中。用来进行网页排版的表格，其边框一般应设为 0，这样用浏览器浏览时就不会看到这个表格了，以免影响网页的美观。

2）利用表格合成尺寸较大的图像

制作网页时经常要用到图像，但是如果图像太大，会影响用户的浏览速度，一般来说，网页中单个图像应该控制在 15KB 之内，最大不要超过 20KB。

3）应用表格存储文本或数据，便于对数据进行排序

应用表格存储文本或数据时，表格与页面中的文本、图像等其他元素功能相似，只是页面的 1 个组成元素。

【问题 3】　在网页中选择表格和表格元素有哪些方法？

在进行表格操作之前，首先必须选定被操作的对象，对于表格而言，可以选定整个表格、单行、单列、多行、多列、连续或不连续的单元格。

（1）选择整个表格。

（2）选择单行或者单列。

（3）选择连续的多行或多列。

（4）选择不连续的多行或多列。

（5）选择 1 个单元格。

（6）选择连续的单元格。

（7）选择不连续的单元格。

【问题 4】　通过表格的【属性】面板可以设置表格的属性，解释表格的【属性】面板中各项属性的含义。

表格的【属性】面板如图 4-22 所示。

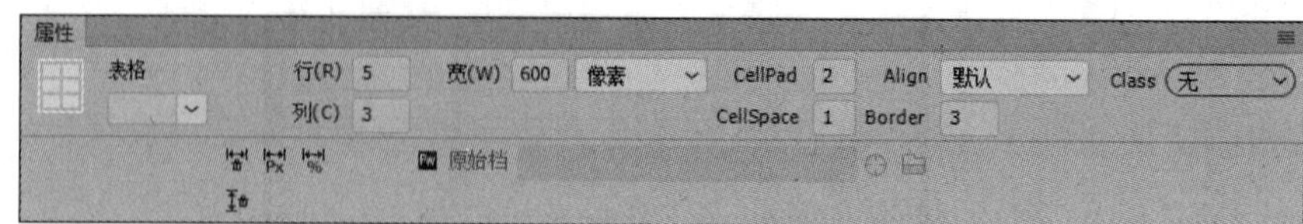

图 4-22 表格的【属性】面板

表格的【属性】面板中各项属性含义如下。

(1) 表格标识：用来设置表格的标识名称，便于以表格为对象进行编程。

(2) 行、列：用来设置表格的行数或列数。

(3) 宽：用来设置表格的宽度，其右侧的下拉列表框用来设置宽度的单位，有两个选项："%"和"像素"。

(4) CellPad(单元格边距)：用来设置单元格边框与其内容之间的距离，单位是像素。

(5) CellSpace(单元格间距)：用来设置表格单元格与单元格之间的距离，单位是像素。输入的数值越大，单元格之间的边框线就越粗，单元格与单元格之间的距离就越大。

(6) Border(边框)：用来设置表格边框的宽度，单位是像素。

(7) Align(对齐)：用来设置表格相对于同一段落中其他页面元素(例如文本或图像)的对齐方式。"对齐"下拉列表框中有 4 个选项："默认""左对齐""居中对齐""右对齐"。其中"默认"的对齐方式是以浏览器默认的对齐方式来对齐，一般为"左对齐"。

(8) 和：用来清除表格中的所有明确指定的列宽或者行高，表格中的单元格可以根据内容自动调整适合其显示的最合适的宽度或者高度。

(9) ：用来将表格的宽度由"百分比"转换成"像素"。

(10) ：用来将表格的宽度由"像素"转换成"百分比"。

【问题 5】 通过表格单元格的【属性】面板可以设置单元格的属性，解释单元格的【属性】面板中各项属性的含义。

表格单元格的【属性】面板如图 4-23 所示。

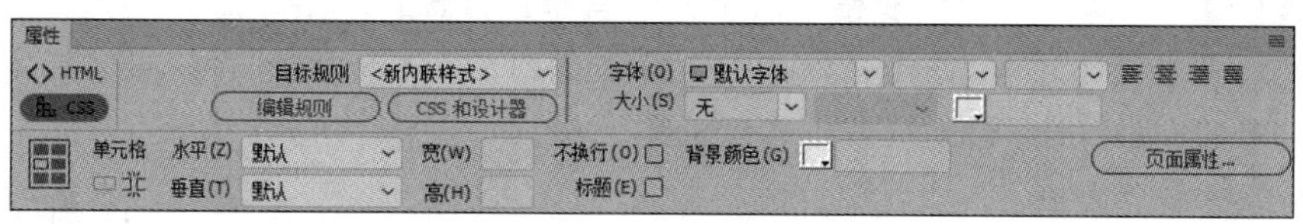

图 4-23 表格单元格的【属性】面板

表格单元格的【属性】面板中各项属性含义如下。

(1) 水平：设置单元格内容的水平对齐方式，有默认、左对齐、居中对齐、右对齐 4 种对齐方式。

(2) 垂直：设置单元格内容的垂直对齐方式，有默认、顶端、居中、底部、基线 5 种对齐方式。

(3) 宽、高：设置单元格的宽度和高度。如果要指定百分比，需要在输入的数值后面加%符号；如果要让浏览器根据单元格内容以及其他列和行的宽度和高度确定适当的宽度或高度，则将"宽"和"高"文本框保留为空，不输入指定数值。

(4) 背景颜色：设置单元格的背景颜色。

(5) “不换行”复选框：选中该复选框，禁止单元格中文字自动换行。

(6) “标题”复选框：选中该复选框，将所在单元格设置为标题单元格，默认情况下，标题单元格中的内容被设置为粗体并居中显示。

(7) 按钮：将所选的单元格合并为 1 个单元格。

(8) 按钮：将所选中的 1 个单元格拆分为多个单元格，一次只能拆分 1 个单元格。

【问题 6】 在网页中调整表格大小的方法有哪些？

1) 拖动控制柄改变表格大小

首先选中表格，选中的表格带有粗黑的外边框，并在下边中点、右边中点、右下角分别显示小正方形的控制柄，如图 4-24 所示。

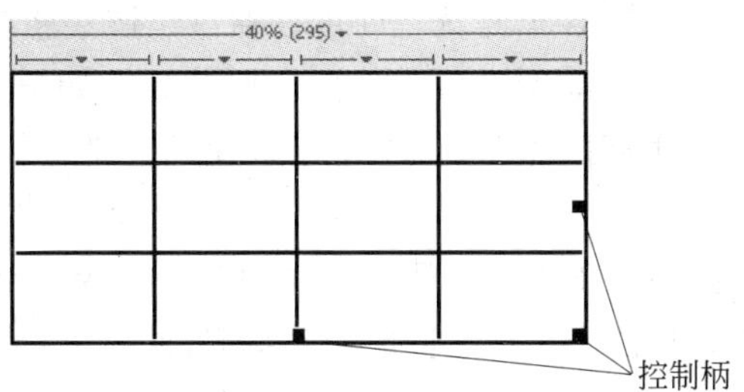

图 4-24　通过拖动控制柄调整表格大小

然后使用鼠标拖动控制柄以调整表格的大小，拖动右边中点调整表格宽度；拖动下边中点调整表格高度，拖动表格右下角的控制柄，可以同时调整表格的宽度和高度。

2) 通过表格的【属性】面板调整表格大小

先选中表格，然后在表格的【属性】面板中的“宽”和“高”文本框中直接输入新的数值，也可以精确调整表格的大小。

3) 改变行高或列宽

用鼠标拖动某行的下边线可以改变其行高；用鼠标拖动某列的右边线可以改变其列宽。用这种方法调整行高或列宽，会影响到相邻的行或列的高度或宽度，如果要保持其他的行或列不受影响，按住 Shift 键后再进行拖动即可。还可以使用【属性】面板指定选定行或列的高度或宽度。

4) 改变单元格大小

先选中单元格，然后直接在【属性】面板中的“宽”或“高”文本框中输入新的数值即可改变单元格的大小。但同一行或同一列的其他单元格也会受影响。

【单元习题】

(一) 选择题

(二) 填空题

(三) 简答题

提示：请扫描二维码浏览习题内容。

单元 5 网页中超链接与导航栏的应用设计

一个网站由多个网页组成，各个网页之间可以通过超链接相互联系，使网站中多个页面构成一个有机整体，使访问者能够在各个页面之间跳转。超链接是网页中基本元素之一，利用它不仅可以进行网页间的相互链接，还可以使网页链接到相关的图像文件、多媒体文件以及下载程序等。

网页中的导航栏是超链接的综合应用，为了方便网站访问者浏览网站中的相关信息，通常将许多超链接有规律地排列网页的上部或者左侧，这些超链接就是浏览者访问网站的向导，形象地称为“导航栏”，尤其是首页一般都有导航栏。导航栏是浏览网站时的路标，导航栏是一组超链接，链接的对象是站点的主页及其他重要网页，作用是引导浏览者浏览网页。浏览者可以通过导航栏对网页的结构有一个大致了解，通过单击导航栏中的菜单，可以快速进入某个网页。

【知识必备】

1. HTML5 的超链接与导航标签

1) <a>标签

<a>标签用于定义超链接，用于从一张页面链接到另一张页面。<a>元素最重要的属性是 href 属性，它指示链接的目标。示例代码如下：

```
<a href="http://m.hao123.com/">hao123.</a>
```

在所有浏览器中，链接的默认外观是：未被访问的链接带有下画线而且是蓝色的；已被访问的链接带有下画线而且是紫色的；活动链接带有下画线而且是红色的。

如果不使用 href 属性，则不可以使用如下属性：download、hreflang、media、rel、target 以及 type 属性，这些属性含义如表 5-1 所示。

表 5-1 HTML5 中<a>标签的新属性

属性名称	取　值	属 性 描 述
download	filename	规定被下载的超链接目标
href	URL	规定链接指向的页面的 URL

续表

属性名称	取　值	属性描述
hreflang	language_code	规定被链接文档的语言
media	media_query	规定被链接文档是为何种媒介/设备优化的
rel	text	规定当前文档与被链接文档之间的关系
target	_blank、_parent、_self、_top、framename	规定在何处打开链接文档
type	MIME type	规定被链接文档的 MIME 类型

target 属性有多个选项可供选择，各个列表项的含义如表 5-2 所示。被链接页面通常显示在当前浏览器窗口中，除非使用 target 属性指定了另一个目标。

表 5-2　超链接的打开方式

超链接的打开方式	链接网页的打开窗口或位置
_blank	在 1 个新的未命名的浏览器窗口中打开链接的网页
new	在 1 个新的浏览器窗口中打开链接的网页
_parent	如果是嵌套的框架，在父框架或窗口中打开；如果不是嵌套的框架，则等同于_top，链接的网页在浏览器窗口中打开
_self	在当前网页所在的窗口或框架中打开链接的网页
_top	在整个浏览器窗口打开链接的网页，并由此取消所有的框架

2）<nav>标签

<nav>标签用于定义页面导航，表示页面中导航链接的部分。示例代码如下：

```
<nav>
    <a href="index.html">Home</a>
    <a href="pre.html">Previous</a>
    <a href="next.html">Next</a>
</nav>
```

2. 超链接的类型

1）外部链接

外部链接的 HTML 代码如下：

```
<a href="http://www.zjjvip.com" target="_blank">张家界旅游网</a>
```

2）内部链接

文字型内部链接的 HTML 代码如下：

```
<a href="webpage/tzs.html" title="欣赏天子山美景" target="_blank">天子山自然保
护区</a>
```

图片型内部链接的 HTML 代码如下：

```
<a href="webpage/bfh.html" target="_blank"><img src="images/bfh.jpg" width=
```

```
"170" height="122" alt="云梯百丈上天台,高峡平湖一鉴开"  hspace="10" vspace="6"
border="0" align="right" /></a>
```

3）命名锚记的超链接

锚点链接是指向当前文档或不同文档中的指定位置的链接。

命名锚记的 HTML 代码如下：

```
<a name="top" id="top"></a>
```

命名锚记的超链接的 HTML 代码如下：

```
<a href="#top"><img src="images/06.gif" width="40" height="20" alt="img07" />
</a>
```

4）E-mail 链接

E-mail 链接的 HTML 代码如下：

```
<a href="mailto:abc@163.com?subject=对网站的意见与建议">您的建议</a>
```

5）下载链接

下载链接的 HTML 代码如下：

```
<a href="images/img.rar">【下载更多的图片】</a>
```

6）图像热点链接

图像热点链接的 HTML 代码如表 5-3 所示。

表 5-3　图像热点链接的 HTML 代码

```
<img src="planets.jpg" border="0" usemap="#planetmap" alt="Planets" />
<map name="planetmap" id="planetmap">
    <area shape="circle" coords="180,139,14" href ="one.html" alt="one" />
    <area shape="circle" coords="129,161,10" href ="two.html" alt="two" />
    <area shape="rect" coords="0,0,110,260" href ="three.html" alt="three" />
</map>
```

＜area＞标签用于定义图像映射中的热点区域(图像映射是指带有可单击区域的图像)。定义图像映射区域的形状使用＜shape＞标签，其中 ciercel 为椭圆形区域，rect 为矩形区域，poly 为多边形区域。

设置不同区域的链接地址使用＜href＞标签；设置区域坐标使用＜coords＞标签；设置替代文字使用＜alt＞标签；设置打开的目标窗口使用＜target＞标签。

＜area＞标签总是嵌套在＜map＞标签中，＜img＞标签中的 usemap 属性与 map 元素的 name 属性相关联，创建图像与映射之间的联系。＜img＞中的 usemap 属性可引用＜map＞中的 id 或 name 属性(由浏览器决定)，所以需要同时向＜map＞添加 id 和 name 这两个属性。在对应的图像标签中添加代码“usemap＝"＃planetmap"”，其中 planetmap 为图像映射标签的 name 属性值。

HTML5 的 area 标签的属性如表 5-4 所示。

表 5-4　HTML5 的 area 标签的属性

属　性	值	描　　述
alt	text	定义此区域的替换文本
coords	坐标值	定义可单击区域(对鼠标敏感的区域)的坐标
href	URL	定义此区域的目标 URL
nohref	nohref	从图像映射排除某个区域
shape	default、rect、circ、poly	定义区域的形状
target	_blank、_parent、_self、_top	规定在何处打开 href 属性指定的目标 URL

【引导训练】

任务 5-1　设置网页中导航栏的超链接属性

【任务描述】

在网页中输入以下 HTML 标签及文字。

```
<header>
  <section>
    <h1 class="logo"><a href="#" target="_blank" title="阿坝旅游">阿坝旅游</a>
       </h1>
  </section>
</header>
<section>
  <div class="w-url"><a href="#" target="_self">阿坝旅游</a>
       &gt;&gt;  <a href="#" target="_self">大美阿坝</a>
       &gt;&gt;  <a href="#" target="_self">九寨沟景区亮点</a>
  </div>
</section>
```

针对上述项目列表以及列表项进行各种类型的列表属性设置。

(1) 为超链接的四种不同状态 a：link、a：visited、a：hover、a：active 设置 color、text-decoration、font-family、font-size、font-weight、background 等属性。

(2) 尝试设置超链接的 download、rel、target 和 type 等属性。

【任务实施】

1. 创建所需的文件夹和复制所需的资源

在文件夹“HTML5＋CSS3 网页设计实例”中创建子文件夹 Unit05，然后在该文件夹中创建子文件夹 0501，再在该子文件夹 0501 中创建 css、images 子文件夹，且将所需的素材复制到对应的子文件夹中。

2. 启动 Dreamweaver CC

使用 Windows 的【开始】菜单或桌面的快捷方式启动 Dreamweaver CC。

3. 创建本地站点与网页

创建 1 个名称为“单元 5”的本地站点，站点文件夹为 Unit05。在该站点的文件夹 0501 中创建网页 0501. html

4. 定义网页主体布局结构的 CSS 代码

在文件夹 CSS 中创建样式文件 base. css，在该样式文件中编写样式代码，代码如表 5-5 所示。

表 5-5　网页 0501. html 中样式文件 base. css 的 CSS 代码定义

```
body {
  min-width: 1202px;
  line-height: 2em;
  margin: auto;
  background-image: url(../images/travel-bg.png);
  background-position: left top;
  background-repeat: repeat-x;
  background-color: #FFF;
  color: #666;
  font-size: 12px;
  letter-spacing: 0px;
  white-space: normal;
  font-family: Tahoma,  Geneva, sans-serif, "宋体"
}
a:hover {
  color: #2b98db;
}
html,body,div,h1,p,a {
  margin: 0;
  padding: 0;
  border: none;
}

header,section {
  display: block;
  position: relative;
  margin: auto;
}
```

续表

```
a:link,
a:visited {
  text-decoration: none;
  color: #666;
}
```

在文件夹 CSS 中创建样式文件 main. css，在该样式文件中编写样式代码，代码如表 5-6 所示。

表 5-6　网页 0501. html 中样式文件 main. css 的 CSS 代码定义

```
section {
  width: 1202px;
  position: relative;
  margin-top: 10px;
}

header .logo {
  width: 185px;
  height: 58px;
  padding: 20px 0 20px;
  overflow: hidden;
  line-height: 99em;
  background-image:
      url(../images/travel-logo.png);
  background-position: left 25px;
  background-repeat: no-repeat;
  position: relative;
}
header .logo a {
  width: 322px;
  height: 48px;
  display: block;
  overflow: hidden;
  line-height: 99em;
}
.w-url {
  margin-bottom: 10px;
  padding: 5px 10px;
  background-image: linear-gradient
                        (top, #FFF, #EEE);
  border-radius: 3px;
}
.w-url a:last-child:link,
.w-url a:last-child:visited {
  color: #2b98db;
}
```

5. 在网页文档 0501. html 中链接外部样式表

切换到网页文档 0501. html 的【代码视图】，在标签</head>的前面输入链接外部样式表的代码如下：

```
<link type="text/css" rel="stylesheet" href="css/base.css"/>
<link type="text/css" rel="stylesheet" href="css/main.css"/>
```

6. 在网页中添加必要的 HTML 标签与输入文本内容

在网页文档 0501. html 中添加必要的 HTML 标签与输入文本内容，对应的 HTML 代码如【任务描述】所示。

7. 保存与浏览网页

保存网页文档 0501.html,在浏览器 Google Chrome 中的浏览效果如图 5-1 所示。

图 5-1　网页 0501.html 的浏览效果

然后按照任务描述的要求不断改变超链接的各个属性设置,重新浏览其效果。

任务 5-2　制作包含横向主导航栏的网页

【任务描述】

(1) 创建样式文件 base.css 和 main.css,在该样式文件中定义标签的属性、类选择符及其属性。

(2) 创建网页文档 0502.html,且链接外部样式文件 base.css 和 main.css。

(3) 在网页 0502.html 中添加必要的 HTML 标签和输入导航文字。

(4) 浏览网页 0502.html 的效果,如图 5-2 所示,该网页包含两种形式的横向导航栏。

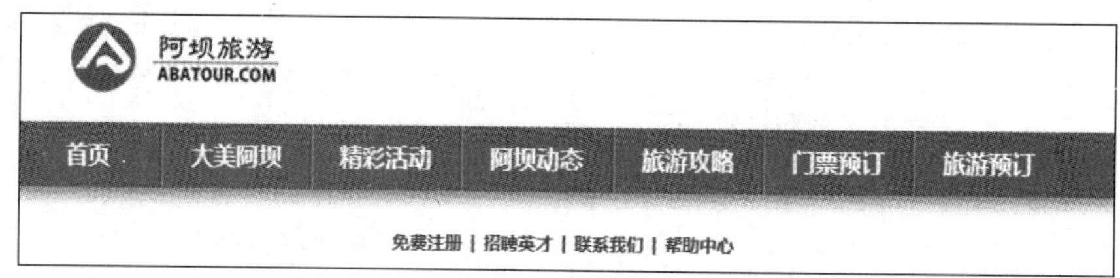

图 5-2　网页 0502.html 主导航栏的外观效果之一

(5) 重新编写主导航的 HTML 代码,将图 5-2 所示的横向导航栏的外观效果改变为如图 5-3 所示的。

图 5-3　网页 0502.html 主导航栏的外观效果之二

【任务实施】

1. 创建文件夹与网页

在站点"单元 5"中创建文件夹 0502,在该文件夹中创建子文件夹 CSS、images。在文件夹 0502 中创建网页文档 0502.html。

2. 定义网页的 CSS 代码

在文件夹 CSS 中创建样式文件 base.css，在该样式文件中编写样式代码，代码如表 5-7 所示。

表 5-7　网页 0502.html 中样式文件 base.css 的 CSS 代码定义

```css
body {
  min-width: 1202px;
  line-height: 2em;
  margin: auto;
  background-color: #fff;
  color: #666;
  font-size: 12px;
  letter-spacing: 0px;
  font-family: Tahoma,  Geneva, sans-serif, "宋体"
}
html,body,div,h1,p,a {
  margin: 0;
  padding: 0;
  border: none;
}
header,nav,section,footer {
  display: block;
  position: relative;
  margin: auto;
}

a:link,
a:visited {
  text-decoration: none;
  color: #666;
}

a:hover {
  color: #2b98db;
}
```

在文件夹 CSS 中创建样式文件 main.css，在该样式文件中编写样式代码，代码如表 5-8 所示。

表 5-8　网页 0502.html 中样式文件 main.css 的 CSS 代码定义

```css
header {
  height: 132px;
```

续表

序号 | CSS 代码

```
  width: 100%;
}

header .w-m {
  background-color: #FFF;
  position: fixed;
  width: 100%;
  top: 0;
  max-width: 1900px;
}

header .logo {
  width: 322px;
  height: 48px;
  margin-left: 35px;
  padding: 20px 0;
  overflow: hidden;
  line-height: 99em;
  background-image: url(../images/logo.png);
  background-position: left center;
  background-repeat: no-repeat;
  position: relative;
}

.nav-main {
  background-color: #2b98db;
  height: 44px;
  line-height: 44px;
  box-shadow: 0 5px 10px rgba(0,0,0,.3);
  border-bottom: 0;
}

.nav-main nav {
  margin-left: 0;
  background-color: #2B98DB
}
footer {
  padding: 0 0 20px;
  width: 100%;
}
footer .nav-footer {
  font-weight: bold
}
footer .w-m {
  width: 100%;
  text-align: center;
```

续表

CSS 代码

```
  line-height: 30px;
}

header .logo a {
  width: 322px;
  height: 48px;
  display: block;
  overflow: hidden;
  line-height: 99em;
}

.nav-main nav a:link,
.nav-main nav a:visited {
  font-size: 16px;
  font-family: "Microsoft YaHei";
  font-weight: bold;
  display: inline-block;
  height: 44px;
  line-height: 44px;
  width: 14%;
  text-align: center;
  vertical-align: top;
  color: #FFF;
  padding: 0;
  margin: 0 0 0 -3px;
  background-image:
      url(../images/nav-main-line.png);
  background-position: right center;
  background-repeat: repeat-y;
  border-radius: 0;
}

.nav-main nav a:hover {
  background-color: #4cbbeb;
  background-image: none;
  color: #FF6;
}

.nav-main nav a:last-child:link,
.nav-main nav a:last-child:visited {
  background-image: none;
}
```

3. 在网页文档 0502.html 中链接外部样式表

切换到网页文档 0502.html 的【代码视图】,在标签</head>的前面输入链接外部样式表的代码如下：

```
<link type="text/css" rel="stylesheet" href="css/base.css"/>
<link type="text/css" rel="stylesheet" href="css/main.css"/>
```

4. 在网页中添加必要的 HTML 标签与输入文本内容

在网页文档 0502.html 中添加必要的 HTML 标签与输入文本内容，对应的 HTML 代码如表 5-9 所示。

表 5-9　网页 0502.html 的 HTML 代码

```
<header>
  <div class="w-m">
    <section>
      <h1 class="logo"><a href="" target="_self" title="九网旅游">九网旅游</a></h1>
    </section>
    <div class="nav-main">
      <nav id="mainNav">
        <a href="" class="first">首页</a>
        <a href="">大美阿坝</a>
        <a href="" target="_blank">精彩活动</a>
        <a href="">阿坝动态</a>
        <a href="">旅游攻略</a>
        <a href="">门票预订</a>
        <a href="#">旅游预订</a>
      </nav>
    </div>
  </div>
</header>
<div style="height:20px;"></div>
<footer>
  <section class="w-m">
    <div class="nav-footer"><a href="">免费注册</a>| <a href="">招聘英才</a>|
     <a href="">联系我们</a>| <a href="">帮助中心</a></div>
  </section>
</footer>
```

5. 保存与浏览网页

保存网页文档 0502.html，在浏览器 Google Chrome 中的浏览效果如图 5-2 所示。

6. 重新定义主导航的 HTML 代码与 CSS 代码

将表 5-9 中 HTML 代码“<a href="" class="first">首页</a>”修改为“<a href=""

class＝"on"＞首页＜/a＞”。

在样式文件 main. css 中对主导航栏的 CSS 代码重新进行定义，如表 5-10 所示。

表 5-10　样式文件 main. css 中重新定义主导航栏的 CSS 代码

```
header {
  width: 100%;
}
.nav-main {
  background-color: #19a1db;
  border-bottom: #e1e1e2 1px solid;
  height: 43px;
  line-height: 43px;
  box-shadow: 0 1px 1px #e1e1e2;
}

.nav-main nav a:link,
.nav-main nav a:visited {
  padding: 0 25px 0 28px;
  display: inline-block;
  margin: 5px 0 0 -3px;
  height: 38px;
  line-height: 36px;
  border-radius: 6px 6px 0 0;
  font-size: 16px;
  font-family: "Microsoft YaHei";
  font-weight: bold;
  color: #FFF;
  background-image:
      url(../images/nav-main-line.png);
  background-position: right center;
  background-repeat: no-repeat;
}
.nav-main nav {
  text-align: center;
  margin-top: 10px;
}

.nav-main nav a:hover {
  background-color: #4cbbeb;
  background-image: none;
  color: #FF6
}

.nav-main nav .on:link,
.nav-main nav .on:visited,
.nav-main nav .on:hover {
  background-color: #FFF;
  color: #333;
  background-image: none;
  margin: 5px 9px 0 6px;
}

.nav-main nav .on:hover {
  color: #F60
}

.nav-main nav a:last-child:link,
.nav-main nav a:last-child:visited {
  background-image: none;
}
```

网页 0502. html 中主导航栏的 HTML 代码与 CSS 代码重新定义后，在浏览器 Google Chrome 中的浏览效果如图 5-3 所示。

任务 5-3　制作包含纵向栏目导航栏的网页

【任务描述】

(1) 创建样式文件 main. css，在该样式文件中定义标签的属性、类选择符及其属性。

(2) 创建网页文档 0503. html，且链接外部样式文件 main. css。

(3) 在网页 0503. html 中添加必要的 HTML 标签和输入文字。

(4) 浏览网页 0503.html 的效果，如图 5-4 所示，该网页包含纵向排列的栏目导航栏。

【任务实施】

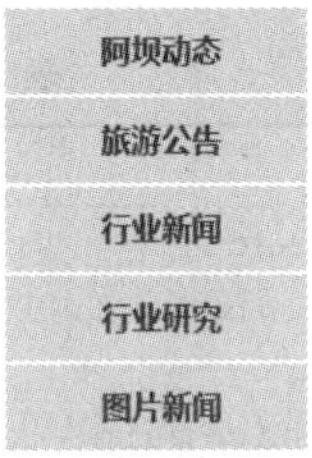
阿坝动态
旅游公告
行业新闻
行业研究
图片新闻

图 5-4　网页 0503.html 的浏览效果

1. 创建文件夹与网页

在站点"单元 5"中创建文件夹 0503，在该文件夹中创建子文件夹 CSS。在文件夹 0503 中创建网页文档 0503.html。

2. 定义美化超链接和导航栏的 CSS 代码

在文件夹 CSS 中创建样式文件 main.css，在该样式文件中编写样式代码，代码如表 5-11 所示。

表 5-11　网页 0503.html 中样式文件 main.css 的 CSS 代码定义

序号	CSS 代码	序号	CSS 代码
01	a:link,a:visited {	23	.box-sort li a {
02	text-decoration: none;	24	line-height: 40px;
03	color: #666;	25	height: 40px;
04	}	26	display: block;
05		27	margin: 2px 5px;
06	.box-sort {	28	text-align: center;
07	width: 160px;	29	text-indent: 5px;
08	padding: 10px 0;	30	padding: 0 10px;
09	margin-bottom: 10px;	31	font-weight: bold;
10	margin-top: 10px;	32	font-size: 16px;
11	}	33	font-family:微软雅黑;
12	.box-sort ul {	34	}
13	background-color: #E0ECFC;	35	
14	padding: 0;	36	.box-sort li a:hover {
15	overflow: hidden	37	color: #0375e8;
16	}	38	}
17	.box-sort li {	39	
18	border-top: 2px solid #FFF;	40	.box-sort li.on a:link,
19	}	41	.box-sort li.on a:visited,
20	.box-sort li.first {	42	.box-sort li.on a:hover {
21	border-top: 0;	43	color: #0066cc;
22	}	44	}

3. 在网页文档 0503.html 中链接外部样式表

切换到网页文档 0503.html 的【代码】视图，在标签</head>的前面输入链接外部样式表的代码如下：

```
<link type="text/css" rel="stylesheet" href="css/main.css"/>
```

4. 在网页中添加必要的 HTML 标签与输入文本内容

在网页文档 0503. html 中添加必要的 HTML 标签与输入文本内容，对应的 HTML 代码如表 5-12 所示。

表 5-12　网页 0503. html 的 HTML 代码

```
<div class="box-sort">
    <ul>
        <li class="first on"><a href="">阿坝动态</a></li>
        <li class=" "><a href="">旅游公告</a></li>
        <li class=" "><a href="">行业新闻</a></li>
        <li class=" "><a href="">行业研究</a></li>
        <li class=" "><a href="">图片新闻</a></li>
    </ul>
</div>
```

5. 保存与浏览网页

保存网页文档 0503. html，在浏览器 Google Chrome 中的浏览效果如图 5-4 所示。

任务 5-4　创建包含图像热点链接的网页

【任务描述】

(1) 创建样式文件 main. css，在该样式文件中定义标签的属性、类选择符及其属性。

(2) 创建网页文档 0504. html，且链接外部样式文件 main. css。

(3) 在网页 0504. html 中添加必要的 HTML 标签与输入当前位置导航文字。

(4) 插入旅游地图，并在旅游地图绘制多种形状的热点区域。

(5) 输入各个热点区域的景点导航链接文字，并设置好超链接。

(6) 浏览网页 0504. html 的效果，如图 5-5 所示，该网页包含当前位置的导航文字和景点导航地图。

【任务实施】

1. 创建文件夹

在站点“单元 5”中创建文件夹 0504，在该文件夹中创建子文件夹 CSS、images。

2. 定义图像热点链接的 CSS 代码

在文件夹 CSS 中创建样式文件 main. css，在样式文件 main. css 中添加样式代码美

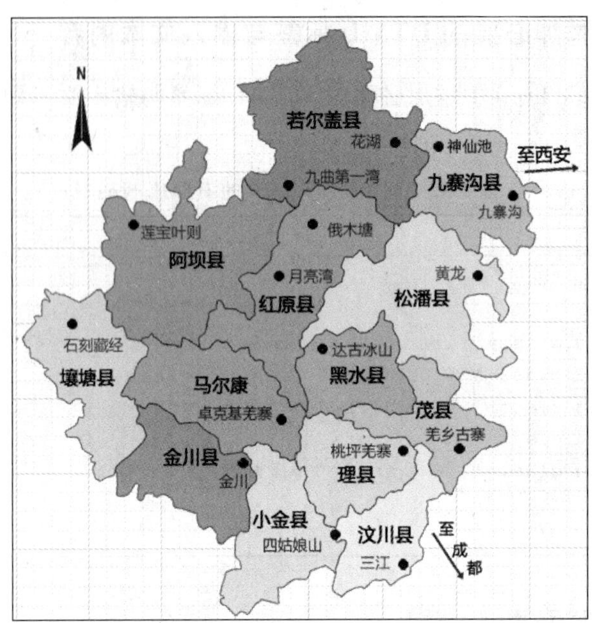

图 5-5　网页 0504. html 的浏览效果

化图像热点链接，CSS 代码如表 5-13 所示。

表 5-13　样式文件 main. css 中的 CSS 代码定义

```css
a:link,a:visited {
  text-decoration: none;
  color: #666;
}
.mapMain {
  background-image: url(../images/travel-bg-map.png);
  width: 100%;
  margin-top: 5px;
}
.mapMain .w-m {
  width: 100%;
  margin: 0 auto;
  padding-top: 8px;
  text-align: center;
}
```

3. 创建网页文档 0504. html 与链接外部样式表

在文件夹 0504 中创建网页文档 0504. html，切换到网页文档 0504. html 的【代码视图】，在标签</head>的前面输入链接外部样式表的代码如下：

```
<link type="text/css" rel="stylesheet" href="css/main.css"/>
```

4. 编写网页主体布局结构的 HTML 代码

网页 0504.html 主体布局结构的 HTML 代码如下：

```
<div class="mapMain" id="mapMain">
  <div class="w-m">
  </div>
</div>
```

5. 插入图片

在网页 0504.html 中 HTML 标签<div class="w-m">与</div>之间插入旅游地图，并设置该图片的 id、usemap 等属性。

6. 绘制热点区域与创建图像热点链接

将同一幅图像的不同部分链接到不同的网页文档，这就需要用到热点链接。要使图像特定部分成为超链接，就需要在图像中设置"热点区域"，然后再创建链接，这样当光标移到图像热点区域时会变成手的形状，当单击时，便会跳转到特定位置或者打开链接的网页。

在一幅尺寸较大的图像中，可以同时创建多个热点，热点的形状可以是矩形、椭圆形或多边形。

1）选中绘制热点区域的图像

单击选中网页 0504.html 中的图像 travel-map.png。

2）在旅游地图绘制多个多边形形状的热点区域

在图像的【属性】面板中单击【多边形热点工具】按钮，此时鼠标指针变成"＋"形状，然后将鼠标指针移到图像 travel-map.png 右上角"九寨沟县"的合适位置，并依次在多个不同的点单击，便会形成 1 个任意多边形区域。

图像 travel-map.png 中绘制的 3 个热点区域如图 5-6 所示。

在热点的【属性】面板中设置热点的链接属性，如图 5-7 所示。

最后单击热点的【属性】面板左下角的【指针热点工具】，结束热点区域的绘制状态。可以选中热点区域，对其大小和位置进行适当的调整。

提示：绘制矩形热点区域的方法如下：在图像的【属性】面板中单击【矩形热点工具】按钮，此时鼠标指针变成"＋"形状，然后将鼠标指针移到图片上的合适位置，按住鼠标左键拖动绘制一个矩形，当矩形的大小合适时释放鼠标左键，于是一个矩形的热点区域便绘制完成，且用透明的蓝色矩形显示指定图像的热点区域。

绘制椭圆形热点区域的方法如下：在图像的【属性】面板中单击【圆形热点工具】按钮，此时鼠标指针变成"＋"形状，然后将鼠标指针移到图片上的合适位置，按住鼠标左键拖动绘制一个圆形，当圆形的大小合适时释放鼠标左键，于是一个圆形的热点区域便绘制

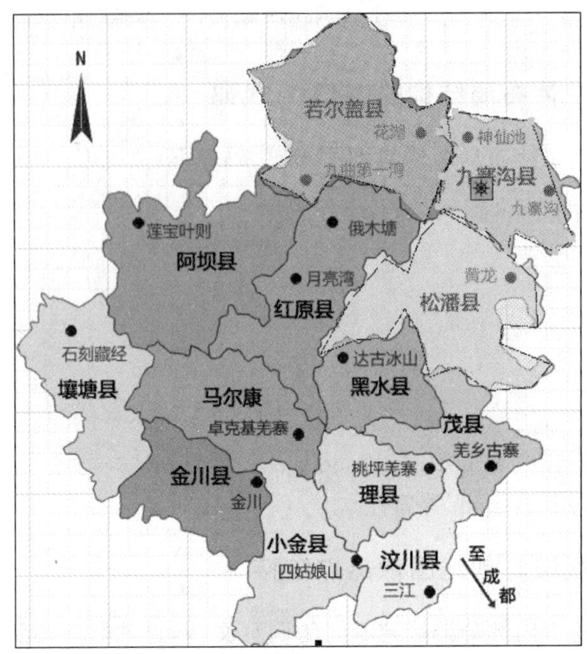

图 5-6　图像 travel-map. png 中绘制的 3 个热点区域

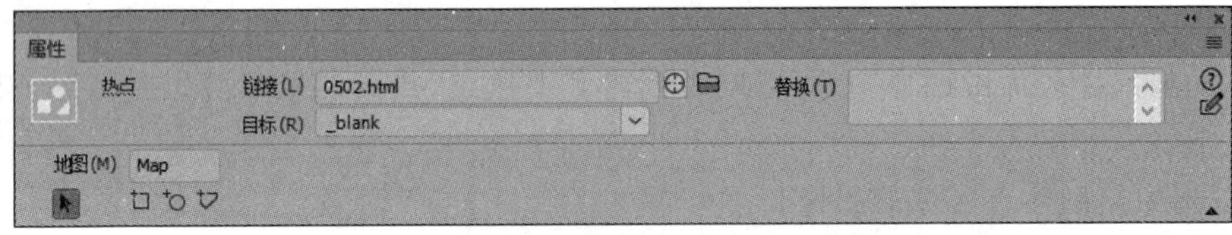

图 5-7　在多边形热点的【属性】面板中设置链接属性

完成。

3）设置好标签<map>的属性和超链接

设置好标签<map>的 name、id 等属性，设置好各个热点区域的景点导航链接，对应的 HTML 代码如表 5-14 所示。

表 5-14　网页 0504. html 中多边形热点区域的部分 HTML 代码

序号	HTML 代码
01	<div class="mapMain" id="mapMain">
02	<div class="w-m">
03	<img height="545" src="images/travel-map.png" id="travelMap" alt=""
04	usemap="#Map">
05	<map name="Map" id="travelMapData">
06	<area shape="poly" coords="393,87,383,96,379,104,395,120,381,142,
07	378,168,416,186,438,206,441,189,480,207,495,196,459,95"
08	href="0502.html" target="_blank">

续表

HTML 代码

```
    <area shape="poly" coords="306,-1,278,17,261,28,253,39,209,51,224,
            74,231,97,249,123,220,141,255,157,266,167,285,140, 340,154,
            366,180,390,121,385,87,388,75,359,86,340,73,337,58,340,33,
            323,14" href="0502.html" target="_blank">
    <area shape="poly" coords="383,173,426,198,462,230,464,271,433,269,
            431,285,476,303,459,322,421,325,392,305,370,313,360, 275,348,
            255,332,280, 306,281,274,293,300,248,331,212,351,224,356,209,
            363,192" href="0502.html" target="_blank">
   </map>
  </div>
</div>
```

7. 保存与浏览网页

保存网页文档 0504. html，在浏览器 Google Chrome 中的浏览效果如图 5-5 所示。单击各个热点链接，观察其效果。

【同步训练】

任务 5-5　创建包含顶部横向导航栏的网页

(1) 创建样式文件 main. css，在该样式文件中定义标签的属性、类选择符及其属性。

(2) 创建网页文档 0505. html，且链接外部样式文件 main. css。

(3) 在网页 0505. html 中添加必要的 HTML 标签和输入导航文字。

(4) 浏览网页 0505. html 的效果，如图 5-8 所示，该网页主要为横向排列的文本超链接。

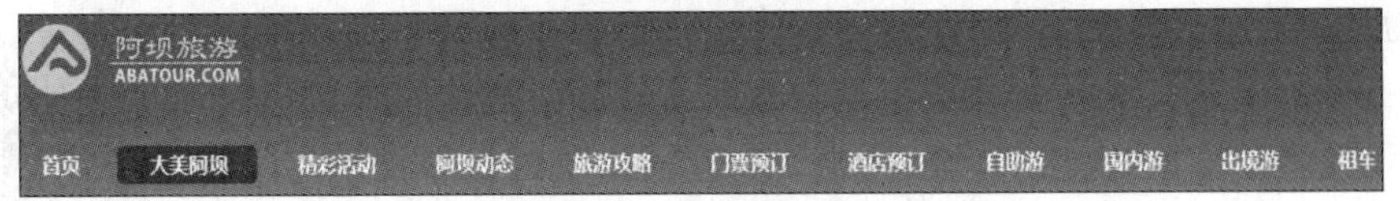

图 5-8　网页 0505. html 的浏览效果

提示：请扫描二维码浏览提示内容。

任务 5-6　创建包含多种不同形状图像链接的网页

(1) 创建网页文档 0506.html，在该网页中添加必要的 HTML 标签和插入一张景区图片。

(2) 在图片中指点位置分别绘制矩形、圆形、多边形热点区域，且设置热点链接。

提示： 网页 0506.html 的参考 HTML 代码如表 5-15 所示。

表 5-15　网页 0506.html 的参考 HTML 代码

```
<div>
  <img src="images/map.jpg" border="0" usemap="#Map">
  <map name="Map">
    <area shape="rect" coords="48,138,319,261" href="#">
    <area shape="circle" coords="445,343,81" href="#">
    <area shape="poly" coords="178,412,250,400,314,452,239,483,164,475"
     href="#">
  </map>
</div>
```

由于绘制热点区域时在起点位置、区域大小等方面有差异，所以实际操作生成的 HTML 代码不一定与表 5-15 完全一致。

【技术进阶】

1. 利用 CSS 样式定义各种不同形式的超链接

一般通过标签<a>的伪类 a：hover 设置各种不同形式的超链接，由于标签 a 是内联元素，为了更有效设置超链接各种样式，我们将标签 a 的 display 的属性设置为 block，即定义为块状元素。超链接元素设置为块状元素后，就可以设置该元素的宽度、高度、边界、边框、填充等样式，这样做便于定义各种不同形式的超链接。

(1) 背景色变换的文字超链接。

(2) 背景图像翻转的超链接。

(3) 边框变换的超链接。

2. 利用定义列表制作垂直导航栏

利用定义列表制作垂直导航栏相对比较容易，因为列表项默认是以垂直方式显示的，可以使用 dt 作为菜单标题，利用 dd 作为菜单项。利用定义列表制作垂直导航栏的

HTML 代码如表 5-16 所示，浏览效果如图 5-9 所示。

表 5-16　利用定义列表制作垂直导航栏的 HTML 代码

```html
<dl id="menus">
  <dt>快乐旅游</dt>
  <dd><a href="#" target="_blank">首页</a></dd>
  <dd><a href="#" target="_blank">国内游</a></dd>
  <dd><a href="#" target="_blank">出境游</a></dd>
  <dd><a href="#" target="_blank">城市旅游</a></dd>
  <dd><a href="#" target="_blank">乡村旅游</a></dd>
  <dd><a href="#" target="_blank">周边游</a></dd>
  <dd><a href="#" target="_blank">电子地图</a></dd>
</dl>
```

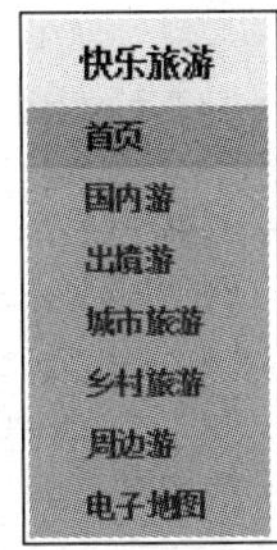

图 5-9　利用定义列表制作的垂直导航栏

利用定义列表制作垂直导航栏的 CSS 代码如表 5-17 所示。

表 5-17　利用定义列表制作垂直导航栏的 CSS 代码

```css
#menus  {
  width: 100px;
  font-size:12px;
}

#menus dt {
  font-size: 14px;
  font-weight: bold;
  text-align: center;
  background-color: #cff;
  margin: 0;
  padding: 10px;
}
#menus a, #menus a:visited {
  text-decoration: none;
  display: block;
  width: 100px;
}
#menus dd {
  background-color: #cc9;
  line-height: 25px;
  text-indent: 2em;
  height: 25px;
  margin: 0;
}

#menus a{
  font-size: 12px;
  color:#666;
  font-weight:bold;
}

#menus a:hover {
  color: #03c;
  background-color: #f9f;
}
```

3. 利用 CSS 样式实现水平导航栏及分隔小竖条

网页 0502.html 中导航栏中的分隔小竖条是通过输入字符“|”实现的，由于分隔小竖条是页面的装饰，而并非是页面的内容，可以应用 CSS 样式实现分隔小竖条的效果。其方法是：将最左侧的小竖条定义为 ul 的左边框，将菜单之间的小竖条定义为每一个列表项 li 的右边框。

4. 利用背景图像制作立体导航菜单

利用背景图像制作立体导航菜单的 HTML 代码如表 5-18 所示，利用背景图像制作立体导航菜单的游览效果如图 5-10 所示。

表 5-18 利用背景图像制作立体导航菜单的 HTML 代码

```
<ul id="top_nav">
    <li><a class="nav" href="#" target="_blank">首页</a></li>
    <li><a class="nav" href="#" target="_blank">国内游</a></li>
    <li><a class="nav" href="#" target="_blank">出境游</a></li>
    <li><a class="nav" href="#" target="_blank">城市旅游</a></li>
    <li><a class="nav" href="#" target="_blank">乡村旅游</a></li>
    <li><a class="nav" href="#" target="_blank">周边游</a></li>
    <li><a class="nav" href="#" target="_blank">电子地图</a></li>
</ul>
```

首页　国内游　出境游　城市旅游　乡村旅游　周边游　电子地图

图 5-10 利用背景图像制作立体导航菜单的浏览效果

利用背景图像制作立体导航菜单的 CSS 代码如表 5-19 所示。

表 5-19 利用背景图像制作立体导航菜单的 CSS 代码

```
#top_nav li {
  line-height:25px;
  width:70px;
  height:25px;
  float: left;
  margin:0 5px;
  list-style-type: none;
  text-align: center;
}

a.nav:link,a.nav:visited  {
  font-size: 13px;
  color: #000;
  font-weight:bold;
```

续表

```
  text-decoration: none;
  display: block;
}
#top_nav {
  height:25px;
  margin-top:5px;
  text-indent: 0;
}
a.nav:hover {
  font-size: 13px;
  font-weight: bold;
  line-height: 25px;
  color: #fff;
  text-decoration: none;
  background-image: url(images/menubg01.jpg);
  background-repeat: repeat-x;
  display: block;
  width:70px;
  border-bottom: solid 2px #f99;
}
```

5. 实现导航栏菜单自动伸缩和超链接的悬停交换效果

导航栏菜单的宽度根据内部文字不同而自动伸缩的CSS代码如表5-20所示，菜单列表项li向左浮动，右边界为5px，使每一个菜单项产生水平间距，即水平间隔为5px。超链接标签a的设置是形成宽度自动伸缩的关键，将标签a转换为块状元素，左、右填充设置为10px，由于未设置宽度只定义了填充，标签a的宽度就随着内部文字的多少而变化，实际宽度等于文字宽度加上右、右填充。这里没有设置文字水平居中，这种设置方法会使文字在标签a内水平居中。设置行高为30px，实现文字垂直居中对齐。

表 5-20　导航栏菜单的宽度根据内部文字不同而自动伸缩的CSS代码

```
ul li{
    float: left;
    margin-right: 5px;
    list-style-type: none;
}
ul li a:hover {
    color: #fff;
    background: #3a650b;
    text-decoration: none;
}
ul li a {
    font-size: 12px;
    font-weight:bold;
    color: #fff;
    line-height: 30px;
    text-decoration: none;
    display:block;
    padding-right: 10px;
    padding-left: 10px;
}
```

超链接标签<a>悬停状态的CSS样式设置为：颜色变换为#fff，背景颜色为#3a650b，从而实现超链接的悬停交换效果。

【问题探究】

【问题1】 网页中链接路径有哪几种表示方法？如何正确书写链接路径？

要保证能够顺利访问所链接的网页，链接路径必须书写正确。在一个网页中，链接路径通常有三种表示方法：绝对路径、文档目录相对路径、站点根目录相对路径。

1）绝对路径

绝对路径是所链接文档的完整URL路径，包括使用的传输协议(对于浏览网页而言通常是http：//)，例如“http：//www.zjjvip.com”即是一个绝对路径。绝对路径包含的是具体地址，如果目标文件被移动，则链接无效。

2）文档目录相对路径

文档目录相对路径是指以当前文档所在位置为起点到被链接文档经由的路径，使用文档相对路径可省去当前文档和被链接文档的绝对路径中相同的部分，保留不同部分。

文档目录相对路径适合于网站的内部链接。只要是属于同一网站之下，即使不在同一个文件夹中，文档目录相对路径也是适合的。

如果链接到同一文件夹中网页文档，则只需输入要链接的文档名称；如果要链接到下一级文件夹中的网页文档，先输入文件夹名称，然后加“/”，再输入网页名称；如果要链接到上一级文件夹中的网页文档，则先输入“../”，再输入文件夹名称和网页名称。

当使用文档目录相对路径时，如果在Dreamweaver CC中改变了某个网页文档的存放位置，不需要手工修改链接路径，Dreamweaver CC会自动更改链接。

3）站点根目录相对路径

站点根目录相对路径是指从站点根文件夹到被链接文档经由的路径。根目录相对路径也适用于创建内部链接，但大多数情况下，一般不使用这种路径形式。

【问题2】 如何设置CSS链接属性？

1）设置链接的样式

(1) 用id或类选择符对标签a进行定义。

(2) 将标签a的类选择符与伪类组合使用。

2）常见的链接样式

(1) 文本修饰

(2) 背景色

【问题3】 网页导航栏有何作用？列举几种常见导航栏。

导航栏是网站中不可缺少的元素之一，它不仅是信息内容的基本分类，也是浏览者浏览网站的路标。导航栏是引人注目的，浏览者进入网站，首先会寻找导航栏。根据导航菜单，直观地了解网站中包含了哪些分类信息以及分类方式，以便判断是否需要进入网站内部查找所需的资料。

导航栏是超链接的有序排列。导航栏的布局方式通常分为横向排列、纵向排列、弧形排列、浮动导航栏等多种形式；导航栏中超链接的载体可以为文字、图片、SWF动画、按钮等；导航栏也可做成弹出式菜单形式。导航可以排列在页面的上方、左侧、右侧、底部，有的网站将导航栏置于页面的中部位置。

1）横向导航栏

横向导航栏是指导航条目横向排列于网页顶端或接近顶端位置的导航栏，有的横向导航条也位于页面的底部。对于信息结构复杂、导航菜单数多的网站，可以选择横向多排的导航栏，横排导航栏占用很少的页面空间，可为页面节省出更多空间来放置信息。

2）纵向导航栏

纵向导航栏是指导航条目纵向排列，且位于网页左侧或右侧的导航栏。纵向导航栏通常会占用网页的一列空间，页面下半部分的信息空间减少了，无法放下更多的内容在首页。

3）浮动导航栏

浮动导航栏是指没有固定位置，浮动于网页内容之上的导航条，其位置可以随意移动，给用户带来极大的方便。

4）下拉菜单式导航栏

下拉菜单式导航栏与 Dreamweaver CC 的主界面中下拉菜单相似，由若干个显示在窗口顶部的主菜单和各个菜单项下面的子菜单组成，每个子菜单还包括几个子菜单项。当鼠标指针指向或单击主菜单项时就会自动弹出一个下拉菜单，当鼠标指针离开主菜单项时，下拉菜单则隐藏起来，回到只显示主菜单条的状态。这种形式的导航栏分类具体、使用方便、占用屏幕空间少，很多网页都开始使用这种形式的导航栏。

【问题 4】 如何设计 CSS 导航栏？

拥有易用的导航栏对于任何网站都很重要，通过 CSS 设置，能够把乏味的 HTML 菜单转换为漂亮的导航栏。导航栏基本上是一个链接列表，因此使用<ul>和<li> 元素是非常合适的。

1）垂直导航栏

2）水平导航栏

（1）行内列表项。

（2）对列表项进行浮动。

【单元习题】

（一）单项选择题

（二）多项选择题

（三）填空题

（四）简答题

提示：请扫描二维码浏览习题内容。

单元 6　网页中表单与控件的应用设计

表单是网页与浏览者交互的一种界面，是 Web 站点的访问者与服务器进行交互的工具，其内包含了允许用户进行交互的各种对象，在网页中有着广泛的应用，例如在线注册、在线购物、在线调查问卷等，这些过程都需要填写一系列表单，然后将其发送到网站的服务器，并由服务器端的应用程序来处理，从而实现与浏览者的交互。

表单实现了浏览器和服务器之间的信息传递，它使网页由单向浏览变成了双向交互。这里以申请邮箱为例简要说明其交互原理。你申请邮箱时，首先在表单中填写个人信息，填写完成后，单击【提交】按钮，这些信息将被发送到服务器，服务器端脚本或应用程序对接收的表单信息进行处理，然后将反馈信息发送回用户，例如“邮箱申请成功”的信息，这样就实现了信息交互。

【知识必备】

1. HTML5 的表单及控件标签

HTML5 的表单标签如表 6-1 所示。

表 6-1　HTML5 的表单标签

标签名称	标 签 描 述	标签名称	标 签 描 述
<form>	定义供用户输入的 HTML 表单	<label>	定义 input 元素的标注
<input>	定义输入控件	<fieldset>	定义围绕表单中元素的边框
<textarea>	定义多行的文本输入控件	<legend>	定义 fieldset 元素的标题
<button>	定义按钮	<datalist>	定义下拉列表
<select>	定义选择列表(下拉列表)	<keygen>	定义生成密钥
<optgroup>	定义选择列表中相关选项的组合	<output>	定义输出的一些类型
<option>	定义选择列表中的选项		

HTML5 的表单元素事件(Form Element Events)如表 6-2 所示，这些事件仅在表单元素中有效。

表 6-2　HTML5 的表单元素事件

属性名称	取值	属性描述	属性名称	取值	属性描述
onchange	脚本	当元素改变时执行脚本	onselect	脚本	当元素被选取时执行脚本
onsubmit	脚本	当表单被提交时执行脚本	onblur	脚本	当元素失去焦点时执行脚本
onreset	脚本	当表单被重置时执行脚本	onfocus	脚本	当元素获得焦点时执行脚本

1) <form> 标签

<form>标签用于为用户输入创建 HTML 表单，表单用于向服务器传输数据。表单能够包含 input 元素，例如文本字段、复选框、单选框、【提交】按钮等。表单还可以包含 menu、textarea、fieldset、legend 和 label 元素。

表单是网页上的一个特定区域，这个区域是由一对<form>标签定义的，它有两个方面的作用：一是限定表单范围，其他的表单对象都可以插入表单之中，单击【提交】按钮时，提交的也是表单范围之内的内容；二是携带表单的相关信息。

HTML 表单的基本语法格式如下：

```
<form action="search.jsp" method="post" name="search" id="search" target=
    "_blank">
</form>
```

参数选项说明如下：

(1) action 属性用于设置处理表单数据的应用程序文件的地址及程序名称，也可以是一个电子邮件地址，采用电子邮件方式时，其形式为 action="mailto: E-mail 地址"，例如 mailto: abc@163.com。

(2) method 属性用于指定表单数据发送到服务器的方式，主要有两种方式：get 和 post。其中，post 方式将数据按照 HTTP 传输协议中的 post 传输方式传送到服务器，即把表单数据嵌入 HTTP 请求中传送到服务器。get 方式将数据加在 action 指定的地址后面传送到服务器，即把表单数据附加到 URL 中传送。

(3) name 属性用于设置表单的名称，方便对表单元素值的引用。

(4) id 属性用于设置表单的 id 标识，方便对表单样式的设置和表单内数据值的引用。

(5) target 属性用来设置表单被处理后，反馈网页打开的方式，它有四个选项，分别为："_blank"表示在一个新浏览窗口中打开；"_parent"表示在父窗口中打开，如果不存在父窗口，等价于"_self"；"_self"表示在当前浏览窗口中打开；"_top"表示在顶层浏览器窗口中打开，如果不存在顶层浏览器窗口，则在当前浏览器窗口中打开，等价于"_self"。默认的打开方式是在当前浏览器窗口中打开。

2) <input>标签

<input>标签用于搜集用户信息，是表单中最常用的标签之一，表单中使用<input>标签插入输入控件，常用的文本框、按钮等都使用这个标签，通过 type 属性识别域的类型，text 表示文本框，radio 表示单选按钮，checkbox 表示复选框，submit 表示提交按钮，reset 表示重置按钮，image 表示图像域。

单行文本框的示例代码如下：

```
<input type="text" name="username" id="username" value="请输入用户名" size=
"20" maxlength="30" align="left"/>
```

密码输入框的示例代码如下：

```
<input type="password" name="keyword" id="keyword" value="请输入密码" size=
"10" maxlength="15" align="left"/>
```

单选按钮的示例代码如下：

```
<input type="radio" name="sex" id="sex" value="men" checked="checked"/>男
```

复选框的示例代码如下：

```
<input type="checkbox" name="interest" id="interest" value="tour" checked=
"checked" />旅游
```

提交按钮的示例代码如下：

```
<input type="submit" name="submit_btn" id="submit_btn" value="提交"/>
```

重置按钮的示例代码如下：

```
<input type="reset" name="reset_btn" id="reset_btn" value="重置"/>
```

图像域的示例代码如下：

```
<input type="image" src="images/search_btn.jpg" name="search_btn" id="search
_btn" align="right"/>
```

以上各主要输入控件的示例代码列举了表单输入控件的常用属性的使用方法，各个主要属性的说明如下：

(1) type属性用于定义输入控件的类型，type="text"表示单行文本框，type="password"表示密码输入框，type="radio"表示单选按钮，type="checkbox"表示复选框，type="submit"表示提交按钮，type="reset"表示重置按钮，type="image"表示图像域，type="file"表示文件域，type="hidden"表示隐藏域，type="button"表示普通按钮。

(2) name属性用于定义控件名称，id属性用于定义控件的id标识。

(3) value属性用于定义控件的默认值或初始值。当没有输入值或选择值时，使用该默认值。

(4) align属性用于设置控件的对齐方式，其取值包括left、right、top、bottom和middle。

(5) checked属性用于设置控件默认被选中的项。

(6) size属性用于定义单行文本框允许输入字符的个数，与设置其width属性的功能相似。maxlength属性用于单行文本框最多可以输入的字符个数。

(7) src属性用于设置图像文件地址。

(8) disabled 属性用于设置控件禁用,readonly 属性用于设置文本框为只读。

(9) alt 属性用于设置控件的描述信息。

(10) tabindex 属性用于设置不同控件之间获得焦点的先后顺序,取值为正整数。

另外,accept 属性用于允许上传的文件类型。onclick 属性用于定义单击时将触发的事件,onselect 属性用于定义当前控件被选中时将触发的事件,onfocus 属性用于定义当控件获得焦点时所触发的事件,onblur 属性用于定义当控件失去焦点时所触发的事件,onchang 属性用于定义当控件内容改变时所触发的事件。

3) <label>标签

<label>标签为 input 元素定义标注(标记),label 元素不会向用户呈现任何特殊效果。不过,它为鼠标用户改进了可用性,为页面上的其他元素指定提示信息。如果在 label 元素内单击文本,就会触发此控件。就是说,当用户选择该标签时,浏览器就会自动将焦点转到和标签相关的表单控件上。

要将 label 元素绑定到其他的表单控件上,可以将 label 元素的 for 属性设置为该控件的 id 属性值相同,而将 label 元素的 for 属性设置为该控件的 name 属性值则无效。

4) <select>标签

表单中使用<select>标签插入一个选择,<select>标签要与<option>标签联合使用,每个选项都要使用<option>标签来定义。

选择的示例代码如下:

```
<select name="year1" size="3" multiple id="year1">
    <option value="2018" selected>2018</option>
    <option value="2019">2019</option>
    <option value="2020">2020</option>
</select>
```

选择控件有些属性与输入控件的属性类似,其常用属性主要如下:

(1) name 属性用于定义选择的名称。id 属性用于定义选择的 id 标识。

(2) selected 属性用于定义当前项为默认选中项。

(3) size 属性用于定义列表框的高度,即显示几个列表项。默认值为 1。

(4) multiple 属性用于定义列表框是否可以多选。

5) <button>标签

<button>标签定义一个按钮,在 button 元素内部,可以放置文本或图像等内容,这是该元素与使用 input 元素创建的按钮之间的不同之处。

<button>控件与<input type="button">相比,提供了更为强大的功能和更丰富的内容。<button>与</button>标签之间的所有内容都是按钮的内容,其中包括任何可接受的文本或多媒体等多种形式的正文内容。例如,可以在 button 元素中包括一个图像和相关的文本,用它们在按钮中创建一个吸引人的标记图像。在 button 元素中唯一禁止使用的元素是图像映射,因为它对鼠标和键盘敏感的动作会干扰表单按钮的行为。

所有主流浏览器都支持<button>标签,使用 button 按钮时应为其规定 type 属性,

IE 浏览器的默认类型是"button"，而其他浏览器中（包括 W3C 规范）的默认值是"submit"。HTML5 中 button 元素的新属性如表 6-3 所示。

表 6-3　HTML5 中 button 元素的新属性

属　　性	取值的可选项	属性描述
autofocus	autofocus	规定当页面加载时按钮应当自动地获得焦点
disabled	disabled	规定应该禁用该按钮
form	form_name	规定按钮属于一个或多个表单
formaction	url	覆盖 form 元素的 action 属性，该属性与 type="submit"配合使用
formmethod	get、post	覆盖 form 元素的 method 属性，该属性与 type="submit"配合使用
formnovalidate	formnovalidate	覆盖 form 元素的 novalidate 属性，该属性与 type="submit"配合使用
formtarget	_blank、_self、_parent、_top、framename	覆盖 form 元素的 target 属性，该属性与 type="submit"配合使用
name	button_name	规定按钮的名称
type	button、reset submit	规定按钮的类型
value	text	规定按钮的初始值，可由脚本代码进行修改

如果在 HTML 表单中使用 button 元素，不同的浏览器会提交不同的值。Internet Explorer 将提交<button>与</button>之间的文本，而其他浏览器将提交 value 属性的内容。

6）<textarea>标签

<textarea>标签定义多行的文本输入控件，表单中使用<textarea></textarea>标签插入文本区域，这是一个建立多行文本输入框的专用标签。文本区域中可容纳无限数量的文本，其中文本的默认字体是等宽字体（通常是 Courier）。可以通过 cols 和 rows 属性来规定 textarea 的尺寸，不过更好的办法是使用 CSS 的 height 和 width 属性进行设置。

文本区域的示例代码如下：

```
<textarea name="suggest" id="suggest" cols="30" rows="5">请提建议</textarea>
```

文本区域控件有些属性与输入控件的属性类似，其常用属性主要有：

（1）name 属性用于定义文本区域控件的名称。

（2）id 属性用于定义文本区域控件的 id 标识。

（3）cols 属性用于定义文本区域控件的宽度，以字符为单位。

（4）rows 属性用于定义文本区域的高度，即行数。

7）<fieldset>标签和<legend>标签

<fieldset>标签将表单内的相关元素分组，当一组表单元素放到<fieldset>标签内

时，浏览器会以特殊方式来显示它们，它们可能有特殊的边界、3D 效果，或者可创建一个子表单来处理这些元素。<fieldset></fieldset>标签可以嵌套使用。

<legend> </legend>标签作为<fieldset></fieldset>标签内的第一个元素，用于在 fieldset 元素内设置一个分组标题。

<fieldset></fieldset>标签与<legend></legend>标签都是块状元素。使用<fieldset></fieldset>标签对表单控件进行分组，并使用<legend> </legend>标签为分组添加合适的标题，这样做有利于提高视觉效果，加快用户的操作速度，达到事半功倍的效果。

2. HTML5 新的 form 属性

1）autocomplete 属性

autocomplete 属性规定 form 或 input 域应该拥有自动完成功能。autocomplete 适用于<form>标签以及以下类型的<input>标签：text、search、url、telephone、email、password、datepickers、range 以及 color。当用户在自动完成域中开始输入时，浏览器应该在该域中显示填写的选项。示例代码如下：

```
<form action="demo_form.asp" method="get" autocomplete="on">
   First name: <input type="text" name="fname"/><br/>
   Last name: <input type="text" name="lname"/><br/>
   E-mail: <input type="email" name="email" autocomplete="off"/><br/>
   <input type="submit"/>
</form>
```

2）novalidate 属性

novalidate 属性规定在提交表单时不应该验证 form 或 input 域。novalidate 属性适用于<form>以及以下类型的<input>标签：text、search、url、telephone、email、password、date pickers、range 以及 color。示例代码如下：

```
<form action="demo_form.asp" method="get" novalidate="true">
   E-mail: <input type="email" name="user_email"/>
   <input type="submit"/>
</form>
```

3. 表单的 id 和 name 属性的说明

表单中 id 与 name 都是为了标记对象名称。id 是后来引入的，在这之前 Netscape 使用 name 属性来标记对象。目前很多网站后台程序都是通过 name 属性来获取表单元素的值，所以有必要同时包括 id 和 name 标记，这样不但考虑到页面表现的 CSS 样式定义，还可以兼顾到表单接收页面能正确地获取表单元素的值。

【引导训练】

任务 6-1 在网页中添加表单及表单控件

【任务描述】

创建网页 0601.html，在该网页中添加表单以及文本框、按钮控件。

(1) 为表单的 action、method、name、id、target 等属性设置不同的属性值。

(2) 尝试设置文本框控件的 type、name、value、align、size 等属性。

(3) 尝试设置按钮控件的 name、type、value 等属性。

【任务实施】

1. 创建所需的文件夹和复制所需的资源

在文件夹“HTML5＋CSS3 网页设计实例”中创建子文件夹 Unit06，然后在该文件夹中创建子文件夹 0601，再在该子文件夹 0601 中创建 css、images 子文件夹，且将所需的素材复制到对应的子文件夹中。

2. 启动 Dreamweaver CC

使用 Windows 的【开始】菜单或桌面的快捷方式启动 Dreamweaver CC。

3. 创建本地站点和网页

创建 1 个名称为“单元 6”的本地站点，站点文件夹为 Unit06。在该站点的文件夹 0601 中创建网页 0601.html。

4. 插入表单域及其属性设置

每个表单由 1 个表单域和若干个表单控件组成，所有的表单控件要放置在表单域中才会有效，因此，制作表单页面的第一步是插入表单域。

(1) 打开光标置于网页文档 0601.html 中。

(2) 在 Dreamweaver CC 主界面中，选择【插入】→【表单】→【表单】命令，如图 6-1 所示。

在网页 0601.html 中光标处插入 1 个表单域，切换到“代码”编辑区域，查看生成的 HTML 代码如下：

```
<form id="form1" name="form1" method="post"> </form>
```

1 个表单域插入网页中，在编辑窗口中显示为 1 个红色虚线框，其他的表单对象必须

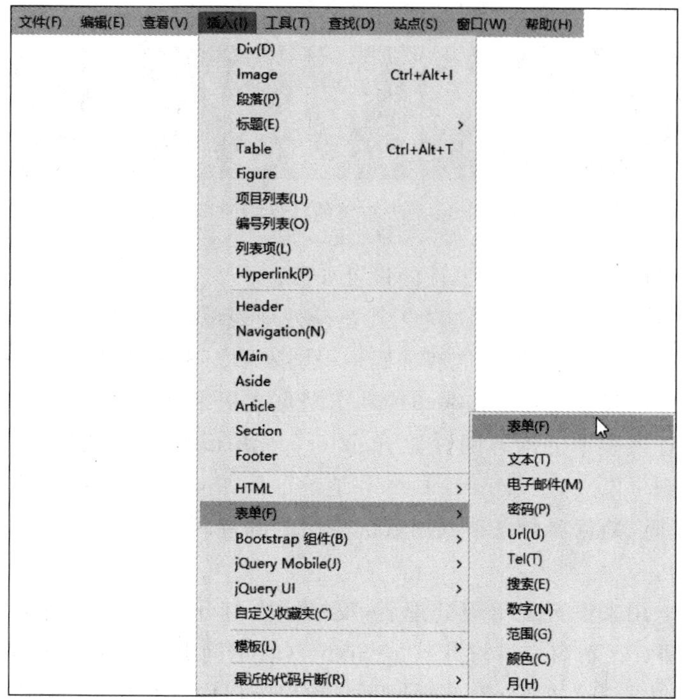

图 6-1　【表单】菜单

放入这个框内才能起作用。如果看不见插入页面中的标记表单域的红色虚线区域，则可以选择【查看】→【设计视图选项】→【可视化助理】→【不可见元素】命令，选中菜单项【不可见元素】，使红色虚线可见，如图 6-2 所示。

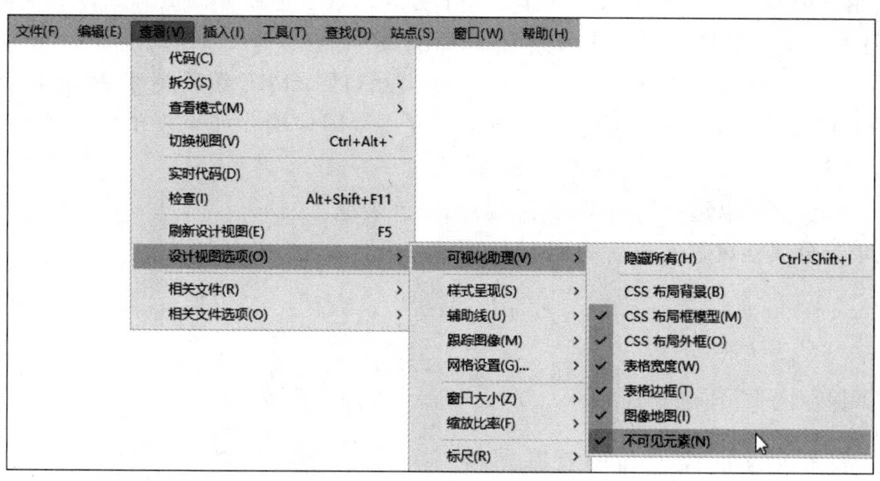

图 6-2　【可视化助理】菜单

将光标置于表单域中，即可看到表单域的【属性】面板，在表单域的【属性】面板中设置表单域的属性。在 ID 文本框中输入 form1，在 Method 列表框中选择 GET，在 Enctype 列表框中选择 application/x-www-form-urlencoded，在 Target 列表框中选择“_blank”，表单域的【属性】面板设置结果如图 6-3 所示。

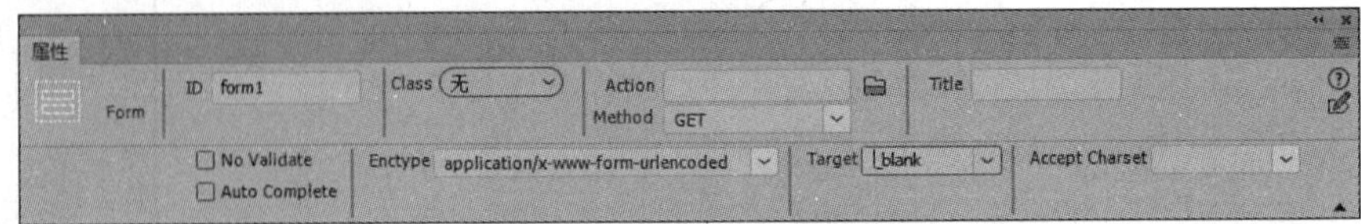

图 6-3　表单域的【属性】面板

表单域的【属性】面板上各项属性的设置如下。

(1) ID：用来设置表单的名称，为了能正确处理表单，要给表单设置 1 个便于识别的名称。以便服务器在处理数据时能够准确地识别表单。这里设置为 form1。

(2) Action：用来设置处理该表单的动态网页或用来处理表单数据的程序路径与名称，这里假设处理该表单的动态网页为 register_confirm.aspx。如果希望该表单通过 E-mail 方式发送，则可以输入“mailto：E-mail 地址”，例如 mailto：abc@163.com，当浏览者单击“提交”按钮时，浏览器会自动调用默认使用的邮件客户端程序将表单内容发送到指定的电子邮箱中。

(3) Target：用来设置表单被处理后，反馈网页打开的方式，它有多个选项，分别为“_blank”(表示网页在新窗口中打开)、“_parent”(表示网页在父窗口中打开)、“_self”(表示网页在原窗口中打开)、“_top”(表示网页在顶层窗口中打开)。默认的打开方式是在原窗口中打开，这里设置“目标”为“_blank”，有利于提高浏览速度。

(4) Method：用来设置表单数据发送到服务器的方式，有三个选项，即“默认”、GET 和 POST。如果选择“默认”或 GET，则将以 GET 方式发送表单数据，把表单数据附加到请求 URL 中发送；如果选择 POST，则将以 POST 方式发送表单数据，把表单数据嵌入 HTTP 请求中发送。一般情况下选择 POST 方式。这里选择 POST 方式。

(5) Enctype：用来设置发送数据的 MIME 编码类型，有 2 个选项，即 application/x-www-form-urlencoded 和 multipart/form-data，默认的 MIME 编码类型是 application/x-www-form-urlencoded，该类型通常与 POST 方式协同使用。如果表单中包含文件上传域，则应该选择 multipart/form-data 编码类型。

(6) Class：可以选择已定义的样式应用于该表单。

表单部分属性设置完成后的 HTML 代码如下：

```
<form method="get" enctype="application/x-www-form-urlencoded" name="form1"
target="_blank" id="form1"> </form>
```

(7) 保存网页，预览其效果。

5. 插入文本框控件与设置其属性

在表单的文本框中，可以输入文本、数字或字母。输入的内容可以单行显示，也可以多行显示，还可以将密码以星号形式显示。

1) 插入文本框控件

在网页的【设计】窗口将光标置于表单区域内，单击【插入】面板的【表单】工具栏中的

【文本】按钮，如图 6-4 所示。于是，在光标位置插入 1 个文本框，对应的 HTML 代码如下：

```
<label for="textfield">Text Field:</label>
<input type="text" name="textfield" id="textfield">
```

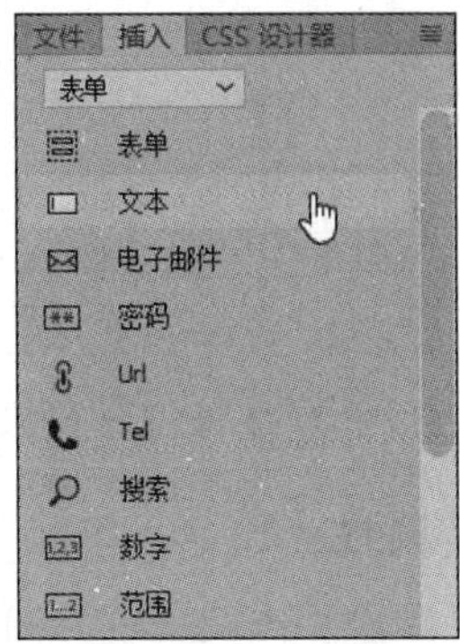

图 6-4 【插入】面板的【表单】工具栏按钮

这里不需要使用<label></label>控制，将对应的 HTML 代码删除即可。

2）设置文本框的属性

选中插入的文本框，在其【属性】面板中设置文本框的属性，在 Name 文本框中输入 key，在 Size 文本框中输入 28，设置文本框中能显示 14 个汉字（28 字节的长度）；在 MaxLength 文本框中输入 40，设置文本框最多能输入 20 个汉字（40 字节的长度）；在 Place Holder 文本框中输入“请输入目的地”。文本框的属性设置结果如图 6-5 所示。

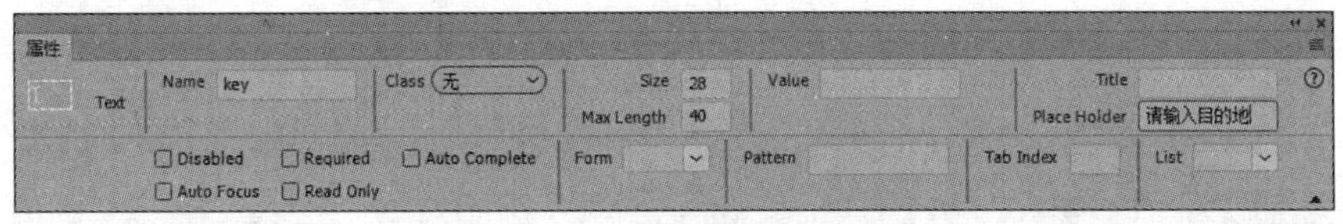

图 6-5 文本框的属性设置

文本框的部分属性设置完成后对应的 HTML 代码如下：

```
<input name="key" type="text" id="key" placeholder="请输入目的地" size="28"
maxlength="40">
```

（1）文本框标签。

```
<input name="name1" type="text" class="style3" id="name1" value="请输入您的姓名"
size="16" maxlength="20" style="font-size:14px; font-family:'楷体_GB2312';"
onMouseOver="this.focus()" onFocus="this.select()"/>
```

（2）单选按钮标签。

```
<input name="radio1" type="radio" class="style3" id="men" value="men"/>
```

(3) 复选框标签。

```
<input name="item01" type="checkbox" id="item01" value="checkbox01"/>
```

(4) 提交按钮标签。

```
<input name="submit1" type="submit" class="style2" id="submit1" value="提交"
onclick="checkInput()"/>
```

(5) 重置按钮标签。

```
<input type="reset" name="reset" id="button" value="重置"/>
```

3) 保存网页,预览其效果

保存网页后,用浏览器预览效果,检查是否符合要求。

6. 插入普通按钮与设置其属性

1) 插入普通按钮

将光标置于表单中已插入的文本框右侧,单击【插入】面板的【表单】工具栏中的【按钮】按钮,在光标处插入1个普通按钮,对应的HTML代码如下:

```
<input type="button" name="button" id="button" value="提交">
```

2) 设置按钮的属性

选中表单域中所插入的按钮,在Button的【属性】面板中设置其属性;在Name文本框中输入btnClose;在Value文本框中输入“搜索”,使按钮上显示的文字为“搜索”;在Title文本框中输入“请单击按钮”;在“类”列表框中选择buttonGray,属性设置结果如图6-6所示。

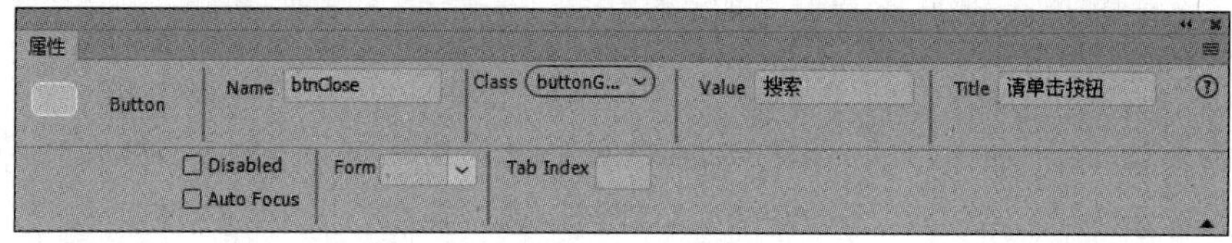

图6-6 【关闭】按钮的属性设置

按钮的部分属性设置完成后对应的HTML代码如下:

```
<input name="btnClose" type="button" class="buttonGray" id="btnClose"
    title="请单击按钮" value="搜索">
```

3) 保存网页,预览其效果

保存网页后,用浏览器预览效果,检查是否符合要求。

7. 定义CSS代码

网页通用的CSS定义代码如表6-4所示。

表 6-4　网页 0601. html 中通用的 CSS 代码定义

```css
input[type='text'] {
  border: 1px solid #CCC;
  cursor: text;
  line-height: 30px;
  height: 30px;
  padding: 0 2px;
  margin-right: 3px;
  border-radius: 3px;
  font-size: 14px;
  outline: none;
  background-image:
          url(../images/travel-ico.png);
  background-repeat: no-repeat;
  background-position: -32px -46px;
  padding-left: 30px;
}
input[type='text']:focus {
  box-shadow: 0 0 6px rgba(25,161,219, .4);
}
input[type='button'] {
  font-weight: bold;
  font-size: 12px;
  color: #666;
  white-space: nowrap;
  position: relative;
  border-radius: 3px;
  cursor: pointer;
  overflow: visible;
  height: 30px;
  line-height: 26px;
  padding: 2px 10px;
  margin-left: -6px;
  border: 1px solid #CCC;
}
input[type='button']:hover {
  transition: all 2s;
}
```

网页主体结构及表单的 CSS 定义代码如表 6-5 所示。

表 6-5　网页 0601.html 中主体结构及表单的 CSS 代码定义

CSS 代码

```
.nav-menu {
  position: absolute;
  top: 20px;
  right: 20px;
  width: auto;
  z-index: 2;
  text-align: right;
  height: 20px;
  line-height: 20px;
  font-size: 14px;
}

.w-search {
  white-space: nowrap;
}
.nav-menu form >i {
  margin-left: 0.5em;
}

buttonGray {
  background: linear-gradient(top, #FFF, #EEE);
  border: 1px solid #DDD;
  padding: 2px 5px;
  text-shadow: rgba(255, 255, 255, 0.7) 0 -1px 0;
  min-width: 40px;
}

buttonGray:hover {
  background: linear-gradient(top, #EEE, #FFF);
}
```

8. 保存与浏览网页

保存网页 0601.html,其浏览效果如图 6-7 所示。

然后按照任务描述的要求不断改变超链接的各个属性设置,重新浏览其效果。

图 6-7　网页 0601.html 的浏览效果

任务 6-2　创建用户注册的表单网页

【任务描述】

(1) 创建样式文件 base.css 和 main.css,在该样式文件中定义标签的属性、类选择符及其属性。

(2) 创建网页文档 0602. html,且链接外部样式文件 base. css 和 main. css。

(3) 在网页 0602. html 中添加必要的 HTML 标签和插入表单及表单控件。

(4) 浏览网页 0602. html 的效果,如图 6-8 所示,该网页包含表单以及多个表单控件,用于实现用户注册功能。

图 6-8　网页 0602. html 的浏览效果

【任务实施】

1. 创建所需的文件夹与复制所需的资源

在文件夹 Unit06 中创建子文件夹 0602,再在该子文件夹中创建 css、images 等子文件夹,且将所需的素材复制到对应的子文件夹中。

2. 定义 CSS 代码

在文件夹 CSS 中创建样式文件 base. css,在该样式文件中编写样式代码,如表 6-6 所示。

表 6-6　网页 0602. html 中主样式文件 base. css 的 CSS 代码

```
body,input {
  color: #666;
  font-size: 12px;
  letter-spacing: 0px;
  white-space: normal;
  font-family: Tahoma, "宋体";
```

续表

CSS代码

```
}

img,ol,ul,l,form,label,legend {
  margin: 0;
  padding: 0;
  border: none;
}

p,dl,dt,d,button,form {
  word-break: break-all;
  word-wrap: break-word;
}

ul,li,dl,dt,dd {
  list-style-type: none;
  list-style-position: outside;
  text-indent: 0;
}

a:link,a:visited {
  text-decoration: none;
  color: #666;
}

a:hover {
  color: #2b98db;
}
input[type='text'],input[type='password'] {
  border: 1px solid #CCC;
  cursor: text;
  line-height: 30px;
  height: 30px;
  padding: 0 2px;
  margin-right: 3px;
  border-radius: 3px;
  background-repeat: no-repeat;
  font-size: 14px;
}

input[type='text']:focus,input[type='password']:focus {
  box-shadow: 0 0 6px rgba(25,161,219, .4)
}
input[type='submit'] {
  background: linear-gradient(#fe9e5e, #ea7201);
  border: 1px solid #ea7201;
  color: #FFF;
```

续表

```css
  font-weight: bold;
  padding: 8px 15px;
  font-size: 16px;
  position: relative;
  border-radius: 3px;
  min-width: 100px;
  cursor: pointer;
  overflow: visible;
}
input[type='submit']:hover {
  background: linear-gradient(#ea7201, #fe9e5e);
  background: #fe9e5e\0;
  transition: all 2s;
}
```

在文件夹 CSS 中创建样式文件 main. css，在该样式文件中编写样式代码，网页 0602. html 主体布局结构的 CSS 代码如表 6-7 所示。

表 6-7　网页 0602. html 中主样式文件 main. css 的 CSS 代码

```css
.ec-s-reg {
    margin-left: 20px;
}

.ec-s-reg >h2 {
    padding: 10px 20px;
    font-size: 16px;
    font-family: "微软雅黑";
    padding-left: 300px;
}

.ec-s-reg >.w-m {
    box-shadow: 0 0 5px #EEE;
    border-radius: 3px;
    border: 1px solid #EEE;
    padding: 5px;
    width: 660px;
}

.ec-s-reg .form-m {
    padding-top: 10px;
    margin: auto;
}

.form-m li {
    padding-top: 5px;
    padding-bottom: 5px;
    margin: 0 auto;
    line-height: 40px;
    position: relative;
    color: #666;
    clear: both;
}
.form-m li .info {
    padding-left: 111px;
    position: relative;
}

.form-m li label {
    margin-right: 5px;
    font-size: 14px;
    display: inline-block;
    *display: inline;
    width: 100px;
    text-align: right;
    white-space: nowrap;
    color: #333;
}

.form-m li i.radiolabel label {
```

续表

```
    width: auto;
    font-weight: normal
}
.form-m li.info,.form-m li.btnSubmit {
    padding-left: 110px;
}
.form-m li.btnSubmit {
    padding: 5px 0 5px 107px;
    clear: both;
    text-align: left;
}
.inputMsg {
    color: #999;
}
```

3. 创建网页文档 0602.html 与链接外部样式表

在文件夹 0602 中创建网页文档 0602.html，切换到网页文档 0602.html 的【代码】视图，在标签“</head>”的前面输入链接外部样式表的代码如下：

```
<link type="text/css" rel="stylesheet" href="css/base.css"/>
<link type="text/css" rel="stylesheet" href="css/main.css"/>
```

4. 在网页 0602.html 中添加必要的 HTML 标签与输入文本内容

在网页文档 0602.html 中添加必要的 HTML 标签，主体布局的 HTML 代码如表 6-8 所示。

表 6-8 网页 0602.html 的主体布局的 HTML 代码

```
<section class="ec-s-reg">
  <h2>用户注册</h2>
  <div class="w-m">
    <ul>
        <li>                                    </li>
        <li class="userInfo">                   </li>
        <li>                                    </li>
        <li class="" id="mobileCode">           </li>
        <li>                                    </li>
        <li>                                    </li>
        <li class="btnSubmit">                  </li>
        <li class="btnSubmit">                  </li>
    </ul>
  </div>
</section>
```

在网页文档 0602.html 中插入表单及表单控件，添加必要的 HTML 标签，并设置表单和表单控件的属性，完整的 HTML 代码如表 6-9 所示。

表 6-9　网页 0602.html 完整的 HTML 代码

HTML 代码

```
<section class="ec-s-reg">
  <h2>用户注册</h2>
  <div class="w-m">
    <form id="regForm" name="regForm" onsubmit="return Validator.Validate
     (this,2)"
    action="" method="post" class="form-m">
     <ul>
       <li>
         <label> </label>
         <i class="radiolabel">
           <input type="radio" name="radioButton" id="regForm_radioButton0"
               checked="checked" value="0"/>
           <label for="regForm_radioButton0">手机号注册</label>
           <input type="radio" name="radioButton" id="regForm_radioButton1"
             value="1"/>
           <label for="regForm_radioButton1">邮箱注册</label>
         </i>
       </li>
       <li class="userInfo">
         <label id="userTitle">&#25163;&#26426;&#21495;&#65306;</label>
         <input type="text" name="custom.username" size="40" maxlength="50"
               value="" id="user" class="input"/>
         <i id="errorusername" class="inputMsg" msg="请使用手机号注册"></i>
       </li>
       <li>
           <label>验证码:</label>
           <input type="text" name="randomcode" size="17" maxlength="4"
             value=""
                id ="regForm_randomcode" class="input input_login input_
                  randomcode"
                msg="请正确输入验证码" max="4" dataType="Code" min="4"/>
           <span id="codeinfo"><img src="createimage"  " id="codeImg"
                title="验证码看不清楚？&#13;请单击更新为新的验证码！"
                style="cursor : pointer;"
             align="absmiddleonclick="$(this).attr('src','createimage;
               "alt=""/></span>
           <i id="errorrandomcode" class="inputMsg" msg=""></i>
       </li>
       <li class="" id="mobileCode">
         <label>激活码:</label>
         <input type="text" name="vertifycode" size="17" maxlength="4"
          value=""
               id="vertifycode" class="input input_login input_code"
               msg="请正确输入手机激活码" dataType="Code"/>
         <button type="button" class="buttonG min" id="codeB">免费获取手机
          激活码
```

续表

HTML 代码

```
                </button>
                    <i class="inputMsg" msg=""></i>
            </li>
            <li>
              <label>登录密码:</label>
              <input type="password" name="custom.password" size="40" maxlength=
               "15"
                     id="pwd" class="input" title="8~15位字符,可使用字母、数字或
                        符号的组合"
                     msg="请输入登录密码,8~15位字符" require="true" dataType=
                       "Require"/>
              <i class="inputMsg" msg="密码只能由8~15位非空白字符组成">
                  密码只能由8~15位非空白字符组成</i>
            </li>
            <li>
              <label>确认密码:</label>
              <input type="password" name="custom.password2" size="40"
                maxlength="15"
                     id="regForm_custom_password2" class="input" msg="请正确输
                        入确认密码"
                     dataType="Repeat" to="custom.password"/>
               <i class="inputMsg" msg=""></i>
            </li>
            <li class="btnSubmit">
              <input name="protocol" id="customProtocol" type="checkbox"
                checked="checked"
                     dataType="Group" min="1" max="2" msg="请确认您已阅读用户注册
                       协议">
              <i class="radiolabel">
              <label for="customProtocol">我已阅读阿坝旅游网<a href="" target=
               "_blank"
                     class="blue link_line">用户注册协议</a></label></i>
              <i class="inputMsg" msg=""></i>
            </li>
            <li class="btnSubmit">
                <i><input type="submit" title="注册"></i>
            </li>
          </ul>
        </form>
      </div>
    </section>
```

5. 保存与浏览网页

保存网页文档 0602. html,在浏览器 Google Chrome 中的浏览效果如图 6-8 所示。

【同步训练】

任务 6-3　创建用户登录的表单网页

(1) 创建样式文件 base. css 和 main. css,在该样式文件中定义标签的属性、类选择符及其属性。

(2) 创建网页文档 0603. html,且链接外部样式文件 base. css 和 main. css。

(3) 在网页 0603. html 中添加必要的 HTML 标签、插入表单及表单控件,并对表单与表单控件的属性进行设置。

(4) 浏览网页 0603. html 的效果,如图 6-9 所示,该表单网页用于实现用户登录的功能。

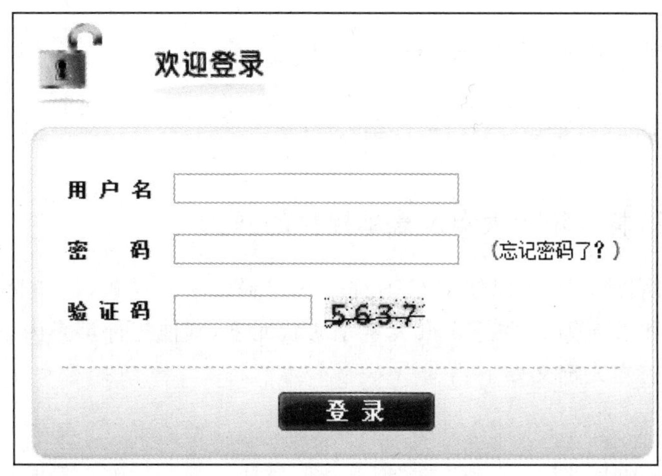

图 6-9　网页 0603. html 的浏览效果

提示:请扫描二维码浏览提示内容。

任务 6-4　创建用户留言反馈网页

创建如图 6-10 所示的用户留言反馈网页 0604.html。

图 6-10　用户留言反馈网页 0604.html 的浏览效果

提示：请扫描二维码浏览提示内容。

【技术进阶】

1. 使用 CSS 样式设置表单及表单控件的样式

表单本身的属性较少，可以使用 CSS 样式来控制表单的样式，例如设置表单的字体、背景、边界、边框和填充等属性。form 元素是块状元素，其他控件都是内联元素。

单行文本框的样式定义如下：

```
#username{
    font-size: 12px;
    line-height: 25px;
    color: #467fb6;
    width:150px;
    height: 20px;
    float: left;
    margin: 5px 10px;
    border: 1px solid #a2d4f2;
    background-image: url(../images/text_login_bg.gif);
    background-repeat: no-repeat;
    background-position: center center;
}
```

为表单控件的显示内容或提示信息设置合适的字体、大小、颜色等属性，使表单控件及内容更加美观，CSS 的字体属性可以被应用到所有的表单控件。

可以为表单设置合适的边框属性，结合边框的样式、宽度和颜色能够设计出特色鲜明的控件边框样式，也可以为表单控件的某条边框设置样式，实现单边框样式。

可以利用背景色和背景图像对表单控件进行美化，利用 background-color 属性设置背景颜色，利用 background-image 属性设置背景图像。为表单控件设置背景图像时，应避免图像平铺，可以设置 no-repeat 属性值，禁止图像平铺，也可以设置 fixed 属性值固定背景图像的位置。

提示：为表单控件定义样式时，应注意以下两点。

(1) 由于输入控件都使用 input 标签，因此要分别定义不同表单控件的样式时，需要使用 id 选择符或类选择符。要对多个按钮定义不同的样式时，也要使用 id 选择符或类选择符。

(2) 定义列表控件的样式时，针对 select 标签或 option 标签定义的效果是一样的，定义菜单控件的样式时，针对 option 标签定义的样式只应用于下拉选择项，针对 select 标签定义的样式应用于所选项。

2. 表单按钮与单行文本域的美化

表单按钮可以通过“定制图像按钮”的方式引入图片作为按钮，HTML 代码如表 6-10 所示。文字输入框（单行文本域）也可以通过一些设置进行美化，如图 6-11 所示，在输入框的左侧使用一个放大镜图标作为装饰，通过定义背景图像引入此图标，并且设置为不重复。设置文本缩进，避免输入文字重叠在图标上，CSS 代码如表 6-11 所示。

表 6-10　表单及控件的 HTML 代码

HTML 代码

```
<form action="" method="post" name="search" id="search">
  <input type="text" name="keyword" id="keyword"/>
  <input type="image" src="images/search_btn.jpg" name="search_btn" id=
   "search_btn"/>
</form>
```

图 6-11　表单按钮与输入框的美化

表 6-11　美化表单按钮与单行文本域的 CSS 代码

CSS 代码

```
#search #keyword {
  float:left;
  width:170px;
  height:18px;
  line-height:18px;
  color:#06f;
  border:1px solid #999;
```

续表

CSS代码

```
  background:#fff url(images/search_ico.jpg) no-repeat 0 0;
  text-indent:20px;
}
#search {
  width:226px;
  height:20px;
}

#search #search_btn {
  float:right;
  width:46px;
  height:20px;
}
```

【问题探究】

【问题 1】 怎样使用户直接在文本框中输入内容?

如果在表单文本框中加入了提示信息,浏览者要在该文本框中输入信息,往往要用鼠标选取文本框中的提示信息然后将其删除,再输入有用的信息。只需在<textarea>中输入代码"onMouseOver="this.focus()" onFocus="this.select()"",就可以不必删除提示信息而直接在文本框中输入有用的信息。

【问题 2】 将表单数据发送到服务器有哪两种方法?各有何特点?

将表单数据发送到服务器有两种方法:GET 方法和 POST 方法。

GET 方法将表单内的数据附加到 URL 后传送给服务器,服务器用读取环境变量的方法读取表单内的数据,一般浏览器默认的发送数据方式为 GET 方法。

POST 方法用标准输入方式将表单内的数据传送给服务器,服务器用读取标准输入的方式读取表单内的数据。

如果要使用 GET 方法发送长表单,URL 的长度应限制在 8192 个字符以内。如果发送的数据量太大,数据将被截断,从而导致意外或失败的处理结果。另外,在发送用户名和密码或其他机密信息时,不要使用 GET 方法,应使用 POST 方法。

【单元习题】

(一) 单项选择题

(二) 多项选择题

(三) 填空题

(四) 简答题

(五) 编程题

提示:请扫描二维码浏览习题内容。

单元 7　网页中音频与视频的应用设计

HTML5 可以使用<audio>标签在页面中播放音乐，使用<video>标签在网页中播放视频，相对 HTML4 使用<embed>和<object>标签在页面中播放音乐或视频要简单得多。

【知识必备】

1. HTML5 的多媒体元素标签

1）<audio>标签

<audio>标签用于定义音频内容，例如音乐或其他音频流。<audio>与</audio>之间插入的内容是供不支持 audio 元素的浏览器显示出不支持该标签的提示信息。示例代码如下：

```
<audio controls>
   <source src="horse.ogg" type="audio/ogg">
   <source src="horse.mp3" type="audio/mpeg">
  您的浏览器不支持 audio 标签
</audio>
```

当前，audio 元素主要支持三种音频格式，分别为 Ogg Vorbis、MP3 和 Wav。audio 元素允许多个 source 元素，source 元素可以链接不同的音频文件，浏览器将使用第一个可识别的格式进行播放。

2）<video>标签

<video>标签用于定义视频，例如电影片段或其他视频流。示例代码如下：

```
<video src="movie.ogg" controls="controls">您的浏览器不支持 video 标签</video>
```

<video>与</video>之间插入的内容是供不支持 video 元素的浏览器显示出不支持该标签的提示信息。

当前，video 元素支持以下三种视频格式。

Ogg：带有 Theora 视频编码和 Vorbis 音频编码的 Ogg 文件。

MPEG4：带有 H.264 视频编码和 AAC 音频编码的 MPEG4 文件。

WebM：带有VP8视频编码和Vorbis音频编码的WebM文件。

video元素允许多个source元素，source元素可以链接不同的视频文件。浏览器将使用第一个可识别的格式进行播放。

3）<source>标签

<source>标签用于为多媒体元素（例如<video>和<audio>）定义媒介资源。<source>标签允许指定可替换的视频/音频文件，供浏览器根据它对媒体类型或者编解码器的支持进行选择。

4）<embed>标签

<embed>标签用于定义嵌入的内容（包括各种媒体），格式可以是midi、wav、AIFF、AU、MP3、flash等。例如，<embed src="flash.swf"/>。示例代码如下：

```
<embed src="01.swf" />
```

5）<track>标签

<track>标签为诸如<video>和<audio>元素之类的媒介规定外部文本轨道。

2. CSS媒介类型

媒介类型（Media Types）允许定义以何种媒介来提交文档。文档可以被显示在诸如显示器、纸媒介或者听觉浏览器中。某些CSS属性仅仅被设计为针对某些媒介，例如voice-family属性被设计为针对听觉用户终端。其他的属性可被用于不同的媒介，例如font-size属性可被用于显示器以及印刷媒介，但是也许会带有不同的值。显示器上面的显示的文档通常会需要比纸媒介文档更大的字号，同时，在显示器上sans-serif字体更易阅读；而在纸媒介上，serif字体更易阅读。

3. @media规则

@media规则用于实现在相同的样式表中使用不同的样式规则来针对不同的媒介。

下面这个示例代码中的样式告知浏览器在显示器上显示14像素的Verdana字体。但是假如页面需要被打印，将使用10个像素的Times字体。注意font-weight被设置为粗体，不论显示器还是纸媒介。

```
<html>
    <head>
    <style>
        @media screen
        {
            p.test {font-family:verdana,sans-serif; font-size:14px}
        }
        @media print
        {
            p.test {font-family:times,serif; font-size:10px}
        }
```

```
        @media screen,print
        {
            p.test {font-weight:bold}
        }
    </style>
    </head>
    <body>...</body>
</html>
```

注意：媒介类型名称对大小写不敏感。

【引导训练】

任务 7-1　设计基于 HTML5 的网页音乐播放器之一

【任务描述】

创建网页 0701.html，在该网页中插入 HTML5 Audio 元素，该元素用于播放音频，浏览网页时 Audio 元素的界面效果如图 7-1 所示。

图 7-1　网页音乐播放器 0701.html 的界面效果

【任务实施】

1. 创建所需的文件夹

在文件夹"HTML5+CSS3 网页设计实例"中创建子文件夹 Unit07，然后在该文件夹中创建子文件夹 0701。

2. 启动 Dreamweaver CC

使用 Windows 的【开始】菜单或桌面的快捷方式启动 Dreamweaver CC。

3. 创建本地站点和网页

创建 1 个名称为"单元 7"的本地站点，站点文件夹为 Unit07。在该站点的文件夹 0701 中创建网页 0701.html。

4. 在网页中插入 HTML5 Audio 元素

在网页的【设计】窗口，单击【插入】面板的 HTML 工具栏中的 HTML5 Audio 按钮，如图 7-2 所示。于是，在光标位置插入 1 个 HTML5 Audio 元素，对应的 HTML 代码如下：

```
<audio controls></audio>
```

图 7-2　在 HTML 工具栏中选择 HTML5 Audio

5. 设置 HTML5 Audio 元素的属性

在网页中选中 Audio 元素，在【属性】面板中设置“源”为 music/song. mp3，选择复选框 Controls。Audio 元素的属性设置完成后，【属性】面板如图 7-3 所示。

图 7-3　在【属性】面板中设置 Audio 元素的属性

对应的代码如下：

```
<audio controls >
  <source src="music/song.mp3" type="audio/mp3">
</audio>
```

6. 保存与浏览网页

保存网页 0701. html，在 Google Chrome 中浏览该网页，Audio 元素的界面效果如图 7-1 所示。

在图 7-1 所示的音乐播放器中单击【播放】按钮，即可开始播放音乐，如图 7-4 所示。通过调整音量条还可

图 7-4　播放音乐

以调节音量大小。

任务 7-2 设计基于 HTML5 的网页视频播放器之一

【任务描述】

创建网页 0702.html，在该网页中插入 HTML5 Video 元素，该元素用于播放视频，浏览网页时 Video 元素的界面效果如图 7-5 所示。

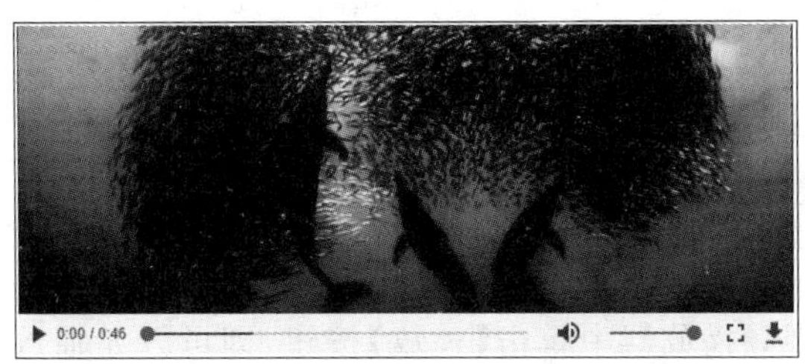

图 7-5 Video 元素的界面效果

【任务实施】

1. 创建所需的文件夹和网页

在文件夹 Unit07 中创建子文件夹 0702，在文件夹 0702 中创建网页 0702.html。

2. 在网页中插入 HTML5 Video 元素

在网页的【设计】窗口，单击【插入】面板的 HTML 工具栏中的 HTML5 Video 按钮，如图 7-6 所示。于是，在光标位置插入 1 个 HTML5 Video 元素，对应的 HTML 代码如下：

```
<video controls></video>
```

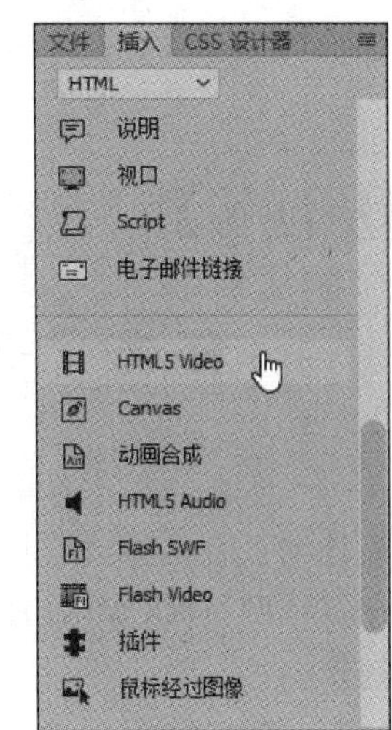

图 7-6 在 HTML 工具栏中选择 HTML5 Video

3. 设置 HTML5 Video 元素的属性

在网页中选中 Video 元素，在【属性】面板中设置 W 为 640 像素，H 为 264 像素，设置“源”为 video/oceans-clip.mp4，Poster 为 images/oceans-clip.png，选择复选框 Controls。Video 元素的属性设置完成后，【属性】面板如图 7-7 所示。

图 7-7　在【属性】面板中设置 Video 元素的属性

对应的代码如下：

```
<video width="640" height="264" poster="images/oceans-clip.png" controls >
  <source src="video/oceans-clip.mp4" type="video/mp4">
  <source src="video/oceans-clip.webm" type="video/webm">
  <source src="video/oceans-clip.ogv" type="video/ogg">
</video>
```

4. 保存与浏览网页

保存网页 0702.html，在 Google Chrome 中浏览该网页，Video 元素的界面效果如图 7-5 所示。

在图 7-5 所示的视频播放器中单击【播放】按钮，即可开始播放视频，如图 7-8 所示。通过调整音量条还可以调节音量的大小。

图 7-8　在网页 0702.html 中播放视频

【同步训练】

任务 7-3　设计基于 HTML5 的网页音乐播放器之二

设计网页音乐播放器 0703.html，其界面效果如图 7-9 所示。

浏览该网页时，音乐播放器能自动进行播放。

提示：

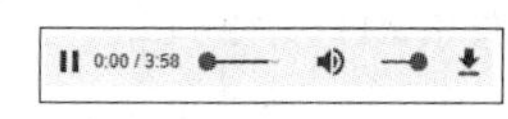

图 7-9　网页音乐播放器 0703.html 的界面效果

(1) 在网页中插入 HTML5 Audio 元素并设置其属性。

在网页 0703.html 中插入 HTML5 Audio 元素并设置其属性，对应的代码如下：

```
<audio id="theaudio" src="media/北京北京.mp3" controls></audio>
```

(2) 编写 JavaScript 代码实现网页音乐播放器自动播放效果。

网页音乐播放器 0703. html 中实现所需功能的 JavaScript 代码如表 7-1 所示。

表 7-1　实现网页音乐播放器自动播放效果的 HTML 代码及相关的 JavaScript 代码

HTML 代码

```
<script type="text/javascript">
    window.addEventListener('load', eventWindowLoaded, false);
    function eventWindowLoaded() {
        var audioElement =document.getElementById("theaudio");
        audioElement.play();
    }
</script>
```

保存该网页,打开浏览器 Google Chrome,即可开始自动播放音乐。

任务 7-4　设计基于 HTML5 的网页视频播放器之二

设计网页视频播放器 0704. html,其界面效果如图 7-10 所示。

图 7-10　网页视频播放器 0704. html 的界面效果

提示: 网页视频播放器 0704. html 的 HTML 代码如表 7-2 所示。

表 7-2　网页视频播放器 0704. html 的 HTML 代码

HTML 代码

```
<section id="player">
    <video width="720" height="400" id="media" controls autoplay>
      <source src="video/trailer.mp4" type="video/mp4">
      <source src="video/trailer.ogg" type="video/ogg">
    </video>
</section>
```

保存网页 0704. html，在浏览器 Google Chrome 中浏览该网页，其效果如图 7-10 所示。

【技术进阶】

1. 探析基于 HTML5 的网页音乐播放器

创建网页音乐播放器 0705. html，该网页音乐播放器的主体结构为上、中、下结构，顶部分布了多个播放按钮，中部为音乐列表，底部为播放模式切换按钮。

网页音乐播放器 0705. html 的浏览效果如图 7-11 所示。

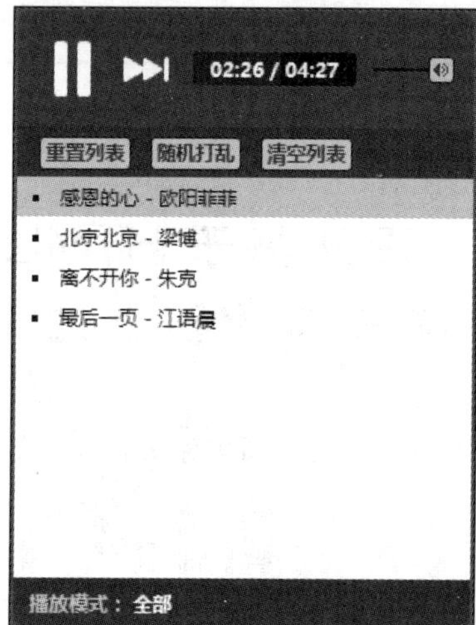

图 7-11　网页音乐播放器 0705. html 的浏览效果

2. 探析基于 HTML5 的网页视频播放器

创建网页视频播放器 0706. html，其界面效果如图 7-12 所示。

图 7-12　网页视频播放器 0706. html 的界面效果

【问题探究】

【问题 1】　HTML5 的音频/视频标签有哪些？

HTML5 的音频/视频标签如表 7-3 所示。

表 7-3　HTML5 的音频/视频标签

标签名称	标签描述	标签名称	标签描述
<audio>	定义声音内容	<track>	定义用在媒体播放器中的文本轨道
<source>	定义媒介源	<video>	定义视频
<object>	定义嵌入的对象	<param>	定义对象的参数
<embed>	为外部应用程序(非 HTML)定义容器		

【问题 2】　HTML5 的 Audio/Video 属性有哪些？

提示：本问题相关内容请扫描二维码查看。

【问题 3】　HTML5 的 Audio/Video 方法有哪些？

HTML5 的 Audio/Video 方法如表 7-4 所示。

表 7-4　HTML5 的 Audio/Video 方法

方法名称	方法描述	方法名称	方法描述
load()	重新加载音频/视频元素	play()	开始播放音频/视频
addTextTrack()	向音频/视频添加新的文本轨道	pause()	暂停当前播放的音频/视频
canPlayType()	检查浏览器是否能播放指定的音频/视频类型		

【问题 4】　HTML5 的 Audio/Video 事件有哪些？

提示：本问题相关内容请扫描二维码查看。

【问题 5】　HTML5 的<source>标签的属性有哪些？

HTML5 的<source>标签的属性如表 7-5 所示。

表 7-5　HTML5 的<source>标签的属性

属性名称	取　　值	属性描述
media	media query	规定媒体资源的类型
src	url	规定媒体文件的 URL
type	numeric value	规定媒体资源的 MIME 类型

【问题 6】　HTML5 的<embed>标签属性有哪些？

HTML5 的<embed>标签属性如表 7-6 所示。

表 7-6 HTML5 的<embed>标签属性

属性名称	取值	属 性 描 述	属性名称	取值	属 性 描 述
src	url	嵌入内容的 URL	type	type	定义嵌入内容的类型
height	像素	设置嵌入内容的高度	width	像素	设置嵌入内容的宽度

【单元习题】

(一) 选择题

(二) 填空题

(三) 简答题

提示：请扫描二维码浏览习题内容。

单元 8　网页中图形绘制与操作的应用设计

HTML5 增加了对图像以及动画的支持，在 HTML5 中实现绘图操作，主要依赖于<canvas>元素以及<canvas>元素相关的 API，基于 Canvas、SVG、WebGL 及 CSS3 的 3D 功能，用户会惊叹在浏览器中所呈现的惊人视觉效果。同时 HTML5 的<canvas>元素提供了一个非常强大的、移动友好的方式去开发有趣互动的游戏。

【知识必备】

1. HTML5 的<canvas >标签

<canvas>标签用于在网页上绘制图形。<canvas>标签只是定义图形容器（画布），必须使用 JavaScript 在网页上绘制图像。画布是一个矩形区域，可以控制其每一个像素。canvas 拥有多种绘制路径、矩形、圆形、字符以及添加图像的方法。

通过 canvas 元素来显示一个红色的矩形的代码如下：

```
<canvas id="cvs" width="400" height="300"></canvas>
<script type="text/JavaScript">
    var myCanvas =document.getElementById("cvs");
    var context=canvas.getContext("2d");
    context.fillStyle="#FF0000";
    context.fillRect(0,0,80,100);
</script>
```

2. HTML5 的画布与画笔

1）画布

Canvas 意为画布，而 HTML5 中的 Canvas 也跟现实生活中的画布非常相似，所以，把它看成一块实实在在的画布可以方便理解。

用 Canvas 作画，需要有一块“画布”，即创建一个 Canvas 即可。

创建 Canvas 元素的方法很简单，只需要在 HTML5 页面中添加<canvas>元素，示例代码如下：

```
<canvas id="cvs" width="400" height="300">您的浏览器不支持 canvas</canvas>
```

为了能在JavaScript代码中引用元素，最好给元素设置id，也需要给Canvas设定高度和宽度。其中，标签里面的文字只能在不支持Canvas的浏览器中才可以看到，在支持Canvas的浏览器中则看不到。

注意：这个画布的特性有必要说一下，它和img一样，有两个原生的属性，即width和height，单位为像素。同时，因为它是一个HTML元素，所以也可以使用CSS来定义width和height，但是，其自身的宽、高和通过CSS定义的宽、高是不一样的。Canvas自身的宽、高就是画布本身的属性，而CSS定义的宽高则可以看作是缩放，如果缩放得太随意，那么画布上的图形可能变得自己都认不出来。除非特殊情况，一般不要用CSS来定义Canvas的宽度和高度。

由于Canvas元素本身是没有绘图能力的，其本身只是为JavaScript提供了一个绘制图像的区域，要在画布中绘制图形需要使用JavaScript代码。JavaScript使用id来寻找Canvas元素，首先通过getElementById函数找到Canvas元素，然后初始化上下文。之后可以使用上下文API绘制各种图形。

画布有了，现在我们把它拿出来，获取网页中画布对象的代码如下：

```
var myCanvas=document.getElementById("cvs'");
```

可见跟获取其他元素的办法一模一样。

Canvas有一个和现实的画布不一样的特点就是它默认是透明的，没有背景色。

2）画笔

创建好了画布后，让我们来准备画笔，创建context对象。使用getContext()方法从画布中得到二维绘制对象的代码如下：

```
var context =myCanvas.getContext("2d");
```

getContext("2d")对象是HTML5的内建对象，拥有多种绘制路径、矩形、圆形、字符以及添加图像的方法，在JavaScript中通过操作它即可在Canvas画布中绘制所需的图形。

大多数Canvas绘图API都没有定义在<canvas>元素上，而是定义在通过画布的getContext()方法获得的一个“绘图环境”对象上。<canvas>元素本身并没有绘制能力（它仅仅是图形的容器），必须使用脚本来完成实际的绘图任务。getContext()方法可以返回一个对象，该对象提供了用于在画布上绘图的方法和属性。

下面的两行代码可以绘制一个红色的矩形。

```
context.fillStyle="#FF0000";
context.fillRect(0,0,80,100);
```

fillStyle方法将其染成红色，fillRect方法规定了形状、位置和尺寸。

3. HTML5的坐标与路径

1）坐标

在一个平面上确定一个点需要两个值：x坐标和y坐标。Canvas的原点位于左上角。上面的 fillRect(0,0,80,100)方法是在画布上绘制 80×100 的矩形,从左上角(0,0)开始。

如图 8-1 所示,画布的 x 和 y 坐标用于在画布上对绘画进行定位。

2) 路径

图 8-1 HTML5 图形绘制的坐标与原点

在 Canvas 中所有基本图形都是以路径为基础的,通常使用 Context 对象的 moveTo()、lineTo()、rect()、arc()等方法先在画布中描出图形的路径点,然后使用 fill()或者 stroke()方法依照路径点来填充图形或者绘制线条。也就是说,我们在调用 Context 的 lineTo()、strokeRect()等方法时,其实就是往已经构建的 context 路径集合中再添加一些路径点,在最后使用 fill()或 stroke()方法进行绘制时,都是依据这些路径点来进行填充或画线。

在每次开始绘制路径前,都应该使用 context. beginPath()方法来告诉 Context 对象开始绘制一个新的路径,其作用是清除之前的路径并提醒 Context 开始绘制一条新的路径,否则当调用 stroke()方法的时候会绘制之前所有的路径,影响绘制效果,同时也因为重复多次操作而影响网页性能。在绘制完成后,调用 Context 对象的 closePath()方法显式地关闭当前的路径,不过不会清除路径。另外,如果在填充时路径没有关闭,那么 Context 会自动调用 closePath()方法将路径关闭。

(1) 路径的开始与关闭。

beginPath():开始绘制一个新路径。

closePath():通过绘制一条当前点到路径起点的线段来闭合形状。

这两个方法分别用来通知 Context 开始一个新的路径和关闭当前的路径。在 Canvas 中使用路径时,应该保持一个良好的习惯,每次开始绘制路径前都要调用一次 beginPath()方法,因为如果 Context 中的路径数很多时,在开始绘制新路径前不使用 beginPath,则每次绘制都要将之前的路径重新绘制一遍,这时性能会大幅度下降。因此,除非有特殊需要,每次开始绘制路径前都要调用 beginPath 来开始新路径。

(2) 移动路径与直线及矩形路径的绘制。

① void moveTo(in float x, in float y)。

moveTo()方法用于显式地指定路径的起点。默认状态下,第一条路径的起点是画布的(0, 0)点,之后的起点是上一条路径的终点。两个参数分别表示起点的 x、y 坐标值。

在 Canvas 中绘制路径,一般是不需要指定起点的,只需要使用 moveTo()方法来指定要移动到的位置。

② void lineTo(in float x, in float y)。

lineTo()方法用于描绘一条从起点到指定位置的直线路径,描绘完成后绘制的起点会移动到直线的终点。参数表示指定位置的 x、y 坐标值。

③ void rect(in float x, in float y, in float w, in float h)。

rect()方法用于描绘一个已知左上角顶点位置以及宽和高的矩形路径,描绘完成后 Context 的绘制起点会移动到该矩形的左上角顶点。参数表示矩形左上角顶点的 x、y 坐标以及矩形的宽和高。

rect()方法与后面要介绍的 arc()方法与其他路径方法有一点不同,它们是使用参数指定起点的,而不是使用 Context 维护起点。

(3) 曲线路径。

① void arcTo(in float x1, in float y1, in float x2, in float y2, in float radius)。

arcTo()方法用于绘制一个与两条线段相切的圆弧路径,两条线段分别以当前的 Context 绘制起点和(x2, y2)点为起点,都以(x1, y1)点为终点,圆弧的半径为 radius。绘制完成后,绘制起点会移动到以(x2, y2)为起点的线段与圆弧的切点。

② void arc(in float x, in float y, in float radius, in float startAngle, in float endAngle, in boolean anticlockwise)。

arc()方法用于绘制一个以(x,y)点为圆心、radius 为半径、startAngle 为起始弧度、endAngle 为终止弧度的圆弧路径。参数中的两个弧度以 0 表示 0°,位置在 3 点钟方向; Math. PI 值表示 180°,位置在 9 点钟方向。

arc()方法各个参数及其含义如表 8-1 所示。arc()方法用来绘制一段圆弧路径,通过圆心位置、起始弧度、终止弧度来指定圆弧的位置和大小,这个方法也不依赖于 Context 维护的绘制起点。

表 8-1　arc()方法各个参数及其含义

参数名称	参数描述
x	圆中心的 x 坐标值
y	圆中心的 y 坐标值
radius	圆的半径
startAngle	起始角,以弧度计
endAngle	结束角,以弧度计
anticlockwise	可选项。false 表示顺时针方向,true 表示逆时针方向

arc()方法的开始角、结束角以及角度大小表示如图 8-2 所示。

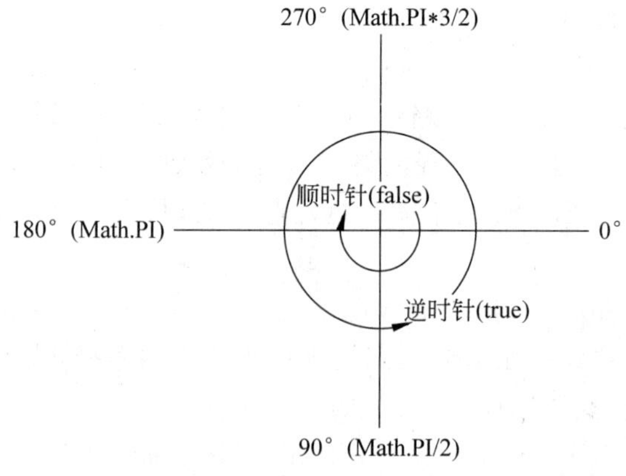

图 8-2　arc()方法的开始角、结束角以及角度大小表示示意图

③ void quadraticCurveTo(in float cpx, in float cpy, in float x, in float y)。

quadraticCurveTo()方法用来绘制二次样条曲线路径,参数中 cpx 与 cpy 指定控制点的位置,x 和 y 指定终点的位置,起点则是由 Context 维护的绘制起点。

④ void bezierCurveTo(in float cp1x, in float cp1y, in float cp2x, in float cp2y, in float x, in float y)

bezierCurveTo()方法用来绘制贝塞尔曲线路径。它与 quadraticCurveTo()相似,不过贝塞尔曲线有两个控制点,因此参数中的 cp1x、cp1y、cp2x、cp2y 用来指定两个控制点的位置,而 x 和 y 指定终点的位置。

(4) fill()、stroke()、clip()方法。

路径绘制完成后,需要调用 Context 对象的 fill()和 stroke()方法来填充路径和绘制路径线条,或者调用 clip()方法来剪辑 Canvas 区域。

fill()方法用于使用当前的填充风格来填充路径的区域,stroke()方法用于按照已有的路径绘制线条。clip()方法用于按照已有的路线在画布 Canvas 中设置剪辑区域。调用 clip()方法之后,图形绘制代码只对剪辑区域有效而不再影响区域外的画布。这个方法在要进行局部更新时很有用。默认情况下,剪辑区域是一个左上角在(0, 0),宽和高分别等于 Canvas 元素的宽和高的矩形,即得到的剪辑区域为整个 Canvas 区域。

(5) clearRect()、fillRect()、strokeRect()方法。

这三个方法并不是路径方法,而是用来直接处理 Canvas 上的内容,相当于 Canvas 的背景,调用这三个方法也不会影响 Context 绘图的起点。

要清除 Canvas 上的所有内容时,可以调用 context. clearRect(0,0,width,height)来直接清除,而不需要使用路径方法绘制一个与 Canvas 同等大小的矩形路径,再使用 fill 方法去清除。

4. 图形绘制的风格设置属性

Context 对象还提供了相应的属性来调整线条及填充风格,如表 8-2 所示。

表 8-2 图形绘制的风格设置属性及含义

属性名称	使用说明
strokeStyle	用于设置线条的颜色,默认为#000000。其值可以设置为 CSS 颜色值、渐变对象或者模式对象
fillStyle	用于设置填充的颜色,默认为#000000。与 strokeStyle 一样,值也可以设置为 CSS 颜色值、渐变对象或者模式对象
lineWidth	用于设置线条的宽度,单位是像素(px),默认为 1.0
lineCap	用于设置线条的端点样式,有 butt(无)、round(圆头)、square(方头)三种类型可供选择,默认为 butt
lineJoin	用于设置线条的转折处样式,有 round(圆角)、bevel(平角)、miter(尖角)三种类型可供选择,默认为 miter
miterLimit	用于设置线条尖角折角的锐利程序,默认为 10

5. 绘制矩形

Context 对象拥有 3 个方法可以直接在画布上绘制图形而不需要路径，可以将其视为直接在画布背景中绘制。这 3 个方法的原型如下。

1) void fillRect(left, top, width, height)

用于使用当前的 fillStyle(默认为 #000000，即黑色)样式填充一个左上角顶点在(left, top)处、宽为 width、高为 height 的矩形。

2) void strokeRect(left, top, width, height)

用于使用当前的线条风格绘制一个左上角顶点在(left, top)处、宽为 width、高为 height 的矩形边框。

3) void clearRect(left, top, width, height)

用于清除左上角顶点在(left, top)处、宽为 width、高为 height 的矩形区域内的所有内容。

通过 fillStyle 和 strokeStyle 属性可以轻松地设置矩形的填充和线条，通过 fillRect() 方法可以绘制带填充的矩形，使用 strokeRect()方法可以绘制只有边框没有填充的矩形。如果想清除部分 Canvas，可以使用 clearRect()方法。上述三个方法的参数相同，即 x、y、width、height。前两个参数设定(x, y)坐标，后两个参数设置矩形的高度和宽度。可以使用 lineWidth 属性改变线条的粗细。

绘制矩形的示例代码如下：

```
context.fillStyle = '#00f';                    // blue
context.strokeStyle = '#f00';                  // red
context.lineWidth = 4;
context.fillRect(0, 0, 150, 50);
context.strokeRect(0, 60, 150, 50);
context.clearRect(30, 25, 90, 60);
context.strokeRect(30, 25, 90, 60);
```

6. 绘制任意形状

在简单的矩形不能满足需求的情况下，绘图环境提供了通过 Canvas 路径(path)绘制复杂的形状或路径的方法。可以先绘制轮廓，然后绘制边框和填充。使用 beginPath()方法开始绘制路径，然后使用 moveTo()、lineTo()、arc()方法创建线段。绘制完毕使用 stroke()方法或 fill()方法即可添加填充或者设置边框。使用 fill()方法会自动闭合所有未闭合路径。使用 closePath()方法结束绘制并闭合形状(可选)。

绘制三角形的示例代码如下：

```
context.fillStyle='#00f';
context.strokeStyle='#f00';
context.lineWidth=4;
context.beginPath();
```

```
context.moveTo(10, 10);
context.lineTo(100, 10);
context.lineTo(10, 100);
context.lineTo(10, 10);
context.fill();
context.stroke();
context.closePath();
```

7. 绘制文字

在绘图环境中提供了两种方法在 Canvas 中绘制文字。

(1) strokeText(text,x,y,[maxWidth])

在(x,y)处绘制只有 strokeStyle 边框的空心文本。

(2) fillText(text,x,y,[maxWidth])

在(x,y)处绘制带 fillStyle 填充的实心文本。

两者的参数相同：要绘制的文字和文字的位置为(x,y)坐标。还有一个可选选项——最大宽度。如果需要，浏览器会缩减文字以让它适应指定宽度。文字对齐属性影响文字与设置的(x,y)坐标的相对位置。

可以通过改变 context 对象的 font 属性来调整文字的字体以及大小，默认为“10px sans-serif”。

Context 对象可以设置以下 text 属性。

(1) font：文字字体。

(2) textAlign：文字的水平对齐方式，可取属性值为 start、end、left、right 和 center。默认值为 start。

(3) textBaseline：文字的竖直对齐方式，可取属性值为 top、hanging、middle、alphabetic、ideographic、bottom。默认值为 alphabetic。

在 Canvas 中绘制 hello world 文字的示例代码如下：

```
context.fillStyle='#00f';
context.font ='italic 30px sans-serif';
context.textBaseline ='top';
context.fillText('Hello world!', 0, 0);
context.font='bold 30px sans-serif';
context.strokeText('Hello world!', 0, 50);
```

8. 设置阴影效果

Shadows API 的属性如下。

(1) shadowColor：用于设置阴影颜色，其值和 CSS 颜色值一致。

(2) shadowBlur：用于设置阴影的模糊程度，此值越大，阴影越模糊。其效果和 Photoshop 的高斯模糊滤镜相同。

(3) shadowOffsetX 和 shadowOffsetY：用于设置阴影的 x 和 y 偏移量，单位是像素。

设置 Canvas 阴影效果的示例代码如下：

```
context.shadowOffsetX =5;
context.shadowOffsetY =5;
context.shadowBlur =4;
context.shadowColor='rgba(255, 0, 0, 0.5)';
context.fillStyle ='#00f';
context.fillRect(20, 20, 150, 100);
```

9. 设置颜色渐变

除了 CSS 颜色，fillStyle 和 strokeStyle 属性可以设置为 CanvasGradient 对象，通过 CanvasGradient 可以为线条和填充使用颜色渐变。若创建 CanvasGradient 对象，可以使用 createLinearGradient()和 createRadialGradient()两个方法。前者创建线性颜色渐变，后者创建圆形颜色渐变。创建颜色渐变对象后，可以使用对象的 addColorStop()方法添加颜色中间值。

使用指定的颜色来绘制渐变背景的示例代码如下：

```
<script type="text/JavaScript">
  var c=document.getElementById("myCanvas");
  var context=c.getContext("2d");
  var grd=context.createLinearGradient(0,0,175,50);
  grd.addColorStop(0,"#FF0000");
  grd.addColorStop(1,"#00FF00");
  context.fillStyle=grd;
  context.fillRect(0,0,175,50);
</script>
```

10. 绘制图片

Context 对象中拥有 drawImage()方法，可以将外部图片绘制到 Canvas 中。drawImage()方法的 3 种原型如下：

(1) drawImage(image,dx,dy)；

(2) drawImage(image,dx,dy,dw,dh)；

(3) drawImage(image,sx,sy,sw,sh,dx,dy,dw,dh)；

其中，image 参数可以是 HTMLImageElement、HTMLCanvasElement 或者 HTMLVideoElement。第 3 种原型中的 sx、sy 在前两个中均为 0，sw、sh 均为 image 本身的宽和高；第 2 种和第 3 种原型中的 dw、dh 在第 1 个中也均为 image 本身的宽和高。

11. SVG

HTML5 支持内联 SVG。SVG 指可伸缩矢量图形(Scalable Vector Graphics),它是万维网联盟的标准,用于定义用于网络的基于矢量的图形,并使用 XML 格式定义图形。在放大或改变尺寸的情况下,SVG 图形质量不会有损失。

1) 使用 SVG 图像的优势

与其他图像格式相比(例如 JPEG 和 GIF),使用 SVG 的优势在于:

(1) SVG 图像可通过文本编辑器来创建和修改。

(2) SVG 图像可被搜索、索引、脚本化或压缩。

(3) SVG 图像是可伸缩的。

(4) SVG 图像可在任何的分辨率下被高质量地打印。

(5) SVG 可在图像质量不下降的情况下被放大。

在 HTML5 中,可以将 SVG 元素直接嵌入 HTML 页面中,示例代码如下:

```
<!DOCTYPE html>
<html>
  <body>
    <svg xmlns="http://www.w3.org/2000/svg" version="1.1" height="190">
      <polygon points="100,10 40,180 190,60 10,60 160,180"
      style="fill:lime;stroke:purple;stroke-width:5;fill-rule:evenodd;" />
    </svg>
  </body>
</html>
```

2) <canvas>标签和 SVG 以及 VML 之间的差异

Canvas 和 SVG 都允许在浏览器中创建图形,但是它们在根本上是不同的。SVG 是一种使用 XML 描述 2D 图形的语言,SVG 基于 XML,这意味着 SVG DOM 中的每个元素都是可用的,可以为某个元素附加 JavaScript 事件处理器。在 SVG 中,每个被绘制的图形均被视为对象。如果 SVG 对象的属性发生变化,那么浏览器能够自动重现图形。

Canvas 通过 JavaScript 来绘制 2D 图形,Canvas 是逐像素进行渲染的。在 Canvas 中一旦图形被绘制完成,它就不会继续得到浏览器的关注。如果其位置发生变化,那么整个场景也需要重新绘制,包括任何可能已被图形覆盖的对象。

<canvas>标签和 SVG 以及 VML 之间的一个重要区别是:<canvas>有一个基于 JavaScript 的绘图 API,而 SVG 和 VML 使用一个 XML 文档来描述绘图。这两种方式在功能上是等同的,任何一种都可以用另一种来模拟。从表面上看它们很不相同,可是,每一种都有强项和弱点。例如,SVG 绘图很容易编辑,只要从其描述中移除元素就行。要从同一个图形的一个<canvas>标记中移除元素,往往需要擦掉图并重新绘制它。

【引导训练】

任务 8-1　网页中应用纯 CSS 绘制各种规则图形

【任务描述】

创建网页 0801. html，在该网页中定义 CSS 代码、编写 HTML 代码来绘制各种规则图形，该网页的浏览效果如图 8-3 所示。

图 8-3　网页 0801. html 中各种纯 CSS 绘制的规则图形

【任务实施】

1. 创建所需的文件夹

在文件夹“HTML5＋CSS3 网页设计实例”中创建子文件夹 Unit08，然后在该文件夹中创建子文件夹 0801，再在该子文件夹 0801 中创建 css 子文件夹。

2. 启动 Dreamweaver CC

使用 Windows 的【开始】菜单或桌面的快捷方式启动 Dreamweaver CC。

3. 创建本地站点和网页

创建 1 个名称为“单元 8”的本地站点，站点文件夹为 Unit08。在该站点的文件夹 0801 中创建网页 0801. html。

4. 定义网页的 CSS 代码

在文件夹 CSS 中创建样式文件 main. css，在该样式文件中编写样式代码，如表 8-3 所示。

表 8-3　网页 0801. html 中样式文件 main. css 的 CSS 代码定义

```css
ul{
  clear: left;
  float: left;
}

.shape{
  margin: 5px;
  float: left;
}

#square {
  width: 100px;
  height: 100px;
  background: blue;
}

#rectangle {
  width: 200px;
  height: 100px;
  background: blue;
}

#circle {
  width: 100px;
  height: 100px;
  background: blue;
  -moz-border-radius: 50px;
  -webkit-border-radius: 50px;
  border-radius: 50px;
}

#triangle-up {
  width: 0px;
  height: 0px;
  border-left: 50px solid transparent;
  border-right: 50px solid transparent;
  border-bottom: 100px solid blue;
}

#triangle-down {
  width: 0px;
  height: 0px;
  border-left: 50px solid transparent;
  border-right: 50px solid transparent;
  border-top: 100px solid blue;
}

#triangle-left {
  width: 0px;
  height: 0px;
  border-top: 50px solid transparent;
  border-bottom: 50px solid transparent;
  border-right: 100px solid blue;
}
li{
  list-style-type: none;
}

#triangle-right {
  width: 0px;
  height: 0px;
  border-top: 50px solid transparent;
  border-bottom: 50px solid transparent;
  border-left: 100px solid blue;
}

#oval {
  width: 200px;
  height: 100px;
  background: blue;
  -moz-border-radius: 100px/50px;
  -webkit-border-radius: 100px/50px;
  border-radius: 100px/50px;
}

#trapezoid {
  border-bottom: 100px solid blue;
  border-left: 50px solid transparent;
  border-right: 50px solid transparent;
  height: 0;
  width: 100px;
}

#triangle-leftbottom {
  width: 0px;
  height: 0px;
  border-bottom: 100px solid blue;
  border-right: 100px solid transparent;
}

#triangle-rightbottom {
  width: 0px;
```

续表

```
  height: 0px;
  border-bottom: 100px solid blue;
  border-left: 100px solid transparent;
}
#triangle-topleft {
  width: 0px;
  height: 0px;
  border-top: 100px solid blue;
  border-right: 100px solid transparent;
}
#triangle-topright {
  width: 0px;
  height: 0px;
  border-top: 100px solid blue;
  border-left: 100px solid transparent;
}
```

5. 编写网页 0801.html 的 HTML 代码

切换到网页文档 0801.html 的【代码】视图，在标签"</head>"的前面输入链接外部样式表的代码如下：

```
<link type="text/css" rel="stylesheet" href="css/main.css"/>
```

然后输入表 8-4 所示的 HTML 代码。

表 8-4　网页 0801.html 的 HTML 代码

```
<ul>
    <li class="shape"><div id="square"></div></li>
    <li class="shape"><div id="rectangle"></div></li>
    <li class="shape"><div id="circle"></div></li>
</ul>
<ul>
    <li class="shape"><div id="triangle-up"></div></li>
    <li class="shape"><div id="triangle-down"></div></li>
    <li class="shape"><div id="triangle-left"></div></li>
    <li class="shape"><div id="triangle-right"></div></li>
</ul>
<ul>
    <li class="shape"><div id="oval"></div></li>
    <li class="shape"><div id="trapezoid"></div></li>
</ul>
<ul>
    <li class="shape"><div id="triangle-leftbottom"></div></li>
    <li class="shape"><div id="triangle-rightbottom"></div></li>
    <li class="shape"><div id="triangle-topleft"></div></li>
    <li class="shape"><div id="triangle-topright"></div></li>
</ul>
```

6. 保存与浏览网页

保存网页 0801.html，其浏览效果如图 8-3 所示。

任务 8-2　网页中应用纯 CSS 绘制各种特色图形

【任务描述】

创建网页 0802. html，在该网页中定义 CSS 代码、编写 HTML 代码绘制各种特色图形，该网页的浏览效果如图 8-4 所示。

图 8-4　网页 0802. html 中各种纯 CSS 绘制的特色图形

【任务实施】

1. 创建所需的文件夹和网页

在文件夹 Unit08 中创建子文件夹 0802，再在子文件夹 0802 中创建 css 子文件夹。然后在子文件夹 0802 中创建网页 0802. html。

2. 定义网页的 CSS 代码

在文件夹 CSS 中创建样式文件 base. css，在该样式文件中编写样式代码，如表 8-5 示。

表 8-5　网页 0802. html 中样式文件 base. css 的 CSS 代码定义

```css
body {
  width: 600px;
  margin: 20px auto;
  background: #eee;
  font-family: 'Roboto', sans-serif;
  text-align: center;
}

.crest-holder {
  float: left;
  margin: 10px;
  text-align: center;
}
.crest {
  position: relative;
  background: white;
  width: 100px;
  height: 100px;
  border-radius: 4px;
  box-sizing: border-box;
  box-shadow: 0 2px 4px rgba(0, 0, 0, 0.3);
}
.crest-name {
  line-height: 40px;
  font-family: 'Oswald', sans-serif;
}
```

在文件夹 CSS 中创建样式文件 main. css，在该样式文件中编写样式代码，如表 8-6 所示。

表 8-6　网页 0802. html 中样式文件 main. css 的 CSS 代码定义

CSS 代码

```
.crest .circle {
  border-radius: 50%;
}

.crest.takeda {
  padding: 27px;
}

.crest.takeda .wrap {
  position: relative;
  width: 100%;
  height: 100%;
}

.crest.takeda .diamond {
  position: absolute;
  left: 14px;
  width: 19px;
  height: 19px;
  background: black;
  transform: rotate(-45deg) skew
  (12deg, 12deg);
}

.crest.takeda .diamond:nth-child(2) {
  margin-top: 26px;
}

.crest.takeda .diamond:nth-child(3) {
  margin-left: -20px;
}

.crest.takeda .diamond:nth-child(4) {
  margin-left: 20px;
}

.crest.takeda .diamond:nth-child(3),
.crest.takeda .diamond:nth-child(4) {
  margin-top: 13px;
}

.crest.akiyama {
  padding: 22px;
}

.crest.akiyama .diamond {
  position: relative;
  margin: 0 auto;
  background: black;
  transform: rotate(-45deg) skew(14deg,
    14deg);
}

.crest.akiyama .diamond:nth-child(1) {
  width: 20px;
  height: 20px;
  margin-bottom: -12px;
}
.crest.akiyama .diamond:nth-child(2) {
  width: 28px;
  height: 28px;
  margin-bottom: -18px;
}

.crest.akiyama .diamond:nth-child(3) {
  width: 35px;
  height: 35px;
}

.crest.baba {
  padding: 19px;
}

.crest.baba .circle {
  width: 46px;
  height: 46px;
  border: 8px solid black;
}

.crest.baba .line {
  position: absolute;
  left: 50%;
  top: 50%;
  margin: -13px 0 0 -23px;
  width: 46px;
  height: 26px;
```

续表

```
  border: 8px solid black;
  border-left: 0;
  border-right: 0;
  box-sizing: border-box;
}

.crest.ito .circle {
  position: absolute;
  top: 50%;
  left: 50%;
}
.crest.ito .circle:nth-child(1) {
  width: 56px;
  height: 56px;
  margin: -28px 0 0 -28px;
  background: black;
}
.crest.ito .circle:nth-child(2) {
  width: 40px;
  height: 40px;
  margin: -30px 0 0 -20px;
  background: white;
}

.crest.ito .circle:nth-child(3) {
  width: 14px;
  height: 14px;
  margin: -30px 0 0 -7px;
  background: black;
}
```

3. 编写网页 0802.html 的 HTML 代码

切换到网页文档 0802.html 的【代码】视图，在标签“</head>”的前面输入链接外部样式表的代码如下：

```
<link href="css/base.css" rel="stylesheet" type="text/css">
<link href="css/main.css" rel="stylesheet" type="text/css">
```

然后输入表 8-7 所示的 HTML 代码。

表 8-7　网页 0802.html 的 HTML 代码

```
<div class="crest-holder">
    <div class="crest takeda">
        <div class="wrap">
            <div class="diamond"></div>
            <div class="diamond"></div>
            <div class="diamond"></div>
            <div class="diamond"></div>
        </div>
    </div>
    <div class="crest-name">Takeda</div>
</div>

<div class="crest-holder">
    <div class="crest akiyama">
        <div class="wrap">
            <div class="diamond"></div>
            <div class="diamond"></div>
```

续表

HTML 代码

```
            <div class="diamond"></div>
        </div>
    </div>
    <div class="crest-name">Akiyama</div>
</div>

<div class="crest-holder">
    <div class="crest baba">
        <div class="wrap">
            <div class="circle"></div>
            <div class="line"></div>
        </div>
    </div>
    <div class="crest-name">Baba</div>
</div>

<div class="crest-holder">
    <div class="crest ito">
        <div class="wrap">
            <div class="circle"></div>
            <div class="circle"></div>
            <div class="circle"></div>
        </div>
    </div>
    <div class="crest-name">Ito</div>
</div>
```

4. 保存与浏览网页

保存网页 0802.html，其浏览效果如图 8-4 所示。

任务 8-3　网页中应用 canvas 元素绘制各种图形和文字

【任务描述】

(1) 在网页中应用 canvas 元素绘制如图 8-5～图 8-7 所示的各种图形。

图 8-5　网页中应用 canvas 元素绘制空心正方形的浏览效果

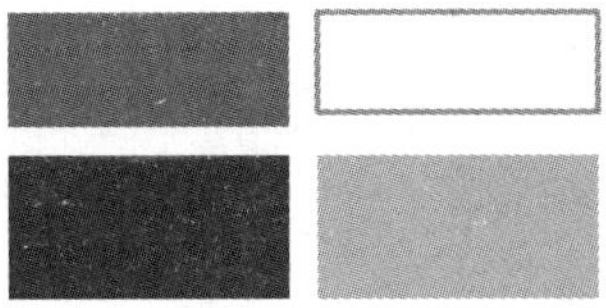

图 8-6　网页中应用 canvas 元素绘制多个长方形的浏览效果

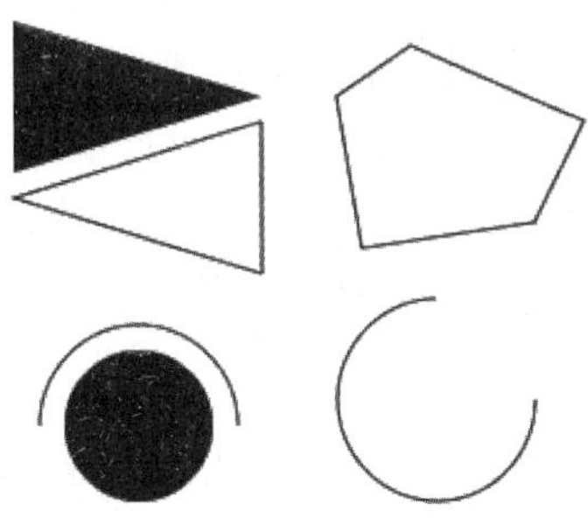

图 8-7　网页中应用 canvas 元素绘制多个不同形状图形的浏览效果

（2）在网页中应用 canvas 元素绘制图 8-8 所示的各种文字。

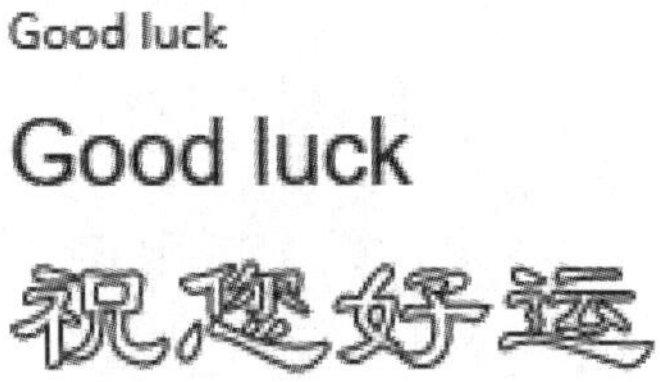

Good luck
Good luck
祝您好运

图 8-8　网页中应用 canvas 元素绘制各种文字的浏览效果

（3）在网页中应用 canvas 元素绘制如图 8-9 所示的各种图像。

使用drawImage方法绘制图像
原图
缩放图
切割图

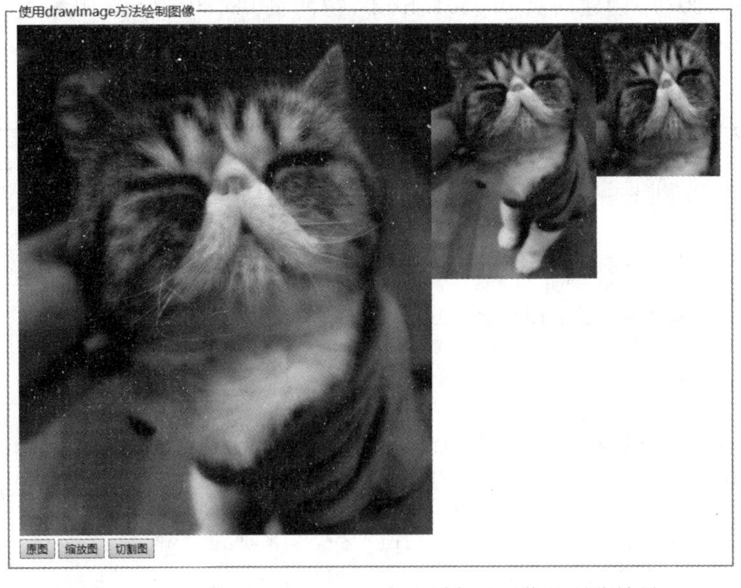

图 8-9　网页中应用 canvas 元素绘制各种图像的浏览效果

【任务实施】

1. 绘制一个空心正方形

在文件夹 Unit08 中创建子文件夹 0803，然后在子文件夹 0803 中创建网页 0803.html。

canvas 元素是 HTML5 中一个用于绘图的重要元素，从字面上理解 canvas 是画布的意思，在页面上增加一个 canvas 元素就相当于在网页中添加一块画布，之后就可以利用一些绘图指令在“画布”上绘制各种图形。

在网页 0803.html 中添加 HTML 代码，声明一个宽度为 400px、高度为 300px 的画布，HTML 代码如下：

```
<canvas id="myCanvas" width="400px" height="300px" style="background-color:#ccc">
</canvas>
```

其浏览效果如图 8-10 所示。

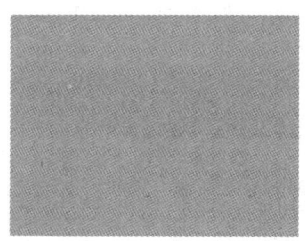

图 8-10　宽度为 400px、高度为 300px 的画布

<canvas>标签只是图形容器，还必须使用脚本来绘制图形。

在文件夹 0803 中创建网页 080301.html，在网页 080301.html 中编写 HTML 代码及相关的 JavaScript 来绘制一个空心正方形，代码如表 8-8 所示。

表 8-8　在网页 080301.html 中绘制一个空心正方形的代码

```
<!DOCTYPE html>
<html>
 <head>
  <meta charset="utf-8">
  <title>HTML5 绘制图形</title>
 </head>
 <body>
  <canvas id="tCanvas">
   <!--如果浏览器不支持则显示如下字体-->提示:你的浏览器不支持<!--<canvas>-->
   标签
  </canvas>
   <script type="text/javascript" charset="utf-8">

```

续表

```
  {
      //获取 canvas 对象的引用。注意 tCanvas 的名字必须和对应 canvas 的 id 相同
      var canvas =document.getElementById('tCanvas');
      //获取该 canvas 的 2D 绘图环境
      var context =canvas.getContext('2d');
      //绘制代码将出现在这里
      //画一个空心正方形
      context.strokeRect(10,10,40,40);
  }
 </script>
</body>
</html>
```

保存网页 080301.html,在浏览器 Google Chrome 中的浏览效果如图 8-5 所示。

2. 绘制多个长方形

在文件夹 0803 中创建网页 080302.html。在网页 080302.html 中编写 HTML 代码及相关的 JavaScript 来绘制多个长方形,代码如表 8-9 所示。

表 8-9　在网页 080302.html 中绘制多个长方形的代码

```
<canvas id ="tCanvas" >
  <!--如果浏览器不支持则显示如下字体-->
  提示:你的浏览器不支持<!--<canvas>-->标签
</canvas>
<script type="text/javascript" charset ="utf-8">
  //获取 canvas 对象的引用,注意 tCanvas 的名字必须和 canvas 对应的 id 相同
  var canvas =document.getElementById('tCanvas');
  //获取该 canvas 的 2D 绘图环境
  var context =canvas.getContext('2d');
  //设置填充颜色为红色
  context.fillStyle ="red";
  //画一个红色的实心矩形
  context.fillRect(10,10,100,40);
  //设置边线颜色为绿色
  context.strokeStyle ="green";
  //画一个绿色空心矩形
  context.strokeRect(120,10,100,35);
  //使用 rgb()设置填充颜色为蓝色
  context.fillStyle ="rgb(0,0,255)";
  //画一个蓝色的实心矩形
  context.fillRect(10,60,100,50);
  //设置填充色为黑色且 alpha 值(透明度)为 0.2
  context.fillStyle ="rgba(0,0,0,0.2)";
```

续表

```
  //画一个透明的黑色实心矩形
  context.fillRect(120,60,100,50);
</script>
```

保存网页 080302.html,在浏览器 Google Chrome 中的浏览效果如图 8-6 所示。

3. 绘制多个不同形状的图形

在文件夹 0803 创建网页 080303.html,在网页 080303.html 中编写 HTML 代码及相关的 JavaScript 来绘制多个不同形状的图形,绘制不同形状图形对应的 JavaScript 代码如表 8-10 所示。

表 8-10 在网页 080303.html 中绘制多个不同形状图形对应的 JavaScript 代码

```
<script type="text/javascript" charset="utf-8">
var canvas =document.getElementById('tCanvas');
var context =canvas.getContext('2d');
//绘制三角形
context.beginPath();
context.moveTo(10,10);          //从(10,10)开始
context.lineTo(10,70);          //表示从(10,10)开始,画到(10,70)结束
context.lineTo(110,40);         //表示从(10,70)开始,画到(110,40)结束
context.fill();                 //闭合形状并且以填充方式绘制出来
//三角形的外边框
context.beginPath();
context.moveTo(110,50);         //从点(110,50)开始
context.lineTo(110,110);
context.lineTo(10,80);
context.closePath();            //关闭路径
context.stroke();               //以空心填充
//绘制一个复杂的多边形
context.beginPath();
context.moveTo(140,40);         //从点(140,40)开始
context.lineTo(150,100);
context.lineTo(220,90);
context.lineTo(240,50);
context.lineTo(170,20);
context.closePath();
context.stroke();
//绘制半圆弧
context.beginPath();
//在(100,300)处逆时针画一个半径为 40、角度为 0~180°的弧线
context.arc(60,170,40,0*Math.PI,1*Math.PI,true); //PI 的弧度是 180°
context.stroke();
```

续表

```
//画一个实心圆
context.beginPath();
//在(60,170)处逆时针画一个半径为 30、角度为 0~360°的弧
context.arc(60,170,30,0 * Math.PI,2 * Math.PI,true);//2 * Math.PI 是 360°
context.fill();
//画一个 3/4 弧
context.beginPath();
//在(180,160)处顺时针画一个半径为 40、角度为 0~270°的弧
context.arc(180,160,40,0 * Math.PI,3/2 * Math.PI,false);
context.stroke();
</script>
```

保存网页 080303. html,在浏览器 Google Chrome 中的浏览效果如图 8-7 所示。

4. 绘制多个不同大小和字体的文字

在文件夹 0803 中创建网页 080304. html,在网页 080304. html 中编写 HTML 代码及相关的 JavaScript 来绘制多个不同大小和字体的文字,绘制多个不同大小和字体文字对应的 JavaScript 代码如表 8-11 所示。

表 8-11　在网页 080304. html 中绘制多个不同大小和字体文字对应的 JavaScript 代码

```
<script type="text/javascript" charset="utf-8">
    //获取 canvas 对象的引用,注意 tCanvas 的名字必须和 canvas 对应的 id 相同
    var canvas =document.getElementById('tCanvas');
    //获取该 canvas 的 2D 绘图环境
    var context =canvas.getContext('2d');
    //绘制文本
    context.fillText('Good luck',20,30);
    //修改字体
    context.font ='20px Arial';
    context.fillText('Good luck',20,60);
    //绘制空心的文本
    context.font ='36px 隶书';
    context.strokeText('祝您好运',20,100);
</script>
```

保存网页 080304. html,在浏览器 Google Chrome 中的浏览效果如图 8-8 所示。

5. 绘制图像

在文件夹 0803 中创建网页 080305. html,在网页 080305. html 中编写 HTML 代码及相关的 JavaScript 来绘制图像,代码如表 8-12 所示。

表 8-12 在网页 080305.html 中绘制图像的代码

```
<!doctype html>
<html>
<head>
  <meta charset="utf-8">
  <title>HTML5 绘制图像</title>
  <script type="text/JavaScript" charset="utf-8">
    function draw(i)
    {
        var canvas =document.getElementById("myCanvas");
        var context =canvas.getContext("2d");
        var image =new Image();
        image.src="cat.jpg";
        image.onload =function()
        {
            if(i==1)
                context.drawImage(image,0,0);
            else if(i==2)
                context.drawImage(image,500,0,200,300);
            else
                context.drawImage(image,30,30,440,400,700,0,160,180);
        }
    }
  </script>
</head>
<body>
    <fieldset>
        <legend>使用 drawImage 方法画图像</legend>
        <canvas id="myCanvas" width="850px" height="600px"></canvas>
        <br>
        <button onclick="draw(1)">原图</button>
        <button onclick="draw(2)">缩放图</button>
        <button onclick="draw(3)">切割图</button>
    </fieldset>
</body>
</html>
```

保存网页 080305.html，在浏览器 Google Chrome 中浏览该网页，然后依次单击【原图】、【缩放图】、【切割图】按钮，分别浏览原图、缩放图、切割图，如图 8-9 所示。

任务 8-4 网页中绘制菊花图形

【任务描述】

创建网页 0804.html，在该网页中绘制菊花图形，浏览效果如图 8-11 所示。

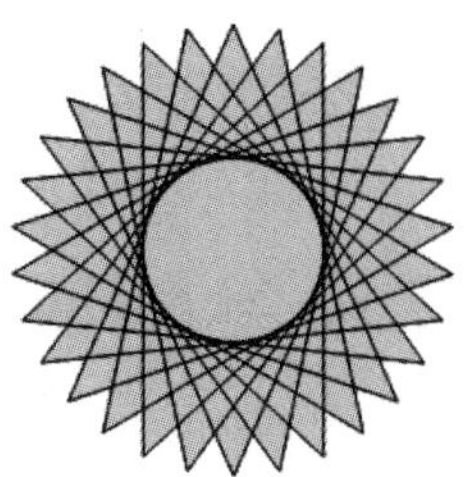

图 8-11 在网页 0804.html 中绘制菊花图形后的浏览效果

【任务实施】

在文件夹 Unit08 中创建子文件夹 0804，然后在子文件夹 0804 中创建网页 0804.html。在该网页中添加的 HTML 代码如下：

```
<canvas id="tCanvas"> </canvas>
```

在网页 0804.html 中绘制菊花图形的 JavaScript 代码如表 8-13 所示。

表 8-13 在网页 0804.html 中绘制菊花图形的 JavaScript 代码

JavaScript 代码

```
<script type="text/javascript" charset="utf-8">
    var canvas =document.getElementById("tCanvas");
    var context =canvas.getContext("2d");
    var n =0;
    var dx =150;
    var dy =150;
    var s =100;
    context.beginPath();
    context.fillStyle ='rgb(100,255,100)';
    context.strokeStyle ='rgb(0,0,100)';
    var x =Math.sin(0);
    var y =Math.cos(0);
    var dig =Math.PI / 15 * 11;
    for (var i =0; i <30; i++) {
        var x =Math.sin(i * dig);
        var y =Math.cos(i * dig);
        context.lineTo(dx +x * s, dy +y * s);
    }
    context.closePath();
    context.fill();
    context.stroke();
</script>
```

保存网页 0804.html，在浏览器 Google Chrome 中的浏览效果如图 8-11 所示。

【同步训练】

任务 8-5　网页中绘制阴阳图和五角星

创建网页 0805.html，在该网页中应用 CSS3 绘制阴阳图和五角星，其浏览效果如图 8-12 所示。

图 8-12　在网页 0805.html 中应用 CSS3 绘制的阴阳图和五角星的浏览效果

提示：请扫描二维码浏览提示内容。

任务 8-6　网页中绘制多种图形和图片

(1) 创建网页 080601.html，在该网页中绘制如图 8-13 所示的各种图形。

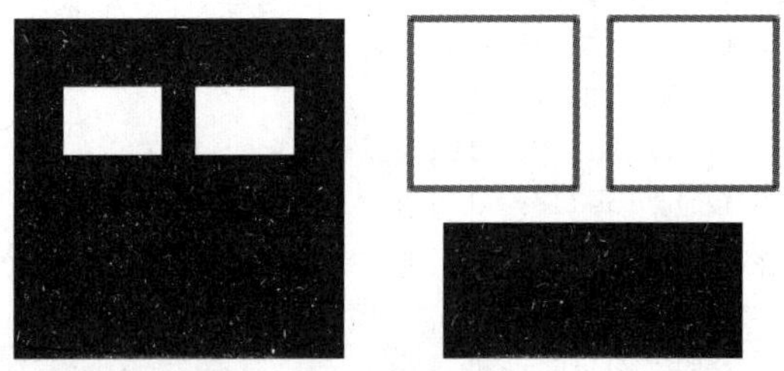

图 8-13　在网页 080601.html 中绘制多个实心和空心方形的浏览效果

(2) 创建网页 080602.html，在该网页中绘制如图 8-14 所示的各种图形。

(3) 创建网页 080603.html，在该网页中绘制如图 8-15 所示的图像。

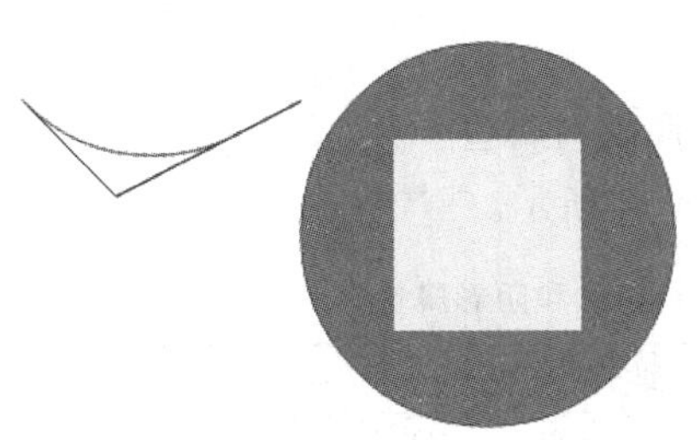

图 8-14　在网页 080602. html 中绘制圆和弧的浏览效果

图 8-15　在网页 080603. html 中绘制图像的浏览效果

提示：请扫描二维码浏览提示内容。

【技术进阶】

1. 在网页中绘制多个五角星

创建网页 0807. html，在该网页中绘制多个五角星，网页 0807. html 在浏览器 Google Chrome 中的浏览效果如图 8-16 所示。

图 8-16　在网页 0807. html 中绘制多个五角星的浏览效果

2. 网页中绘制精美挂钟

创建网页 0808. html，在该网页中绘制精美挂钟，网页 0808. html 中精美挂钟的浏览效果如图 8-17 所示。

图 8-17　在网页 0808. html 中绘制精美挂钟的浏览效果

【问题探究】

【问题 1】 HTML5 绘图的颜色、样式和阴影属性有哪些?

HTML5 绘图的颜色、样式和阴影属性如表 8-14 所示。

表 8-14 HTML5 绘图的颜色、样式和阴影属性

属性名称	属性描述
fillStyle	设置或返回用于填充绘画的颜色、渐变或模式
strokeStyle	设置或返回用于笔触的颜色、渐变或模式
shadowColor	设置或返回用于阴影的颜色
shadowBlur	设置或返回用于阴影的模糊级别
shadowOffsetX	设置或返回阴影距形状的水平距离
shadowOffsetY	设置或返回阴影距形状的垂直距离

【问题 2】 HTML5 创建渐变的方法有哪些?

HTML5 创建渐变的方法如表 8-15 所示。

表 8-15 HTML5 创建渐变的方法

方法名称	方法描述
createLinearGradient()	创建线性渐变(用在画布内容上)
createPattern()	在指定的方向上重复指定的元素
createRadialGradient()	创建放射状/环形的渐变(用在画布内容上)
addColorStop()	规定渐变对象中的颜色和停止位置

【问题 3】 HTML5 的线条样式属性有哪些?

HTML5 的线条样式属性如表 8-16 所示。

表 8-16 HTML5 的线条样式属性

属性名称	属性描述
lineCap	设置或返回线条的结束端点样式
lineJoin	设置或返回两条线相交时,所创建的拐角类型
lineWidth	设置或返回当前的线条宽度
miterLimit	设置或返回最大斜接长度

【问题 4】 HTML5 绘制矩形的方法有哪些?

HTML5 绘制矩形的方法如表 8-17 所示。

表 8-17 HTML5 绘制矩形的方法

方法名称	方法描述
rect()	创建矩形
fillRect()	绘制"被填充"的矩形

续表

方法名称	方法描述
strokeRect()	绘制矩形(无填充)
clearRect()	在给定的矩形内清除指定的像素

【问题 5】 HTML5 创建路径的方法有哪些?

HTML5 创建路径的方法如表 8-18 所示。

表 8-18　HTML5 创建路径的方法

方法名称	方法描述
fill()	填充当前绘图(路径)
stroke()	绘制已定义的路径
beginPath()	起始一条路径,或重置当前路径
moveTo()	把路径移动到画布中的指定点,不创建线条
closePath()	创建从当前点回到起始点的路径
lineTo()	添加一个新点,然后在画布中创建从该点到最后指定点的线条
clip()	从原始画布剪切任意形状和尺寸的区域
quadraticCurveTo()	创建二次贝塞尔曲线
bezierCurveTo()	创建三次方贝塞尔曲线
arc()	创建弧/曲线(用于创建圆形或部分圆)
arcTo()	创建两切线之间的弧/曲线
isPointInPath()	如果指定的点位于当前路径中,则返回 true,否则返回 false

【问题 6】 HTML5 的转换方法有哪些?

HTML5 的转换方法如表 8-19 所示。

表 8-19　HTML5 的转换方法

方法名称	方法描述
scale()	缩放当前绘图至更大或更小
rotate()	旋转当前绘图
translate()	重新映射画布上的(0,0)位置
transform()	替换绘图的当前转换矩阵
setTransform()	将当前转换重置为单位矩阵,然后运行 transform()

【问题 7】 HTML5 的文本属性有哪些?

HTML5 的文本属性如表 8-20 所示。

表 8-20　HTML5 的文本属性

属性名称	属性描述
font	设置或返回文本内容的当前字体属性
textAlign	设置或返回文本内容的当前对齐方式
textBaseline	设置或返回在绘制文本时使用的当前文本基线

【问题 8】 HTML5 的文本方法有哪些?

HTML5 的文本方法如表 8-21 所示。

表 8-21 HTML5 的文本方法

方法名称	方法描述
fillText()	在画布上绘制"被填充的"文本
strokeText()	在画布上绘制文本(无填充)
measureText()	返回包含指定文本宽度的对象

【问题 9】 HTML5 的绘制图像方法有哪些?

HTML5 的绘制图像方法如表 8-22 所示。

表 8-22 HTML5 的绘制图像方法

方法名称	方法描述
drawImage()	向画布上绘制图像、画布或视频

【问题 10】 HTML5 的绘图操作属性有哪些?

HTML5 的绘图操作属性如表 8-23 所示。

表 8-23 HTML5 的绘图操作属性

属性名称	属性描述
width	返回 ImageData 对象的宽度
height	返回 ImageData 对象的高度
data	返回一个对象,其包含指定的 ImageData 对象的图像数据

【问题 11】 HTML5 的绘图操作方法有哪些?

HTML5 的绘图操作方法如表 8-24 所示。

表 8-24 HTML5 的绘图操作方法

方法名称	方法描述
createImageData()	创建新的、空白的 ImageData 对象
getImageData()	返回 ImageData 对象,该对象为画布上指定的矩形复制像素数据
putImageData()	把图像数据(从指定的 ImageData 对象)放回画布上

【问题 12】 HTML5 绘图的其他方法有哪些?

HTML5 绘图的其他方法如表 8-25 所示。

表 8-25 HTML5 绘图的其他方法

方法名称	方法描述
save()	保存当前环境的状态
restore()	返回之前保存过的路径状态和属性
createEvent()	用来创建或打开一个命名的或无名的事件对象
getContext()	返回一个用于在画布上绘图的环境
toDataURL()	将 HTML5 Canvas 的内容保存为图片

【单元习题】

（一）单项选择题

（二）多项选择题

（三）填空题

（四）简答题

提示：请扫描二维码浏览习题内容。

单元 9　网页中特效与交互的应用设计

将 JavaScript 程序嵌入 HTML 代码中，对网页元素进行控制，对用户操作进行响应，从而实现网页动态交互的特殊效果，这种特殊效果通常称为网页特效。网页交互是指浏览者单击栏目、超级链接等对象，以及鼠标光标经过或放于某处时，页面会做出相应的反应。在网页中添加一些恰当的特效和交互，使页面具有一定的交互性、动态效果，能吸引浏览者的眼球，提高页面的观赏性、趣味性。

【知识必备】

1. CSS 框模型

CSS 框模型（Box Model）规定了元素框处理元素内容、内边距、边框和外边距的方式。CSS 框模型组成结构示意图如图 9-1 所示，该图中 element 表示网页元素，border 表示边框，padding 表示内边距，也将其翻译为填充；margin 表示外边距，也将其翻译为空白或空白边。本书中我们把 padding 和 margin 统一地称为内边距和外边距，边框内的空白是内边距，边框外的空白是外边距。

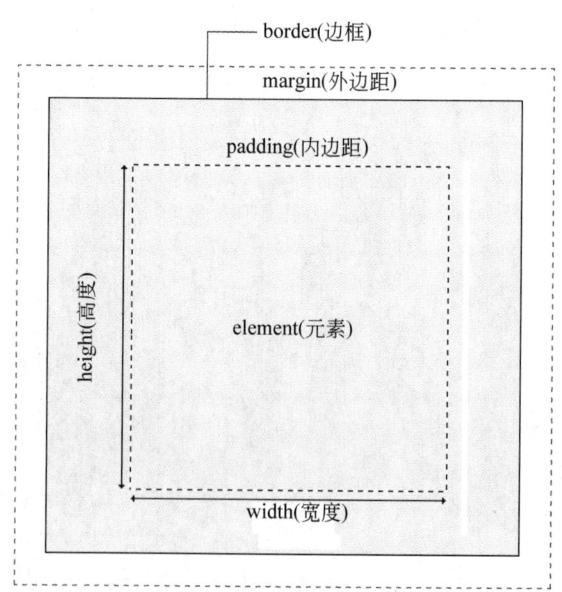

图 9-1　CSS 框模型组成结构示意图

元素框的最内部分是实际的内容,直接包围内容的是内边距。内边距呈现了元素的背景。内边距的边缘是边框。边框以外是外边距,外边距默认是透明的,因此不会遮挡其后的任何元素。背景应用于由内容和内边距、边框组成的区域。

内边距、边框和外边距都是可选的,默认值是零。但是,许多元素将由样式表设置外边距和内边距。可以通过将元素的 margin 和 padding 设置为零来覆盖这些浏览器样式。可以分别进行,也可以使用通用选择器对所有元素进行设置,示例代码如下:

```
* {
   margin: 0;
   padding: 0;
}
```

在 CSS 中,width 和 height 指的是内容区域的宽度和高度。增加内边距、边框和外边距不会影响内容区域的尺寸,但是会增加元素框的总尺寸。

假设元素框的每个边上有 10 个像素的外边距和 5 个像素的内边距。如果希望这个元素框达到 100 个像素,就需要将内容的宽度设置为 70 像素,如图 9-2 所示。

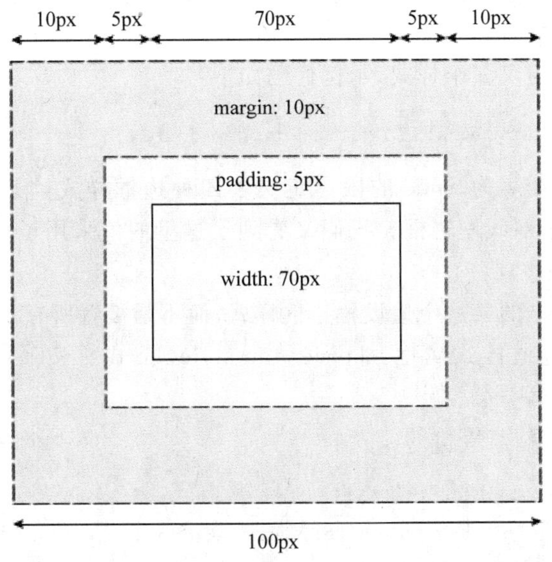

图 9-2　元素框的内容宽度、内边距和外边距尺寸示意图

```
#box {
    width: 70px;
    margin: 10px;
    padding: 5px;
}
```

内边距、边框和外边距可以应用于一个元素的所有边,也可以应用于单独的边。外边距可以是负值,而且在很多情况下都要使用负值的外边距。

2. CSS 边框属性

在 HTML 中，使用 CSS 边框属性可以创建出效果出色的边框，并且可以应用于任何元素。通过 CSS3，可以创建圆角边框，向矩形添加阴影，使用图片来绘制边框，并且不需使用 Photoshop 之类的设计软件。在 CSS3 中，border-radius 属性用于创建圆角，box-shadow 属性用于向方框添加阴影，border-image 属性可以使用图片来创建边框。元素的边框(border)是围绕元素内容和内边距的一条或多条线，border 属性允许设置元素边框的样式、宽度和颜色。

CSS 规范指出，边框绘制在"元素的背景之上"。这很重要，因为有些边框是"间断的"(例如，点线边框或虚线框)，元素的背景应当出现在边框的可见部分之间。

样式是边框最重要的一个方面，这不是因为样式控制着边框的显示，而是因为如果没有样式，将根本没有边框。CSS 的 border-style 属性定义了 10 个不同的非 inherit 样式，包括 none。例如，可以为把一幅图片的边框定义为 outset，使之看上去像是"凸起按钮"，代码如下：

```
a:link img {border-style: outset;}
```

可以为一个边框定义多个样式，示例代码如下：

```
p.aside {border-style: solid dotted dashed double;}
```

上面这条规则为类名为 aside 的段落定义了四种边框样式：实线上边框、点线右边框、虚线下边框和一个双线左边框。我们又看到了这里的值采用了 top-right-bottom-left 的顺序。

如果希望为元素框的某一个边设置边框样式，而不是设置所有 4 个边的边框样式，可以使用下面的单边边框样式属性：border-top-style、border-right-style、border-bottom-style、border-left-style。

因此，以下两种方法是等价的。

```
p {border-style: solid solid solid none;}
p {border-style: solid; border-left-style: none;}
```

注意：*如果要使用第二种方法，必须把单边属性放在简写属性之后。因为如果把单边属性放在 border-style 之前，简写属性的值就会覆盖单边值 none。*

可以通过 border-width 属性为边框指定宽度。为边框指定宽度有两种方法：可以指定长度值，例如 2px 或 0.1em；或者使用 3 个关键字之一，它们分别是 thin、medium(默认值)和 thick。

可以按照 top-right-bottom-left 的顺序设置元素的各边边框，代码如下：

```
p {border-style: solid; border-width: 15px 5px 15px 5px;}
```

上面的代码也可以简写为(这种写法称为值复制)，代码如下：

```
p {border-style: solid; border-width: 15px 5px;}
```

也可以通过下列属性分别设置边框各边的宽度：border-top-width、border-right-width、border-bottom-width、border-left-width。

因此，下面的规则定义与上面的代码是等价的。

```
p {
    border-style: solid;
    border-top-width: 15px;
    border-right-width: 5px;
    border-bottom-width: 15px;
    border-left-width: 5px;
}
```

如果希望显示某种边框，就必须设置边框样式，例如 solid 或 outset。那么如果把 border-style 设置为 none，即：

```
p {border-style: none; border-width: 50px;}
```

会出现什么情况？

尽管边框的宽度是 50px，但是边框样式设置为 none。在这种情况下，不仅边框的样式没有了，其宽度也会变成 0。边框消失了，为什么呢？这是因为如果边框样式为 none，即边框根本不存在，那么边框就不可能有宽度，因此边框宽度自动设置为 0，而不论原先定义的是什么。由于 border-style 的默认值是 none，如果没有声明样式，就相当于"border-style：none"。因此，如果希望边框出现，就必须声明一个边框样式。

设置边框颜色非常简单，CSS 使用一个简单的 border-color 属性，它一次可以接受最多 4 个颜色值。可以使用任何类型的颜色值，例如可以是命名颜色，也可以是十六进制和 RGB 值，示例代码如下：

```
p {
    border-style: solid;
    border-color: blue rgb(25%,35%,45%) #909090 red;
}
```

如果颜色值小于 4 个，值复制就会起作用。例如下面的规则定义声明了段落的上下边框是蓝色，左右边框是红色。

```
p {
    border-style: solid;
    border-color: blue red;
}
```

默认的边框颜色是元素本身的前景色。如果没有为边框声明颜色，它将与元素的文本颜色相同。另外，如果元素没有任何文本，假设它是一个表格，其中只包含图像，那么该表的边框颜色就是其父元素的文本颜色（因为 color 可以继承）。这个父元素很可能是 body、div 或另一个 table。

还有一些单边边框颜色属性，它们的原理与单边样式和宽度属性相同：border-topcolor、border-right-color、border-bottom-color、border-left-color。

要为 h1 元素指定实线黑色边框，而右边框为实线红色，代码如下：

```
h1 {
    border-style: solid;
    border-color: black;
    border-right-color: red;
}
```

如果边框没有样式，就没有宽度。不过有些情况下可能希望创建一个不可见的边框。CSS2 引入了边框颜色值 transparent，这个值用于创建有宽度的不可见边框。示例代码如下：

```
<a href="#">A</a>
<a href="#">B</a>
<a href="#">C</a>
```

我们为上面的链接定义了如下样式。

```
a:link, a:visited {
    border-style: solid;
    border-width: 5px;
    border-color: transparent;
}
a:hover {border-color: gray;}
```

从某种意义上说，利用 transparent，使用边框就像是额外的内边距一样；此外还有一个好处，就是能在需要的时候使其可见。这种透明边框相当于内边距，因为元素的背景会延伸到边框区域(如果有可见背景)。

3. CSS 外边距属性

围绕在元素边框的空白区域是外边距，设置外边距会在元素外创建额外的“空白”。设置外边距的最简单的方法就是使用 margin 属性，这个属性接收任何长度单位(可以是像素、英寸、毫米或 em、百分数值甚至负值)。

margin 可以设置为 auto，更常见的做法是为外边距设置长度值。下面的声明在 h1 元素的各个边上设置了 1/4 英寸宽的空白。

```
h1 {margin: 0.25in;}
```

下面的代码为 h1 元素的四个边分别定义了不同的外边距，所使用的长度单位是像素(px)。

```
h1 {margin: 10px 0px 15px 5px;}
```

与内边距的设置相同，这些值的顺序是从上外边距(top)开始围着元素顺时针旋转的。

```
margin: top right bottom left
```

另外,还可以为 margin 设置一个百分比数值,示例代码如下:

```
p {margin: 10%;}
```

百分数是相对于父元素的 width 计算的,上面这段代码为 p 元素设置的外边距是其父元素的 width 的 10%。

margin 的默认值是 0,所以如果没有为 margin 声明一个值,就不会出现外边距。但是,在实际中,浏览器对许多元素已经提供了预定的样式,外边距也不例外。例如,在支持 CSS 的浏览器中,外边距会在每个段落元素的上面和下面生成"空行"。因此,如果没有为 p 元素声明外边距,浏览器可能会自己应用一个外边距。当然,只要特别做了声明,就会覆盖默认样式。

有时,我们会输入一些重复的值。

```
p {margin: 0.5em 1em 0.5em 1em;}
```

通过值复制,可以不必重复地输入这对数字。上面的规则定义与下面的规则定义是等价的:

```
p {margin: 0.5em 1em;}
```

这两个值可以取代前面 4 个值。这是如何做到的呢? CSS 定义了一些规则,允许为外边距指定少于 4 个值。规则如下:

如果缺少左外边距的值,则使用右外边距的值。

如果缺少下外边距的值,则使用上外边距的值。

如果缺少右外边距的值,则使用上外边距的值。

图 9-3 提供了更直观的方法来了解这一点。

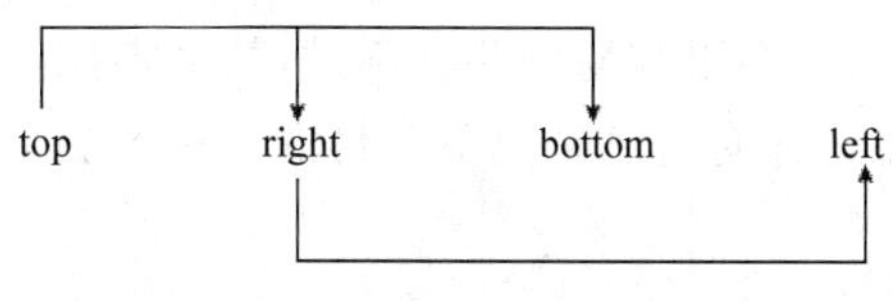

图 9-3 值复制规则示意图

换句话说,如果为外边距指定了 3 个值,则第 4 个值(即左外边距)会从第 2 个值(右外边距)复制得到。如果给定了两个值,第 4 个值会从第 2 个值复制得到,第 3 个值(下外边距)会从第 1 个值(上外边距)复制得到。最后一个情况,如果只给定一个值,那么其他 3 个外边距都由这个值(上外边距)复制得到。

利用这个简单的机制,只需指定必要的值,而不必全部都应用 4 个值,例如以下代码。

```
h1 {margin: 0.25em 1em 0.5em;}          /* 等价于 0.25em、1em、0.5em、1em */
h2 {margin: 0.5em 1em;}                 /* 等价于 0.5em、1em、0.5em、1em */
p {margin: 1px;}                        /* 等价于 1px、1px、1px、1px */
```

假设希望把 p 元素的上外边距和左外边距设置为 20 像素，下外边距和右外边距设置为 30 像素。在这种情况下，必须写作：

```
p {margin: 20px 30px 30px 20px;}
```

再来看另外一个实例。如果希望除了左外边距以外所有其他外边距都是 auto(左外边距是 20px)，代码如下：

```
p {margin: auto auto auto 20px;}
```

可以使用单边外边距属性为元素单边上的外边距设置值，如果希望把 p 元素的左外边距设置为 20px，可以采用以下方法。

```
p {margin-left: 20px;}
```

可以使用下列任何一个属性来只设置相应上的外边距，而不会直接影响所有其他外边距：margin-top、margin-right、margin-bottom、margin-left。一个规则中可以使用多个这种单边属性，示例代码如下：

```
h2 {
  margin-top: 20px;
  margin-right: 30px;
  margin-bottom: 30px;
  margin-left: 20px;
}
```

当然，对于这种情况，使用 margin 可能更容易一些。

```
p {margin: 20px 30px 30px 20px;}
```

不论使用单边属性还是使用 margin，得到的结果都一样。一般来说，如果希望为多个边设置外边距，使用 margin 会更容易一些。不过，从文档显示的角度看，实际上使用哪种方法都不重要，所以应该选择对自己来说更容易的一种方法。

4. CSS 内边距属性

元素的内边距在边框与元素内容之间的空白区域，控制该区域最简单的属性是 padding 属性。padding 属性定义元素的内边距，接受长度值或百分比值，但不允许使用负值。例如，如果设计所有 h1 元素的各边都有 10 像素的内边距，只需要编写以下代码。

```
h1 {padding: 10px;}
```

还可以按照上、右、下、左的顺序分别设置各边的内边距，各边均可以使用不同的单位或百分比值，代码如下：

```
h1 {padding: 10px 0.25em 2ex 20%;}
```

也通过使用下面四个单独的属性，分别设置上、右、下、左内边距：padding-top、padding-right、padding-bottom、padding-left。

前面提到过，可以为元素的内边距设置百分数值。百分数值是相对于其父元素的 width 计算的，这一点与外边距一样。所以，如果父元素的 width 改变，它们也会改变。

下面这条规则定义把段落的内边距设置为父元素 width 的 10%。

```
p {padding: 10%;}
```

如果一个段落的父元素是 div 元素，那么它的内边距要根据 div 的 width 计算。上下内边距与左右内边距一致；即上下内边距的百分数会相对于父元素宽度设置，而不是相对于高度。

5. CSS 多列属性

通过 CSS3，可以创建多个列来对文本进行布局，就像报纸那样。column-count 属性用于设置元素应该被分隔的列数。

把 div 元素中的文本分隔为三列的示例代码如下：

```
div
{
  -moz-column-count:3;                    /* Firefox 浏览器 */
  -webkit-column-count:3;                 /* Safari 和 Chrome 浏览器 */
  column-count:3;
}
```

column-gap 属性用于设置列之间的间隔，规定列之间 40 像素的间隔的示例代码如下：

```
div
{
  -moz-column-gap:40px;                   /* Firefox 浏览器 */
  -webkit-column-gap:40px;                /* Safari 和 Chrome 浏览器 */
  column-gap:40px;
}
```

column-rule 属性用于设置列之间的宽度、样式和颜色规则，示例代码如下：

```
div
{
  -moz-column-rule:3px outset #ff0000;    /* Firefox 浏览器 */
  -webkit-column-rule:3px outset #ff0000; /* Safari 和 Chrome 浏览器 */
  column-rule:3px outset #ff0000;
}
```

6. CSS 动画属性

通过 CSS3，我们能够创建动画，这可以在许多网页中取代动画图片、Flash 动画以及 JavaScript。动画是使元素从一种样式逐渐变化为另一种样式的效果。

可以改变任意多的样式、任意多的次数，使用百分比来规定变化发生的时间，或使用关键词 from 和 to，等同于 0（动画的开始）和 100%（动画的完成），为了得到最佳的浏览器支持，应该始终定义 0 和 100%选择器。

@keyframes 规则用于创建动画，在@keyframes 中规定某项 CSS 样式，就能创建由当前样式逐渐改为新样式的动画效果。

当动画为 25%及 50%时改变背景色，当动画 100%完成时再次改变，示例代码如下：

```
@keyframes myAnimation
{
  0% {background: red;}
  25% {background: yellow;}
  50% {background: blue;}
  100% {background: green;}
}
```

在@keyframes 中创建动画时，需要把它捆绑到某个选择器，否则不会产生动画效果。至少通过规定动画的名称和动画的时长两项 CSS3 动画属性，即可将动画绑定到选择器。

把 myAnimation 动画捆绑到 div 元素，时长为 5 秒，示例代码如下：

```
div
{
  animation: myAnimation 5s;
  -moz-animation: myAnimation 5s;              /* Firefox 浏览器 */
  -webkit-animation: myAnimation 5s;           /* Safari 和 Chrome 浏览器 */
  -o-animation: myAnimation 5s;                /* Opera 浏览器 */
}
```

必须定义动画的名称和时长。如果忽略时长，则动画不会允许，因为默认值是 0。

7. HTML5 拖放的实现方法

拖放（drag 和 drop）是一种常见的特性，即抓取对象以后拖到另一个位置。在 HTML5 中，拖放是标准的一部分，任何元素都能够拖放。

以下代码是一个简单的拖放实例。

```
<!doctype html>
<html>
  <head>
    <script type="text/javascript">
      function allowDrop(ev)
      {
        ev.preventDefault();
      }
      function drag(ev)
```

```
        {
          ev.dataTransfer.setData("Text",ev.target.id);
        }
        function drop(ev)
        {
          ev.preventDefault();
          var data=ev.dataTransfer.getData("Text");
          ev.target.appendChild(document.getElementById(data));
        }
      </script>
    </head>
    <body>
      <div id="div1" ondrop="drop(event)"
        ondragover="allowDrop(event)">
      </div>
      <img id="drag1" src="logo.gif" draggable="true"
          ondragstart="drag(event)" width="300" height="200" />
    </body>
  </html>
```

1）设置元素为可拖放

首先，为了使元素可拖动，把 draggable 属性设置为 true，代码如下：

```
<img draggable="true" />
```

2）拖动什么

规定当元素被拖动时会发生什么。

ondragstart 属性调用了函数 drag(event)，它规定了被拖动的数据。dataTransfer.setData()方法设置被拖数据的数据类型和值，数据类型是 Text，值是可拖动元素的 id("drag1")。

3）放到何处

ondragover 事件规定在何处放置被拖动的数据。默认情况下无法将数据/元素放置到其他元素中。如果需要设置允许放置，则必须阻止对元素的默认处理方式。这里通过调用 ondragover 事件的 event.preventDefault()方法进行放置。

当放置被拖数据时，会发生 drop 事件。ondrop 属性调用了一个函数 drop(event)。调用 preventDefault()来避免浏览器对数据的默认处理(drop 事件的默认行为是以链接形式打开)，通过 dataTransfer.getData("Text")方法获得被拖的数据。该方法将返回在 setData()方法中设置为相同类型的任何数据。被拖数据是被拖元素的 id("drag1")，把被拖元素追加到放置元素(目标元素)中。

8. JavaScript 主要的语法规则

(1) 网页中插入脚本程序的方式是使用 script 标记符，把脚本标记符<script>

</script>置于网页上的 head 部分或 body 部分，然后在其中加入脚本程序。一般语法形式如下：

```
<script language="JavaScript" type="text/javascript">
  <!--
     在此编写 JavaScript 代码
  //-->
</script>
```

通过标识<script></script>指明其间是 JavaScript 脚本源代码。

使用 script 标记符时，一般使用 language 属性说明使用何种语言，使用 type 属性标识脚本程序的类型，也可以只使用其中一种，以适应不同的浏览器。如果需要，还可以在 language 属性中标明 JavaScript 的版本号，那么，所使用的 JavaScript 脚本程序就可以应用该版本中的功能和特性，例如“language=JavaScript1.2”。

对于老式的浏览器可能会在<script>标签中使用 type="text/javascript"，现在已经不必这样做了，JavaScript 是所有现代浏览器以及 HTML5 中的默认脚本语言。

并非所有的浏览器都支持 JavaScript，另外由于浏览器版本和 JavaScript 脚本程序之间存在兼容性问题，可能会导致某些 JavaScript 脚本程序在某些版本浏览器中无法正确执行。如果浏览不能识别<script>标签，就会将<script>与</script>标签符之间的 JavaScript 脚本程序当作普通的 HTML 字符显示在浏览器中。针对此类问题，可以将 JavaScript 脚本程序代码置于 HTML 注释符之间，这样对于不支持 JavaScript 的浏览器就不会把代码内容当作文本显示在页面上，而是把它们当作注释，不会做任何操作。

“<!--”是 HTML 注释符的起始标签，“-->”是 HTML 注释符的结束标签。对于不支持 JavaScript 脚本程序的浏览器，标签“<!--”和“//-->”之间的内容当作注释内容，对于支持 JavaScript 程序的浏览器，这对标签将不起任何作用。另外需要注意的是，HTML 注释标记符的结束符标记之前有两斜杠“//”，这两个斜杠是 JavaScript 语言中的注释符号，如果没有这两个斜杠，JavaScript 解释器试图将 HTML 注释的结束标记符作为 JavaScript 来解释，从而有可能导致出错。

(2) 所有的 JavaScript 语句以分号“;”结束。

(3) JavaScript 语言是大小写敏感的。

JavaScript 的注释用于对 JavaScript 代码进行解释，以提高程序的可读性。调试 JavaScript 程序时，还可以使用注释阻止代码块的执行。

(4) JavaScript 有两种类型的注释。

① 单行注释以双斜杠开头(//)。例如：

```
// this is a single-line comment
```

② 多行注释以单斜杠和星号开头(/*)，以星号和单斜杠结尾(*/)。例如：

```
/* this is a multi-
line comment */
```

注释可以单独放一行，也可以在行末。

9. 在 HTML 文档中嵌入 JavaScript 代码的方法

HTML 中的 JavaScript 脚本必须位于<script>与</script>标签之间，脚本可被放置在 HTML 页面的<body>或<head>部分中，或者同时存在于两个部分中。通常的做法是把函数放入<head>部分中，或者放在页面底部。这样就可以把它们安置到同一处位置，不会干扰页面的内容。

JavaScript 代码嵌入 HTML 文档的形式有以下几种。

(1) 在 head 部分添加 JavaScript 脚本。将 JavaScript 脚本置于 head 部分，使之在其余代码之前装载，快速实现其功能，并且容易维护。有时在 head 部分定义 JavaScript 脚本，在 body 部分调用 JavaScript 脚本。

(2) 直接在 body 部分添加 JavaScript 脚本。由于某些脚本程序在网页中特定部分显示其效果，此时脚本代码就会位于 body 中的特定位置。也可以直接在 HTML 表单的<input>标签符内添加脚本，以响应输入元素的事件。

(3) 链接 JavaScript 脚本文件。引用外部脚本文件，应使用 script 标签符的 src 属性来指定外部脚本文件的 URL。这种方式可以使脚本得到复用，从而降低了维护的工作量。

外部 JavaScript 文件是最常见的包含 JavaScript 代码的方式，其主要原因如下：

(1) 如果 HTML 页面中有着更少的代码，搜索引擎就能够以更快的速度来抓取和索引网站。

(2) 保持 JavaScript 代码和 HTML 的分离，这样代码显得更清晰，且最终更易于管理。

(3) 因为可以在 HTML 代码中包含进多个 JavaScript 文件，因此可以把 JavaScript 文件分开放在 Web 服务器上不同的文件目录结构中，这类似于图像的存放方式，这是一种更容易管理代码的做法。清晰、有条理的代码始终是让网站管理变得容易的关键。

10. jQuery 简介

jQuery 是一个 JavaScript 函数库，是一个“写得更少，但做得更多”的轻量级 JavaScript 库，jQuery 极大地简化了 JavaScript 编程。

1) jQuery 的引用方法

如需使用 jQuery，需要先下载 jQuery 库，然后使用 HTML 的<script>标签引用它。

```
<script type="text/javascript" src="jquery.js"></script>
```

在 HTML5 中，<script>标签中的 type="text/javascript"可以省略不写，因为 JavaScript 是 HTML5 以及所有现代浏览器中的默认脚本语言。

2) jQuery 的基础语法

通过 jQuery，可以选取(查询，query)HTML 元素，并对它们执行“操作”(actions)。

jQuery 语法是为 HTML 元素的选取编制的，可以对元素执行某些操作。其基础语法是：

```
$(selector).action()
```

(1) 美元符号 $ 定义 jQuery，jQuery 库只建立一个名为 jQuery 的对象，其所有函数都在该对象之下，其别名为 $。

(2) 选择符(selector)用于“查询”或“查找”HTML 元素。

(3) jQuery 的 action()用于执行对元素的操作。例如：“$(this). hide()”隐藏当前元素。

3) 文档就绪函数 ready

jQuery 使用 $(document). ready()方法代替传统 JavaScript 的 window. onload 事件，通过使用该方法，可以在 DOM 载入就绪时就对其进行操纵并调用执行它所绑定的函数。

$(document). ready()方法和 window. onload 事件有相似的功能，但是执行时机有细微区别。window. onload 方法是在网页中所有的元素(包括元素的所有关联文件)完全加载到浏览器后才执行，即 JavaScript 此时才可以访问网页中的任何元素。而通过 jQuery 中的 $(document). ready()方法注册的事件处理程序，在 DOM 完全就绪时就可以被调用。此时，网页的所有元素对 jQuery 而言都是可以访问的，但是，这并不意味着这些元素关联的文件都已经下载完毕。

jQuery 函数应位于 ready 方法中，例如：

```
$(document).ready(function(){
      //函数代码
});
```

这是为了防止文档在完全加载(就绪)之前运行 jQuery 代码。

如果在文档没有完全加载之前就运行函数，操作可能失败，例如，试图隐藏一个不存在的元素或者获得未完全加载的图像的大小。

以上代码简写为以下形式。

```
$(function(){
      //函数代码
});
```

另外，由于 $(document)也可以简写为 $()。当 $()不带参数时，默认参数就是 document，因此也可以简写为以下形式。

```
$().ready(function(){
      //函数代码
});
```

以上三种形式的功能相同，可以根据喜好进行选择。

【引导训练】

任务 9-1　网页中显示当前日期

【任务描述】

在网页 0901.html 中圆角矩形区域左侧显示当前的日期及星期数，日期格式及顺序如图 9-4 所示。

2017年10月6日 星期五

图 9-4　网页中显示当前日期及星期数的格式

【任务实施】

1. 创建所需的文件夹

在文件夹“HTML5+CSS3 网页设计实例”中创建子文件夹 Unit09，然后在该文件夹中创建子文件夹 0901，再在该子文件夹 0901 中创建 css、images 子文件夹。

2. 启动 Dreamweaver CC

使用 Windows 的【开始】菜单或桌面的快捷方式启动 Dreamweaver CC。

3. 创建本地站点和网页

创建一个名称为“单元 9”的本地站点，站点文件夹为 Unit09。在该站点的文件夹 0901 中创建网页 0901.html。

4. 定义网页的 CSS 代码

在文件夹 CSS 中创建样式文件 main.css，在该样式文件中编写样式代码，如表 9-1 所示。

表 9-1　网页 0901.html 中样式文件 main.css 的 CSS 代码定义

序号	CSS 代码	序号	CSS 代码
01	.cc {	07	width: 400px;
02	float: left;	08	text-align: left;
03	border:2px solid #c3d9ff;	09	}
04	border-radius: 8px;	10	
05	background-color: #c3d9ff;	11	
06	padding:5px;	12	#rd1 {

续表

CSS代码

```
    padding-right: 10px;
    margin-top: 3px;
    float: left;
    line-height: 18px;
}
#rd2 {
    margin-top: 3px;
    float: left;
    line-height: 18px;
}
```

5. 编写网页0901.html的HTML代码

切换到网页文档0901.html的【代码】视图，在标签"</head>"的前面输入链接外部样式表的代码如下：

```
<link href="css/main.css" rel="stylesheet" type="text/css">
```

然后输入表9-2所示的HTML代码。

表9-2 网页0901.html的HTML代码

HTML代码

```
<div class="cc">
  <div id="rd1"> <img src="images/top.gif" width="18" height="15"
   border="0" alt="img1"/>
  </div>
  <div id="rd2">

  </div>
</div>
```

6. 编写显示当前日期的JavaScript代码

切换到【代码】视图，将光标置于代码"<div id="rd2">"与"</div>"之间，然后输入表9-3所示的JavaScript代码。

表9-3 显示当前日期的JavaScript代码之一

JavaScript代码

```
<script language="JavaScript" type="text/javascript">
    <!--
    var tempDate, year, month, day;
    tempDate =new Date();
    year=tempDate.getFullYear();
    month=tempDate.getMonth() +1;
    day =tempDate.getDate();
    document.write(year+"年"+month+"月"+day+"日   ");
    var weekArray=new Array(6);
    weekArray[0]="星期日";
```

续表

行号	JavaScript 代码

```
11      weekArray[1]="星期一";
12      weekArray[2]="星期二";
13      weekArray[3]="星期三";
14      weekArray[4]="星期四";
15      weekArray[5]="星期五";
16      weekArray[6]="星期六";
17      weekday=tempDate.getDay();
18      document.write(weekArray[weekday]);
19    // -->
20  </script>
```

7. 保存与浏览网页

保存网页 0901.html，其浏览效果如图 9-4 所示。

8. 分析显示当前日期的 JavaScript 代码

表 9-3 中 JavaScript 代码的功能是在网页中显示当前日期(包括年、月、日和星期)，该代码中应用了以下 JavaScript 知识。

(1) JavaScript 代码嵌入 HTML 代码中的标签符<script>与</script>。

(2) 对于某些浏览器，不支持 JavaScript 代码添加注释符。

(3) JavaScript 区分字母的大小写，具有大小写敏感的特点。

(4) JavaScript 的变量声明语句、赋值语句和输出语句。

(5) JavaScript 中变量的定义与赋值，数组对象的定义、数组元素的赋值和数组元素的访问。

(6) JavaScript 的对象：Date、Array、document。

(7) Date 对象的方法：getFullYear()、getMonth()、getDate()和 getDay()。

(8) document 对象的方法：write()。

(9) JavaScript 的表达式："tempDate.getMonth() + 1""year+"年"+month+"月"+day+"日""。

表 9-3 中 JavaScript 代码的具体含义解释如下：

(1) JavaScript 脚本程序必须置于<script>与</script>标签符中。

第 01 行和第 20 行使用<script> </script>标签符指明其间的程序代码是 JavaScript 脚本程序。<script>标签中的"language="JavaScript""标识脚本程序语言的类型，用于区别其他的脚本程序语言。这里使用的脚本语言是 JavaScript，所以 language 的属性值为 JavaScript。如果使用的脚本语言为 VBScript，则 language 的属性值为 VBScript。

同样，<script>标签中的"type="text/javascript""也是用于标识脚本程序的类型，用于区别其他的程序类型，例如"text/css"。

language 属性和 type 属性可以只使用其中一种，以适应不同的浏览器。

如果需要，还可以在 language 属性中标明 JavaScript 的版本号，那么，所使用的 JavaScript 脚本程序就可以应用该版本中的功能和特性，例如“language=JavaScript1.2”。

(2) 第 02 行的符号“<!--”和第 19 行的符号“//-->”针对不支持脚本的浏览器忽略其间的脚本程序。

并非所有的浏览器都支持 JavaScript，另外由于浏览器版本和 JavaScript 脚本程序之间存在兼容性问题，可能会导致某些 JavaScript 脚本程序在某些版本浏览器中无法正确执行。如果浏览不能识别<script>标签，就会将<script>与</script>标签符之间的 JavaScript 脚本程序当作普通的 HTML 字符显示在浏览器中。针对此类问题，可以将 JavaScript 脚本程序代码置于 HTML 注释符之间，这样对于不支持 JavaScript 的浏览器就不会把代码内容当作文本显示在页面上，而是把它们当作注释，不会做任何操作。

“<!--”是 HTML 注释符的起始标签，“-->”是 HTML 注释符的结束标签。对于不支持 JavaScript 脚本程序的浏览器，标签<!--和//-->之间的内容当作注释内容；对于支持 JavaScript 程序的浏览器，这对标签将不起任何作用。另外，需要注意的是，第 19 行是以 JavaScript 单行注释“//”开始的，它告诉 JavaScript 编译器忽略 HTML 注释的内容。

(3) 第 03～18 行共有 16 条语句，每一条语句都以“;”结束。

(4) JavaScript 区分字母的大小写。

在同一个程序中使用大写字母或使用小写字母表示不同的意义，不能随意将大写字母写成小写，也不能随意将小写字母写成大写。例如第 03 行中声明的变量 tempDate，该变量名的第 5 个字母为大写 D，在程序中使用该变量时该写母必须统一写成大写 D，而不能写成小写 d。如果声明变量时，变量名称为 tempdate 的形式，全为小写字母，在程序中使用该变量时，也不能写成大写。也就是说使用变量时的名称应与声明变量的名称完全一致。

JavaScript 的日期对象 Date 的首字母必须是大写字母 D，不能写成小写字母，否则不能识别该日期对象，同样日期对象的方法 getFullYear()、getMonth()、getDate()和 getDay()中的大写字母都不能写成小写，否则不能识别该方法的名称。JavaScript 的数组对象 Array 的首字母是大写字母 A，也不能写成小写 a。

JavaScript 的文档对象 document 则全部为小写字母，而不能写成 Document，否则由于不能识别 Document，而会出现错误。

(5) 第 03 行为声明变量的语句：声明 4 个变量，变量名分别为 tempDate、year、month 和 day。

(6) 第 04 行创建一个日期对象实例，其内容为当前日期和时间，且将日期对象实例赋给变量 tempDate。

(7) 第 05 行使用日期对象的 getFullYear()方法获取日期对象的当前年份数，且赋给变量 year。

(8) 第 06 行使用日期对象的 getMonth()方法获取日期对象的当前月份数，且赋给变量 month。注意由于月份的返回值是从 0 开始的索引序号，即 1 月返回 0，其他月份依次类推，为了正确表述月份，需要做加 1 处理，让 1 月显示为“1 月”而不是“0 月”。

(9) 第 07 行使用日期对象的 getDate()方法获取日期对象的当前日期数(即 1～31)，

且赋给变量 day。

(10) 第 08 行使用文档对象 document 的 write()方法向网页中输出当前日期，表达式“year＋"年"＋month＋"月"＋day＋"日"”使用运算符“＋”连接字符串，其中 year、month、day 是变量，"年"、"月"、"日"是字符串。

(11) 第 09 行使用关键字 new 和构造函数 Array()创建一个数组对象 weekArray，并且创建数组对象时指定了数组的长度为 7，即该数组元素的个数为 7，数组元素的下标(序列号)从 0 开始，各个数组元素的下标为 0～6。此时数组对象的每一个元素都尚未指定类型。

(12) 第 10～16 行分别给数组对象 weekArray 的各个元素赋值。

(13) 第 17 行使用日期对象的 getDay()方法获取日期对象的当前星期数，其返回值为 0～6，序号 0 对应星期日，序号 1 对应星期一，依次类推，序号 6 对应星期六。

(14) 第 18 行使用“[ ]”运算符访问数组元素，即获取当前星期数的中文表示，然后使用文档对象 document 的 write()方法向网页中输出。

9. 分析具有类似功能的 JavaScript 代码的作用与含义

表 9-4 也是输出当前日期的 JavaScript 代码，在网页 0901. html 用表 9-4 所示的 JavaScript 代码替换表 9-3 所示的代码，然后浏览该网页，观察显示的当前日期。

表 9-4　显示当前日期的 JavaScript 代码之二

```
<script language="JavaScript1.2" type="text/javascript">
<!--
    var today, year, day;
    today =new Date();
    year=today.getFullYear();
    day=today.getDate();
    var isMonth =new Array("1 月","2 月","3 月","4 月","5 月","6 月",
                 "7 月","8 月","9 月","10 月","11 月","12 月");
    var isDay =new Array("星期日","星期一","星期二",
                      "星期三","星期四","星期五","星期六");
    document.write(year +"年"+isMonth[today.getMonth()]+day+"日"
                     +isDay[today.getDay()]);
//-->
</script>
```

任务 9-2　网页中不同时间段显示不同的问候语

【任务描述】

应用 JavaScript 的 if... else if 语句，在网页 0902. html 中根据不同时间段(采用

24 小时制)显示相应的问候语,具体要求如下:

(1) 每天上午 8 点之前(不包含 8 点)显示“早晨好!”。

(2) 每天上午 12 点之前(包含 8 点但不包含 12 点)显示“上午好!”。

(3) 每天的 12 点至 14 点(包含 12 点但不包含 14 点)显示“中午好!”。

(4) 每天的 14 点至 17 点(包含 14 点但不包含 17 点)显示“下午好!”。

(5) 每天的 17 点之后(包含 17 点)显示“晚上好!”。

【任务实施】

1. 创建文件夹和网页

在文件夹 Unit09 中创建子文件夹 0902,再在该文件夹中创建 css、images 子文件夹。然后在子文件夹 0902 中创建网页 0902. html。

2. 定义网页的 CSS 代码

在文件夹 css 中创建样式文件 main. css,在该样式文件中编写样式代码,如表 9-5 所示。

表 9-5　网页 0902. html 中样式文件 main. css 的 CSS 代码定义

```
.cc {
    float: left;
    border:2px solid #c3d9ff;
    border-radius: 8px;
    background-color: #c3d9ff;
    padding:5px;
    width: 400px;
    text-align: left;
}
#rd1 {
    padding-right: 10px;
    margin-top: 3px;
    float: left;
    line-height: 18px;
}
#rd2 {
    margin-top: 3px;
    padding-right:10px;
    float: right;
    line-height: 18px;
}
```

3. 编写网页 0902. html 的 HTML 代码

切换到网页文档 0902. html 的【代码】视图,在标签“</head>”的前面输入链接外部样式表的代码如下:

```
<link href="css/main.css" rel="stylesheet" type="text/css">
```

然后输入表 9-6 所示的 HTML 代码。

表 9-6　网页 0902.html 的 HTML 代码

```
<div class="cc">
  <div id="rd1"> <img src="images/top.gif" width="18" height="15"
   border="0" alt="img1" />
  </div>
  <div id="rd2">

  </div>
</div>
```

4. 编写不同时间段显示不同问候语的 JavaScript 代码

切换到【代码】视图，将光标置于代码“<div id="rd2">”与“</div>”之间，然后输入表 9-7 所示的 JavaScript 代码。

表 9-7　在不同时间段显示不同问候语的 JavaScript 代码

```
<script language="JavaScript" type="text/javascript">
  <!--
  var today, hour;
  today =new Date();
  hour =today.getHours();
  if (hour <8){ document.write(" 早晨好!");}
    else if(hour <12){document.write(" 上午好!");}
         else if(hour <14){ document.write(" 中午好!");}
              else if(hour <17){ document.write(" 下午好!");}
                        else           { document.write(" 晚上好!");}
  // -->
</script>
```

5. 保存与浏览网页

保存网页 0902.html，其浏览效果如图 9-5 所示。

图 9-5　“上午”时间段网页 0902.html 的浏览效果

6. 分析显示不同问候语的 JavaScript 代码

标签符<script>与</script>、注释符“<!--”和“//-->”的作用和含义在任务 9-1 中已有详细说明，以后各任务中不再重复说明，请参考任务 9-1 的内容。

表 9-7 中 JavaScript 代码应用了以下的 JavaScript 知识。

(1) JavaScript 的变量声明语句、赋值语句和 if...else if 语句。

(2) 关系运算符和关系表达式。

(3) JavaScript 的对象：Date、document。

(4) Date 对象的方法：getHours()。

(5) document 对象的方法：write()。

表 9-7 中 JavaScript 代码的具体含义解释如下。

(1) 第 03 行声明了两个变量，变量名分别为 today、hour。

(2) 第 04 行是一条赋值语句，创建一个日期对象，且赋给变量 today。

(3) 第 05 行是一条赋值语句，调用日期对象的方法 getHours()获取当前日期对象的小时数，且赋给变量 hour。

(4) 第 06～10 行是一个较为复杂的 if... else if 语句，该语句的执行规则如下：

首先判断条件表达式 hour ＜ 8 是否成立，如果该条件表达式的值为 true(例如早晨 7 点)，则程序将执行对应语句“document. write(" 早晨好!");”，即在网页中显示“早晨好!”的问候语。

如果条件表达式 hour ＜ 8 的值为 false(例如上午 9 点)，那么判断第 1 个 else if 后面的条件表达式 hour ＜ 12 是否成立，如果该条件表达式的值为 true(例如上午 9 点)，则程序将执行对应语句“document. write(" 上午好!");”，即在网页中显示“上午好!”的问候语。

依此类推，直到完成最后一个 else if 条件表达式 hour ＜ 17 的测试，如果所有的 if 和 else if 的条件表达式都不成立(例如晚上 8 点)，则执行 else 后面的语句“document. write (" 晚上好!");”，即在网页中显示“晚上好!”的问候语。

任务 9-3　网页中制作圆角按钮和圆角图片

【任务描述】

(1) 创建网页 090301. html，该网页中制作的圆角渐变效果按钮的浏览效果如图 9-6 所示。

图 9-6　网页 090301. html 中圆角渐变效果网页按钮的浏览效果

(2) 创建网页 090302. html，该网页中制作的圆角图片和图形图片的浏览效果如图 9-7 所示。

【任务实施】

1. 创建文件夹和网页

在文件夹 Unit09 中创建子文件夹 0903，再在该文件夹中创建 css、images 子文件夹。

图 9-7 网页 090302.html 中圆角图片和图形图片的浏览效果

然后在子文件夹 0903 中创建网页 090301.html 和 090302.html。

2. 定义网页 090301.html 的 CSS 代码

网页 090301.html 对应的 CSS 代码如表 9-8 所示。

表 9-8 网页 090301.html 对应的 CSS 代码

CSS 代码

```css
a {
    color: #339;
    text-decoration: none;
}

a:hover {
    text-decoration: underline;
}

.button {
    display: inline-block;
    zoom: 1;
    vertical-align: baseline;
    margin: 0 2px;
    outline: none;
    cursor: pointer;
    text-align: center;
    text-decoration: none;
    font: 14px/100% Arial, Helvetica, sans-serif;
    padding: .5em 1.5em .55em;
    text-shadow: 0 1px 1px rgba(0,0,0,.3);
    -webkit-border-radius: .5em;
    -moz-border-radius: .5em;
    border-radius: .5em;
    -webkit-box-shadow: 0 1px 2px rgba(0,0,0,.2);
    -moz-box-shadow: 0 1px 2px rgba(0,0,0,.2);
    box-shadow: 0 1px 2px rgba(0,0,0,.2);
}

.button:hover {
```

续表

CSS代码

```
    text-decoration: none;
}

.button:active {
    position: relative;
    top: 1px;
}

.green {
    color: #e8f0de;
    border: solid 1px #538312;
    background: #64991e;
    background: -webkit-gradient(linear, left top, left bottom, from(#
      7db72f), to(#4e7d0e));
    background: -moz-linear-gradient(top, #7db72f, #4e7d0e);
    filter: progid:DXImageTransform.Microsoft.gradient(startColorstr=
      '#7db72f', endColorstr='#4e7d0e');
}

.green:hover {
    background: #538018;
    background: -webkit-gradient(linear, left top, left bottom, from(#
      6b9d28), to(#436b0c));
    background: -moz-linear-gradient(top, #6b9d28, #436b0c);
    filter: progid:DXImageTransform.Microsoft.gradient(startColorstr=
      '#6b9d28', endColorstr='#436b0c');
}

.green:active {
    color: #a9c08c;
    background: -webkit-gradient(linear, left top, left bottom, from(#
      4e7d0e), to(#7db72f));
    background: -moz-linear-gradient(top, #4e7d0e, #7db72f);
    filter: progid:DXImageTransform.Microsoft.gradient(startColorstr=
      '#4e7d0e', endColorstr='#7db72f');
}

.bigrounded {
    -webkit-border-radius: 2em;
    -moz-border-radius: 2em;
    border-radius: 2em;
}

.medium {
    font-size: 12px;
    padding: .4em 1.5em .42em;
```

续表

```css
}

.small {
    font-size: 11px;
    padding: .2em 1em .275em;
}
```

3. 编写网页 090301.html 的 HTML 代码

网页 090301.html 的 HTML 代码如表 9-9 所示。

表 9-9　网页 090301.html 的 HTML 代码

```html
<!doctype html>
<html>
  <head>
    <meta charset="utf-8">
    <title>CSS3 制作的圆角渐变效果的网页按钮</title>
    <link href="css/main1.css" rel="stylesheet" type="text/css">
  </head>
  <body>
    <div>
      <a href="#" class="button green">Green</a>
      <a href="#" class="button green bigrounded">Rounded</a>
      <a href="#" class="button green medium">Medium</a>
      <a href="#" class="button green small">Small</a>
    </div>
  </body>
</html>
```

4. 保存与浏览网页 090301.html

保存网页 090301.html，其浏览效果如图 9-6 所示。

5. 定义网页 090302.html 的 CSS 代码

网页 090302.html 对应的 CSS 代码如表 9-10 所示。

表 9-10　网页 090302.html 对应的 CSS 代码

```css
.normal img {
    border: solid 5px #a9c08c;
    -webkit-border-radius: 20px;
```

续表

CSS代码

```
    -moz-border-radius: 20px;
    border-radius: 20px;
    -webkit-box-shadow: inset 0 1px 5px rgba(0,0,0,.5);
    -moz-box-shadow: inset 0 1px 5px rgba(0,0,0,.5);
    box-shadow: inset 0 1px 5px rgba(0,0,0,.5);
}

.circle {
    position:relative;
    display:inline-block;
    width: 140px;
    height: 140px;
    -webkit-border-radius: 50em;
    -moz-border-radius: 50em;
    border-radius: 50em;
}
```

6. 编写网页090302.html的HTML代码

网页090302.html的HTML代码如表9-11所示。

表9-11 网页090302.html的HTML代码

HTML代码

```
<!doctype html>
<html>
  <head>
   <meta charset="utf-8">
   <title>使用CSS3实现圆角和圆形图片</title>
   <link href="css/main2.css" rel="stylesheet" type="text/css">
  </head>
  <body>
    <span class="normal">
      <img src="images/01.jpg" width="184" height="144" alt="img1">
    </span>
    <span class="circle" style="background:url(images/02.jpg) no-repeat
      center center; ">
    </span>
  </body>
</html>
```

7. 保存与浏览网页090302.html

保存网页090302.html,其浏览效果如图9-7所示。

任务 9-4　设计网页中的圆形导航按钮

【任务描述】

创建网页 0904. html，该网页中圆形导航按钮的浏览效果如图 9-8 所示。

图 9-8　网页 0904. html 中圆形导航按钮的浏览效果

【任务实施】

1. 创建文件夹和网页

在文件夹 Unit09 中创建子文件夹 0904，再在该文件夹中创建 css、images 子文件夹。然后在子文件夹 0904 中创建网页 0904. html。

2. 定义网页 0904. html 的 CSS 代码

网页 0904. html 的 CSS 代码如表 9-12 所示。

表 9-12　网页 0904. html 的 CSS 代码

```
img {
    border: 0;
    max-width: 100%;
    height: auto
}

ol,ul {
    list-style: none
}

a:active,a:focus {
    outline: 0
}
a {
```

续表

CSS代码

```
    text-decoration: none;
    color: #111
}

.category {
    padding: 1em 2em 0
}

.category li {
    float: left;
    width: 33.3%;
    text-align: center;
    padding-bottom: 1.2em
}

.category i {
    margin-bottom: .9em
}

.category span {
    display: block;
    color: #4e4e4e;
    font-size: 2em
}
.icon-1 {
    background: #5c83ce url(../images/icon01.png)
              no-repeat scroll 0 0
}

.icon-2 {
    background: #db343e url(../images/icon02.png)
              no-repeat scroll 0 0
}


.icon-3 {
    background: #3bc2ef url(../images/icon03.png)
              no-repeat scroll 0 0
}

.icon-4 {
    background: #3bc2ef url(../images/icon04.png)
               no-repeat scroll 0 0
}

.icon-5 {
```

续表

```css
    background: #9ad24d url(../images/icon05.png)
                no-repeat scroll 0 0
}

.icon-6 {
    background: #ff619c url(../images/icon06.png)
                no-repeat scroll 0 0
}

.icon-category {
    display: inline-block;
    width: 4em;
    height: 4em;
    background-size: 100% 100%;
    border-radius: 50%;
}
```

3. 编写网页 0904.html 的 HTML 代码

网页 0904.html 的 HTML 代码如表 9-13 所示。

表 9-13　网页 0904.html 的 HTML 代码

```html
<article class="category">
  <ul>
    <li><a href="#"><i class="icon-1 icon-category"></i><span>智能手机</span></a></li>
    <li><a href="#"><i class="icon-2 icon-category"></i><span>功能手机</span></a></li>
    <li><a href="#"><i class="icon-3 icon-category"></i><span>手机配件</span></a></li>
    <li><a href="#"><i class="icon-4 icon-category"></i><span>平板电脑</span></a></li>
    <li><a href="#"><i class="icon-5 icon-category"></i><span>平板配件</span></a></li>
    <li><a href="#"><i class="icon-6 icon-category"></i><span>移动网络</span></a></li>
  </ul>
</article>
```

4. 保存与浏览网页

保存网页 0904.html，其浏览效果如图 9-8 所示。

任务 9-5　网页中实现搜索框聚焦变长的效果

【任务描述】

创建网页 0905. html，该网页浏览时搜索框的初始效果如图 9-9 所示。

图 9-9　网页 0905. html 浏览时搜索框的初始效果

【任务实施】

1. 创建文件夹和网页

在文件夹 Unit09 中创建子文件夹 0905，再在该文件夹中创建 css、images 子文件夹。然后在子文件夹 0905 中创建网页 0905. html。

2. 定义网页 0905. html 的 CSS 代码

网页 0905. html 的 CSS 代码如表 9-14 所示。

表 9-14　网页 0905. html 的 CSS 代码

```css
body {
    background: #ccc;
}

#search input[type="text"] {
    background: url(../images/search-white.png) no-repeat 10px 6px #fcfcfc;
    border: 1px solid #d1d1d1;
    font: bold 12px Arial,Helvetica,Sans-serif;
    color: #bebebe;
    width: 150px;
    padding: 6px 15px 6px 35px;
    text-shadow: 0 2px 3px rgba(0, 0, 0, 0.1);
    -webkit-border-radius: 20px;
    -moz-border-radius: 20px;
    border-radius: 20px;
    -webkit-box-shadow: 0 1px 3px rgba(0, 0, 0, 0.15) inset;
    -moz-box-shadow: 0 1px 3px rgba(0, 0, 0, 0.15) inset;
    box-shadow: 0 1px 3px rgba(0, 0, 0, 0.15) inset;
    -webkit-transition: all 0.7s ease 0s;
    -moz-transition: all 0.7s ease 0s;
```

续表

CSS 代码

```
    -o-transition: all 0.7s ease 0s;
    transition: all 0.7s ease 0s;
}

#search input[type="text"]:focus {
    width: 200px;
}
```

3. 编写网页 0905.html 的 HTML 代码

网页 0905.html 的 HTML 代码如表 9-15 所示。

表 9-15　网页 0905.html 的 HTML 代码

HTML 代码

```
<form method="get" id="search">
    <input name="q" type="text" size="40" placeholder="Search..."/>
</form>
```

4. 保存与浏览网页

保存网页 0905.html，其浏览效果如图 9-9 所示。网页中搜索框获取焦点时的变长效果如图 9-10 所示。

图 9-10　网页中搜索框获取焦点时的变长效果

任务 9-6　网页中应用 CSS 实现超酷导航菜单

【任务描述】

创建网页 0906.html，该页面中超酷导航菜单的浏览效果如图 9-11 所示。

图 9-11　网页 0906.html 中超酷导航菜单的浏览效果

【任务实施】

1. 创建文件夹和网页

在文件夹 Unit09 中创建子文件夹 0906，再在该文件夹中创建 css 子文件夹。然后在子文件夹 0906 中创建网页 0906.html。

2. 定义网页 0906.html 的 CSS 代码

网页 0906.html 的 CSS 代码如表 9-16 所示。

表 9-16　网页 0906.html 的 CSS 代码

CSS代码

```
ul.cssTabs {
    background: #848383;
    border: solid 1px #606060;
    padding: 0 75px;
    width: 450px;
    margin: 10px 0;
    font-size: 12px;
    font-weight: bold;
    background: -moz-linear-gradient(0% 100% 90deg, #737373, #9a9a9a);
    background: -webkit-gradient(linear, 0% 0%, 0% 100%, from(#9a9a9a),
      to(#737373));
    box-shadow: inset 0 1px 0 0 #dfdfdf;
    -moz-box-shadow: inset 0 1px 0 0 #dfdfdf;
    -webkit-box-shadow: inset 0 1px 0 0 #dfdfdf;
    border-radius: 8px 8px;
    -moz-border-radius: 8px 8px;
    -webkit-border-radius: 8px 8px;
}

ul.cssTabs >li {
    background: #989898;
    color: #3a3a3a;
    border: solid 1px #606060;
    border-bottom: 0;
    display: inline-block;
    margin: 10px 1px -1px;
    padding: 8px 20px;
    background: -moz-linear-gradient(0% 100% 90deg, #9a9a9a, #888888);
    background: -webkit-gradient(linear, 0% 0%, 0% 100%, from(#888888), to
      (#9a9a9a));
    box-shadow: inset 0 1px 0 0 #dfdfdf;
    -moz-box-shadow: inset 0 1px 0 0 #dfdfdf;
    -webkit-box-shadow: inset 0 1px 0 0 #dfdfdf;
    text-shadow: 1px 1px 0 #d3d3d3;
```

续表

CSS 代码

```
}

ul.cssTabs >li.active,ul.cssTabs >li:hover {
    background: #ededed;
    background: -moz-linear-gradient(0% 100% 90deg, #f0f0f0, #d1d1d1)!important;
    background: -webkit-gradient(linear, 0% 0%, 0% 100%, from(#d1d1d1), to(#f0f0f0))!important;
    box-shadow: inset 0 1px 0 0 #fff;
    -moz-box-shadow: inset 0 1px 0 0 #fff;
    -webkit-box-shadow: inset 0 1px 0 0 #fff;
    text-shadow: none;
    cursor: pointer;
}

ul.cssTabs.blue {
    background: #237e9f;
    border-color: #20617f;
    background: -moz-linear-gradient(0%100%90deg,#217092, #2d97b8);
    background: -webkit-gradient(linear, 0% 0%, 0% 100%, from(#2d97b8), to(#217092));
    box-shadow: inset 0 1px 0 0 #a8e3f0;
    -moz-box-shadow: inset 0 1px 0 0 #a8e3f0;
    -webkit-box-shadow: inset 0 1px 0 0 #a8e3f0;
}

ul.cssTabs.blue >li,ul.cssTabs.blue >li:hover {
    background: #2ca0c1;
    color: #1a4760;
    border-color: #20617f;
    background: -moz-linear-gradient(0%100%90deg,#2ca1c3, #2687aa);
    background: -webkit-gradient(linear, 0% 0%, 0% 100%, from(#2687aa), to(#2ca1c3));
    box-shadow: inset 0 1px 0 0 #a8e3f0;
    -moz-box-shadow: inset 0 1px 0 0 #a8e3f0;
    -webkit-box-shadow: inset 0 1px 0 0 #a8e3f0;
    text-shadow: 1px 1px 0 #8cd9e8;
}

ul.cssTabs.blue >li.active {
    box-shadow: inset 0 1px 0 0 #fff;
    -moz-box-shadow: inset 0 1px 0 0 #fff;
    -webkit-box-shadow: inset 0 1px 0 0 #fff;
    text-shadow: none;
}
```

3. 编写网页 0906.html 的 HTML 代码

网页 0906.html 的 HTML 代码如表 9-17 所示。

表 9-17　网页 0906.html 的 HTML 代码

```
<ul class="cssTabs">
   <li class="active">主页</li>
   <li>关于我们</li>
   <li>我们服务</li>
   <li>联系我们</li>
</ul>
<ul class="cssTabs blue">
   <li class="active">Home</li>
   <li>About us</li>
   <li>Our Services</li>
   <li>Contact us</li>
</ul>
```

4. 保存与浏览网页

保存网页 0906.html，其浏览效果如图 9-11 所示。

任务 9-7　网页中实现仿 Office 风格的多级菜单

【任务描述】

创建网页 0907.html，在该网页中实现仿 Office 风格的多级菜单的浏览效果如图 9-12 所示。

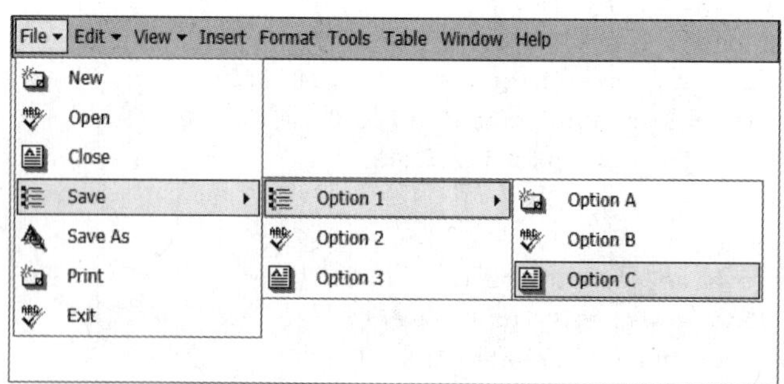

图 9-12　网页 0907.html 中实现仿 Office 风格的多级菜单的浏览效果

【任务实施】

1. 创建文件夹和网页

在文件夹 Unit09 中创建子文件夹 0907,再在该文件夹中创建 css 子文件夹。然后在子文件夹 0907 中创建网页 0907.html。

2. 定义网页 0907.html 的 CSS 代码

网页 0907.html 的 CSS 代码如表 9-18 所示。

表 9-18　网页 0907.html 的 CSS 代码

CSS 代码

```
* {
    margin: 0;
    padding: 0;
}

#nav {
    position: relative;
    z-index: 2;
}
/* Download by http://www.codefans.net */
#nav ul {
    background-color: #B8D1F8;
    border: 1px solid #000C80;
    height: 24px;
    list-style: none outside none;
    margin: 0;
    padding: 1px;
}

#nav ul ul {
    background-color: #FFFFFF;
    border: 1px solid #8A867A;
    display: none;
    height: auto;
    left: 0;
    padding: 0;
    position: absolute;
    top: 25px;
    width: 168px;
}

#nav ul ul ul {
    display: none;
```

续表

```
    left: 168px;
    position: absolute;
    top: -1px;
    width: 168px;
}

#nav ul li {
    float: left;
    margin-right: 1px;
    position: relative;
}

#nav ul li a {
    border: 1px solid #B8D1F8;
    color: #000;
    cursor: default;
    display: block;
    font: 11px Tahoma,Arial;
    padding: 3px 3px 4px;
    text-decoration: none;
}
.window {
    background-color: #FFF;
    border: 1px solid #8A867A;
    border-top-width: 0;
    height: 240px;
    margin: 10px auto;
    width: 520px;
}

#nav ul li span {
    background: url("../images/u.gif")
    no-repeat scroll 90% center transparent;
    border: 1px solid #B8D1F8;
    color: #000;
    cursor: default;
    display: block;
    font: 11px Tahoma,Arial;
    padding: 3px 14px 4px 3px;
    position: relative;
}

#nav ul ul li span {
    background: url("../images/s.gif")
    no-repeat scroll 97% center transparent;
}
```

续表

CSS 代码

```css

#nav ul ul li {
    float: none;
    margin-right: 0;
    padding: 1px;
    text-indent: 10px;
}

#nav ul ul li a,#nav ul ul li span {
    border: 1px solid transparent;
    padding: 3px 3px 5px 2px;
}

#nav ul ul li a img,#nav ul ul li span img {
    border-width: 0;
    float: left;
    margin-right: 5px;
    vertical-align: middle;
}

#nav ul li:hover >a,#nav ul li:hover >span {
    background-color: #FFF2C8;
    border: 1px solid #000C80;
    color: #000;
}

#nav ul li span:focus +ul,#nav ul li ul:hover {
    display: block;
}
```

3. 编写网页 0907.html 的 HTML 代码

网页 0907.html 的 HTML 代码如表 9-19 所示。

表 9-19　网页 0907.html 的 HTML 代码

HTML 代码

```html
<div class="window">
  <div id="nav">
   <ul>
    <li><span tabindex="1">File</span>
     <ul>
      <li><a href="#"><img src="images/icon1.gif" alt="1"/>New</a></li>
      <li><a href="#"><img src="images/icon2.gif" alt="2"/>Open</a></li>
      <li><a href="#"><img src="images/icon3.gif" alt="3"/>Close</a></li>
```

续表

HTML 代码

```
      <li><span tabindex="1"><img src="images/icon4.gif" alt="4"/>Save
        </span>
        <ul>
         <li><span tabindex="1"><img src="images/icon4.gif" alt="4"/>
          Option 1</span>
           <ul>
            <li><a href="#"><img src="images/icon1.gif" alt="1"/>Option
              A</a></li>
            <li><a href="#"><img src="images/icon2.gif" alt="2"/>Option
              B</a></li>
            <li><a href="#"><img src="images/icon3.gif" alt="3"/>Option
              C</a></li>
           </ul></li>
         <li><a href="#"><img src="images/icon2.gif" alt="2"/>Option 2
           </a></li>
         <li><a href="#"><img src="images/icon3.gif" alt="3"/>Option 3
           </a></li>
        </ul>
      </li>
      <li><a href="#"><img src="images/icon5.gif" alt="5"/>Save As</a>
        </li>
      <li><a href="#"><img src="images/icon1.gif" alt="1"/>Print</a></li>
      <li><a href="#"><img src="images/icon2.gif" alt="2"/>Exit</a></li>
     </ul>
   </li>
   <li><span tabindex="1">Edit</span>
     <ul>
      <li><a href="#"><img src="images/icon1.gif" alt="1"/>Cut</a></li>
      <li><a href="#"><img src="images/icon2.gif" alt="2"/>Copy</a></li>
      <li><a href="#"><img src="images/icon3.gif" alt="3"/>Paste</a></li>
     </ul>
   </li>
   <li><span tabindex="1">View</span>
     <ul>
      <li><a href="#"><img src="images/icon1.gif" alt="1"/>Normal</a>
        </li>
      <li><a href="#"><img src="images/icon2.gif" alt="2"/>Web Layout
        </a></li>
       <li><a href="#"><img src="images/icon3.gif" alt="3"/>Print
        Layout</a></li>
     </ul>
   </li>
   <li><a href="#">Insert</a></li>
   <li><a href="#">Format</a></li>
   <li><a href="#">Tools</a></li>
   <li><a href="#">Table</a></li>
```

续表

```
      <li><a href="#">Window</a></li>
      <li><a href="#">Help</a></li>
     </ul>
   </div>
</div>
```

4. 保存与浏览网页

保存网页 0907. html，其浏览效果如图 9-12 所示。

任务 9-8 网页中实现图片拖动操作

【任务描述】

创建网页 0908. html，该网页的初始浏览效果如图 9-13 所示。

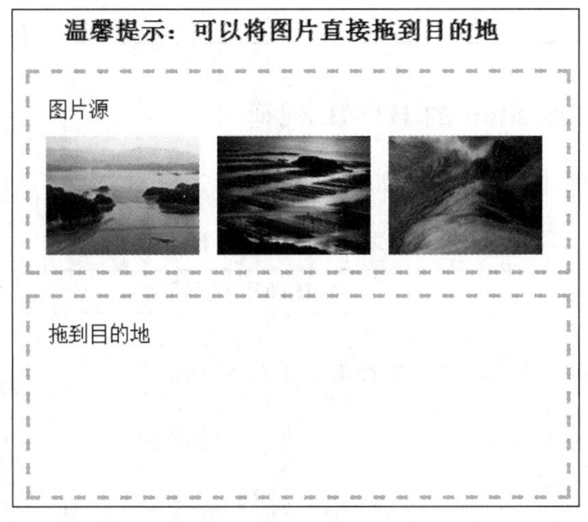

图 9-13 网页 0908. html 的初始浏览效果

【任务实施】

1. 创建文件夹和网页

在文件夹 Unit09 中创建子文件夹 0908，再在该文件夹中创建 css、images 子文件夹。然后在子文件夹 0908 中创建网页 0908. html。

2. 定义网页 0908.html 的 CSS 代码

网页 0908.html 的 CSS 代码如表 9-20 所示。

表 9-20　网页 0908.html 的 CSS 代码

```
#info{
    padding-left:40px
}
#album {
    border: 3px dashed #ccc;
    float: left;
    margin: 0px 10px 5px;
    padding: 10px;
    width: 400px;
    height: 130px;
}
#album img,#trash img {
    margin: 3px;
    height: 90px;
    width: 120px;
}
#trash {
    border: 3px dashed #ccc;
    float: left;
    margin: 10px;
    padding: 10px;
    width: 400px;
    height: 130px;
    clear: left;
}

#album p,#trash p {
    line-height: 25px;
    margin: 0px;
    padding: 5px;
    height: 25px;
}
```

3. 编写网页 0908.html 的 HTML 代码

网页 0908.html 的 HTML 代码如表 9-21 所示。

表 9-21　网页 0908.html 的 HTML 代码

```
<div id="info">
   <h3>温馨提示:可以将图片直接拖到目的地</h3>
</div>
<div id="album">
   <p>图片源</p>
   <img src="images/01.jpg" id="img1" draggable="true"/>
   <img src="images/02.jpg" id="img2" draggable="true"/>
   <img src="images/03.jpg" id="img3" draggable="true"/>
</div>
<div id="trash">
   <p>拖动目的地</p>
</div>
<script src="js/drag.js" type="text/javascript"></script>
```

4. 编写网页 0908.html 的 JavaScript 代码实现图片拖动功能

网页 0908.html 中实现图片拖动功能的 JavaScript 代码如表 9-22 所示。

表 9-22 网页 0908.html 中实现图片拖动功能的 JavaScript 代码

```javascript
var info =document.getElementById("info");
//获得被拖动的元素,这里为图片所在的 div
var src =document.getElementById("album");
var dragImgId;
//开始拖动操作
src.ondragstart =function(e) {
    //获得被拖动的图片 ID
    dragImgId =e.target.id;
    //获得被拖动元素
    var dragImg =document.getElementById(dragImgId);
    //拖动操作结束
    dragImg.ondragend =function(e) {
        //恢复提醒信息
        info.innerHTML ="<h3>温馨提示:可以将图片直接拖到目的地</h3>";
    };
    e.dataTransfer.setData("text", dragImgId);
};
//拖动过程中
src.ondrag =function(e) {
    info.innerHTML ="<h3>--图片正在被拖动--</h3>";
}
//获得拖动的目标元素
var target =document.getElementById("trash");
//关闭默认处理
target.ondragenter =function(e) {
    e.preventDefault();
}
target.ondragover =function(e) {
    e.preventDefault();
}
//有图片拖动到了目标元素
target.ondrop =function(e) {
    var draggedID =e.dataTransfer.getData("text");
    //获取图片中的 DOM 对象
    var oldElem =document.getElementById(draggedID);
    //从图片 DIV 中删除该图片的节点
    oldElem.parentNode.removeChild(oldElem);
    //将被拖动的图片 DOM 节点添加到目的地 DIV 中
    target.appendChild(oldElem);
    info.innerHTML ="<h3>温馨提示:可以将图片直接拖到目的地</h3>";
    e.preventDefault();
}
```

5. 保存与浏览网页

保存网页 0908.html,其初始浏览效果如图 9-13 所示。在网页 0908.html 中将图片源的两张图片拖到目的地后的效果如图 9-14 所示。

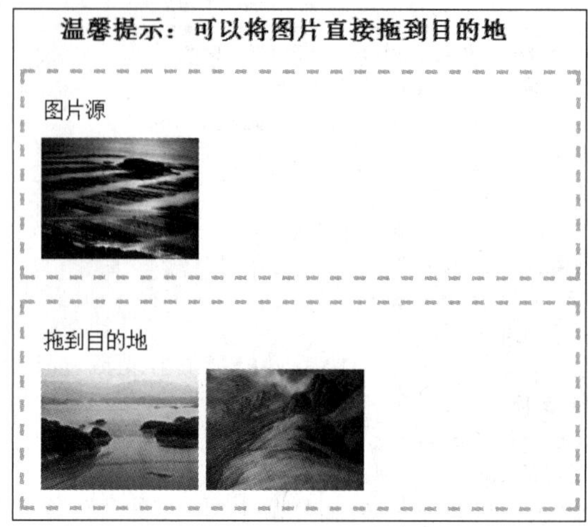

图 9-14　在网页 0908.html 中将图片源的两张图片拖到目的地后的效果

【同步训练】

任务 9-9　网页中不同的节假日显示不同的问候语

创建网页 0909.html，在该网页中应用 JavaScript 的 if 语句实现不同的节假日显示不同的问候语，具体要求如下。

(1) 非节假日显示“天天快乐！”。

(2) 1 月 1 日显示“元旦快乐！”。

(3) 5 月 1 日显示“五一劳动节快乐！”。

(4) 10 月 1 日显示“国庆节快乐！”。

提示：在不同节假日显示不同问候语的 JavaScript 代码如表 9-23 所示。

表 9-23　在不同节假日显示不同问候语的 JavaScript 代码

```
<script language="JavaScript" type="text/javascript">
  <!--
    var msg="天天快乐";
    var now=new Date();
    var month=now.getMonth()+1;
    var Date=now.getDate();
    if (month==1 && Date==1)  {msg="元旦快乐!";}
    if (month==5 && Date==1)  {msg="五一劳动节快乐!";}
```

续表

JavaScript 代码

```
    if (month==10 && Date==1) {msg="国庆节快乐!";}
    document.write(msg);
  //-->
</script>
```

任务 9-10　网页中创建下拉导航菜单

创建网页 0910. html,浏览该网页,然后将鼠标指向下拉菜单项,如图 9-15 所示。

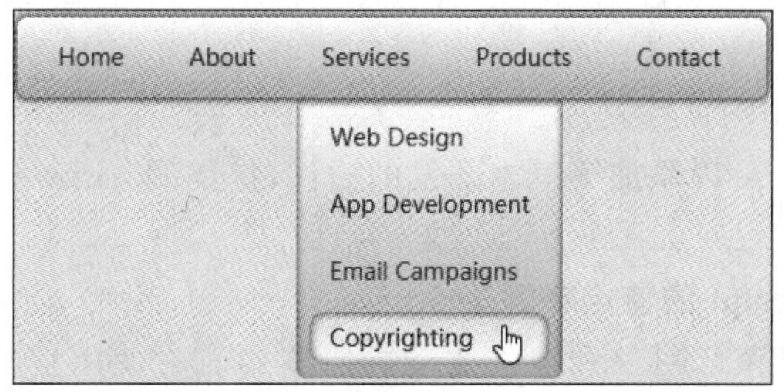

图 9-15　网页 0910. html 中菜单的初始浏览效果

提示:请扫描二维码浏览提示内容。

【技术进阶】

1. CSS 盒模型尺寸的计算

提示:请扫描二维码查看相关内容。

2. 嵌套 div 区域的尺寸计算

在网页布局中经常使用 div 嵌套结构,即一个元素中包含另一个元素,从结构上讲属于嵌套或包含关系,外面的元素称为父元素,里面的元素称为子元素。嵌套 div 内容部分尺寸的计算受 div 外边距、边框和内边距宽度的影响,子元素的外边距、边框和内边距都被包含在父元素的内容框里面。

【问题探究】

【问题 1】　Dreamweaver CC 制作网页特效的常用方法有哪些?

Dreamweaver CC 制作网页特效的常用方法有:

（1）使用 HTML 标签制作网页特效。

（2）使用 CSS 样式制作网页特效。

（3）使用 JavaScript 程序制作网页特效。

（4）使用行为制作网页特效。

在 Dreamweaver CC 中预设了一些行为，通过行为可以轻松地制作出一些网页特效，使网页具有一些动感效果。Dreamweaver CC 以可视化的方法设置行为，插入行为时 Dreamweaver CC 自动给网页添加了一些 JavaScript 代码，这些代码能够实现动感网页的效果。可以将行为附加到整个文档，可以附加到链接、图像、表单元素或其他页面元素。也可以为每个事件指定多个动作。

Dreamweaver CC 中，一个行为是由一个事件和一个动作结合后形成的，动作由预先写好的能够执行某种任务的 JavaScript 代码组成；而事件与浏览者的操作相关，例如单击鼠标等。动作只有在某个事件发生时才被执行。当给页面的元素添加行为时，要指定激活动作的事件。

（5）使用插件制作网页特效。

Dreamweaver CC 可以添加第三方开发的插件，扩展 Dreamweaver 的功能，以实现更多的网页特效。

【问题 2】 JavaScript 的特点有哪些？

JavaScript 是一种基于对象和事件驱动的脚本语言。使用它的目的是与 HTML 超文本标记语言一起实现网页中的动态交互功能。通过嵌入或调用 JavaScript 代码在标准的 HTML 语言中实现其功能，它与 HTML 标签结合在一起，弥补了 HTML 语言的不足，JavaScript 使得网页变得更加生动。

JavaScript 是一种脚本编程语言，它的基本语法与 C 语言类似，但运行过程中不需要单独编译，而是逐行解释执行，运行速度快。JavaScript 具有跨平台性，与操作环境无关，只依赖于浏览器本身，只要是在支持 JavaScript 的浏览器上就能正确执行。

【问题 3】 JavaScript 的常量有哪几种类型？各有何特点？

JavaScript 有 6 种基本类型的常量。

（1）整型常量：整型常量是程序运行过程中不能改变的数据，可以使用十进制、十六进制、八进制表示其值。

（2）实型常量：实型常量由整数部分加小数部分表示，可以使用科学表示法或标准方法来表示。

（3）布尔值：布尔常量有 True 或 False 两种值，主要用来说明或代表一种状态或标志。

（4）字符型常量：使用单引号(' ')或双引号(" ")括起来的一个或几个字符。

（5）空值：JavaScript 中有一空值 NULL，表示什么也没有。如果试图引用没有定义的变量，则返回一个 NULL 值。

（6）特殊字符：JavaScript 中包含以反斜杠(/)开头的特殊字符，通常称为控制字符。

【问题 4】 JavaScript 变量的命名规则有哪些？变量有哪几种类型？如何声明变量？

（1）变量的命名必须以字母开头，中间可以出现字母、数字、下画线(_)，变量名不能有空格、“＋”或“－”等字符，JavaScript 的关键字不能作变量名。

(2) 变量有 4 种类型：整型变量、实型变量、布尔型变量、字符串变量。

(3) JavaScript 变量在使用前可以使用 var 关键字先进行声明，并且可以赋初值。JavaScript 中变量也可以先不予以声明，而是在使用时根据数据类型来确定其变量的类型，但是这样可能会引起混乱，建议变量使用前先进行声明。

【问题 5】 JavaScript 常用的运算符有哪几种？表达式有哪几种？

JavaScript 常用的运算符有：算术运算符(包括＋、－、*、/、%、＋＋、－－)，比较运算符(包括<、<=、>、>=、==、!=)，逻辑运算符(&&、||、!)，赋值运算符(=)，条件运算符(?：)以及其他类型的运算符。

JavaScript 的表达式可以分为算术表达式、字符串表达式、赋值表达式和逻辑表达式。

【问题 6】 JavaScript 的条件语句有哪几种？各自的特点是什么？

(1) if 语句。

(2) if...else 语句。

(3) switch 语句。

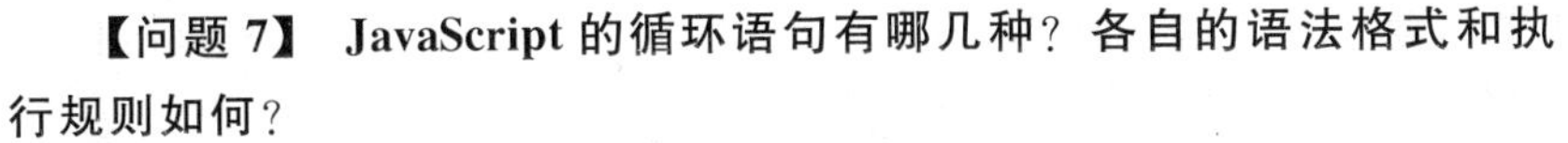

【问题 7】 JavaScript 的循环语句有哪几种？各自的语法格式和执行规则如何？

JavaScript 中提供了三种循环语句：for 语句、while 语句、do...while 语句，同时还提供了 break 语句(用于跳出循环)、continue 语句(用于终止当前循环并继续执行一轮循环)，以及标号语句。

【问题 8】 JavaScript 中有几种全局函数，如何定义 JavaScript 的函数？

JavaScript 有以下 7 个全局函数：escape()、eval()、isFinite()、isNaN()、parseFloat()、parseInt()、unescape()，用于完成一些常用的功能。

JavaScript 函数的定义格式如下：

```
function 函数名称(参数表)
{
  函数执行部分;
  return 表达式;
}
```

函数定义中的 return 语句用于返回函数的值。

【问题 9】 JavaScript 的常用的事件有哪些？这些事件如何被触发？

JavaScript 常用的事件有以下几种。

(1) onClick 事件：单击鼠标按钮时触发 onClick 事件。

(2) onDblClick 事件：双击鼠标按钮时触发 onDblClick 事件。

(3) onLoad 事件：当前网页被显示时触发 onLoad 事件。

(4) onMouseDown 事件：按下鼠标按钮时触发 onMouseDown 事件。

(5) onMouseUp 事件：松开鼠标按钮时触发 onMouseUp 事件。

(6) onMouseOver 事件：鼠标光标移动到页面元素上方时触发 onMouseOver 事件。

(7) onMove 事件：窗口被移动时触发 onMove 事件。

(8) onReset 事件：页面上表单元素的值被重置时触发 onReset 事件。

(9) onSubmit 事件：页面上表单被提交时触发 onSubmit 事件。

(10) onUnload 事件：当前的网页被关闭时触发 onUnload 事件。

【问题 10】 说明 JavaScript 对象的层次结构。

可以将 JavaScript 对象分为四个层次。

第一层次：JavaScript 对象的层次结构中最顶层的对象是窗口对象(window)，它代表当前的浏览器窗口。该对象包括许多属性、方法和事件，编程人员可以利用这些对象控制浏览窗口。window 对象常用的方法有：open()、close()、alert()、confirm()、prompt()。

第二层次：窗口对象 window 之下是文档(document)、浏览器(navigator)、屏幕(screen)、事件(event)、框架(frame)、历史(history)、地址(location)。

第三层次：文档对象之下包括表单(form)、图像(image)、链接(link)、锚对象(anchor)等多种对象。浏览器对象之下包括 MIME 类型对象(mimeType)、插件对象(plugin)等。

第四层次：表单对象之下包括按钮(button)、复选框(checkbox)、单选按钮(radio)、文件域(fileUpload)等。

【问题 11】 简述 JavaScript 的主要对象及其功能。

(1) window 对象。window 对象代表当前窗口，是每一个已打开的浏览器窗口的父对象，包含了 document、navigator、location、history 等子对象。

(2) document 对象。document 对象代表当前浏览器窗口中的文档，使用它可以访问到文档中的对象，例如图像、表单等。

(3) navigator 对象。提供了浏览器环境的信息，包括浏览器的版本号、运行的平台等信息。

(4) location 对象。表示窗口中显示的当前网页的 URL 地址，可以使用该对象让浏览器打开某网页。

(5) history 对象。表示窗口中最近访问网页的 URL 地址。

【问题 12】 JavaScript 常用的内置对象有哪几种？

JavaScript 常用的内置对象有以下几种。

(1) String 对象。一般利用 String 对象提供的函数来处理字符串。String 对象字符串的处理主要提供了以下方法：substring()、charAt()、indexOf()、lastIndexOf()、toLowerCase()、toUpperCase()。

(2) Math 对象。Math 对象包含用于各种数学运算的属性和方法，Math 对象的内置方法可以在不使用构造函数创建对象的情况下直接调用。调用形式如下：

```
Math.数学函数(参数)
```

例如计算 cos(π/6)，可以写成：

```
Math.cos(Math.PI/6)
```

(3) Date 对象。Date 对象也就是日期对象,日期对象主要用于从系统中获得当前的日期和时间、设置当前的日期和时间、在时间和日期同字符串之间转换。

日期对象使用前,必须使用 new 声明一个新的对象实体,然后通过该对象实体调用其方法。创建 Date 对象时没有给定参数,新对象就被设置为当前日期;如果给定参数,则新对象就表示指定的日期和时间。

日期对象的方法 getMonth()返回当前日期中月份的整数(0～11);方法 getDay()返回一个整数,表示星期中的某一天(0～6,0 表示星期日,6 表示星期六)。

(4) Array 对象。Array 对象也就是数组对象,利用 new 构造数组对象。JavaScript 和 C 语言一样,数组的下标从 0 开始的,创建数组后,能够用"[ ]"符号访问数组元素。

【问题 13】 编写 JavaScript 程序时如何正确引用 JavaScript 对象?

JavaScript 中引用对象时根据对象的包含关系,使用成员引用操作符"."一层一层地引用对象。例如,如果要引用 document 对象,应使用 window. document,由于 window 对象是默认的最上层对象,因此引用其子对象时,可以不使用 window,而直接使用 document 引用 document 对象。

当引用较低层次的对象时,一般有两种方式:使用对象索引或使用对象名称(或 ID),例如,如果要引用网页文档中第一个表单对象,可以使用 document. forms[0]的形式来引用;如果该表单的 name 属性为 form1(或者 ID 属性为 form1),则也可以用 document. forms["form1"]的形式或直接使用 document1. form1 的形式来引用该表单。如果在名称为 form1 的表单中包括一个名称为 text1 的文本框,则可以用 document. form1. text1 的形式来引用该文本框对象。

对于不同的对象,通常还有一些特殊的引用方法,例如,如果要引用表单对象中包含的对象,可以使用 elements 数组;引用当前对象可以使用 this。

内置对象都有自己的方法和属性,访问的方法如下:

(1) 对象名. 属性名称。

(2) 对象名. 方法名称(参数表)。

【问题 14】 JavaScript 脚本程序常用的开发工具有哪些?

编写与调试 JavaScript 脚本程序的工具有多种,目前常用的工具有 Dreamweaver、Firebug、Visual Studio、Aptana、JavaScript Editor 等。

(1) Dreamweaver。Dreamweaver 是世界顶级软件厂商 Adobe 推出的一套制作并编辑网站和移动应用程序的专业网页设计软件,由于它支持代码、拆分、设计、实时视图等多种方式来创作、编写和修改网页,无须编写任何代码就能快速创建 Web 页面。

(2) Firebug。Firebug 是一个用于网站前端开发的工具,它是 Firefox 浏览器的一个扩展插件,它集 HTML 查看和编辑、JavaScript 控制台、网络状况监视器于一体,可以用于调试 JavaScript、查看 DOM、分析 CSS 以及 Ajax 交互等。Firebug 的官方网站的网址为 http://getfirebug. com/。

(3) Visual Studio。Visual Studio 是 Microsoft 公司推出的程序集成开发环境,Visual Studio 2008 版本之后就可以使用 jQuery 智能提示功能了。

(4) Aptana。Aptana 是一个功能非常强大、开源和专注于 JavaScript 的 Ajax 开发。

支持 jQuery 代码自动提示功能。

【问题 15】 典型的 JavaScript 框架有哪些?

JavaScript 高级程序设计(特别是对浏览器差异的复杂处理)通常很困难也很耗时,为了简化 JavaScript 的开发,许多的 JavaScript 库应运而生。这些 JavaScript 库常被称为 JavaScript 框架。这些库封装了很多预定义的对象和实用函数,能帮助使用者轻松建立有高难度交互的富客户端页面,并且兼容各大浏览器。jQuery 是继 Prototype 之后又一个优秀的 JavaScript 库,是一个由 John Resig 创建于 2006 年 1 月的开源项目。

广受欢迎的 JavaScript 框架有 jQuery、Prototype、MooTools,所有这些框架都提供针对常见 JavaScript 任务的函数,包括动画、DOM 操作以及 Ajax 处理。

(1) jQuery。jQuery 是目前最受欢迎的 JavaScript 库,它使用 CSS 选择器来访问和操作网页上的 HTML 元素(DOM 对象),jQuery 同时提供 companion UI(用户界面)和插件。目前 Google、Microsoft、IBM、Netflix 等许多大公司在网站上都使用了 jQuery。

(2) Prototype。Prototype 是一种 JavaScript 库,提供用于执行常见 Web 任务的简单 API。API 是应用程序编程接口(Application Programming Interface)的缩写,它是包含属性和方法的库,用于操作 HTML DOM。Prototype 通过提供类和继承,实现了对 JavaScript 的增强。

(3) MooTools。MooTools 也是一个 JavaScript 库,提供了可使常见的 JavaScript 编程更为简单的 API,也包含一些轻量级的效果和动画函数。

【问题 16】 举例阐述 jQuery 的选择器。

jQuery 的选择器就是"选择某个网页元素,然后对其进行某种操作",使用 jQuery 的第一步,往往就是将一个选择表达式放进构造函数 jQuery()(简写为 $),然后得到被选中的元素。

jQuery 的选择器允许对元素组或单个元素进行操作。jQuery 元素选择器和属性选择器通过标签名、属性名或内容对 HTML 元素进行选择。jQuery 使用 CSS 选择器来选取 HTML 元素,使用路径表达式来选择带有给定属性的元素。

【问题 17】 举例说明 jQuery 的链式操作。

jQuery 有一种名为链接(chaining)的技术,允许我们在相同的元素上运行多条 jQuery 命令,允许将所有操作连接在一起,以链条的形式写出来。

链接(Chaining)是一种在同一对象上执行多个任务的便捷方法。jQuery 会抛掉多余的空格,并按照一行长代码来执行上面的代码行。这样浏览器就不必多次查找相同的元素。如需链接一个动作,只需简单地把该动作追加到之前的动作上。

下面的示例把 css()、slideUp()、slideDown()链接在一起。demo 元素首先会变为红色,再向上滑动,然后向下滑动。

```
$("#demo").css("color","red").slideUp(2000).slideDown(2000);
```

如果需要,我们也可以添加多个方法调用。

提示:当进行链接时,代码行会变得很差。不过,jQuery 在语法上不是很严格;可以使用折行和缩进来增强代码的可读性,这样写并不会影响代码的运行结果。例如:

```
$("#demo").css("color","red")                    //设置颜色
        .slideUp(2000)                           //向上滑动
        .slideDown(2000);                        //向下滑动
```

链式操作是jQuery中最令人称道、最方便的特点。它的原理在于每一步的jQuery操作，返回的都是一个jQuery对象，所以不同操作可以连在一起。

【单元习题】

（一）单项选择题

（二）多项选择题

（三）填空题

（四）简答题

（五）编程题

提示：请扫描二维码浏览习题内容。

单元 10　网页中元素与整体布局的应用设计

使用 HTML＋CSS 进行网页布局，能够真正做到 Web 标准所要求的网页内容与表现相分离，CSS 代码可以更好地控制元素定位，使用外边距、边框、颜色等属性可以设置格式，从而使网站的维护更加方便和快捷。网页整体的布局结构通常有两列式、三列式和多列式等多种形式。

两列式网页布局是较常用的网页整体布局方式，两列式布局可以使用浮动布局或者层布局实现，实现方式也多种多样。浮动布局可以设计成宽度固定，左、右两列都浮动，也可以使用百分比形式定义列自适应宽度。层布局可以采用绝对定位，把左、右列固定在左右两边。

三列式网页布局也是一种较常用的网页整体布局方式，使网站内容显得非常丰富，能充分利用网页空间。三列式布局相对复杂，可以使用嵌套浮动、并列浮动、并列层等多方式实现，宽度可以定义为固定值或自适应宽度。

多列式网页布局结构较复杂，其实现方法也是多种多样，可以采用嵌套结构、并列浮动结构和列表结构，其实现方法与两列式网页布局和三列式网页布局类似。

【知识必备】

1. CSS 定位属性

CSS 定位(Positioning)属性允许对元素进行定位，CSS 为定位和浮动提供了一些属性，利用这些属性，可以建立多列式布局，也可以将布局的一部分与另一部分重叠。

div、h1 或 p 元素常常被称为块级元素。这意味着这些元素显示为一块内容，即“块框”。与之相反，span 和 strong 等元素称为“行内元素”，这是因为它们的内容显示在行中，即“行内框”。

可以使用 display 属性改变生成的框的类型。这意味着，通过将 display 属性设置为 block，可以让行内元素(例如＜a＞元素)表现得像块级元素一样。还可以通过把 display 设置为 none，让生成的元素根本没有框。这样该框及其所有内容就不再显示，不占用文档中的空间。但是在一种情况下，即使没有进行显式定义，也会创建块级元素。这种情况发生在把一些文本添加到一个块级元素(例如 div)的开头。即使没有把这些文本定义为段落，它也会被当作段落对待，示例代码如下：

```
<div>
    some text
    <p>Some more text.</p>
</div>
```

在这种情况下，这个框称为无名块框，因为它不与专门定义的元素相关联。

块级元素的文本行也会发生类似的情况。假设有一个包含三行文本的段落。每行文本形成一个无名框。无法直接对无名块或行框应用样式，因为没有可以应用样式的地方(注意，行框和行内框是两个概念)。但是，这有助于理解在屏幕上看到的所有东西都形成某种框。

1) CSS 定位机制

CSS 有三种基本的定位机制：普通流、浮动和绝对定位。除非专门指定，否则所有框都在普通流中定位。也就是说，普通流中的元素的位置由元素在 HTML 中的位置决定。

块级框从上到下一个接一个地排列，框之间的垂直距离是由框的垂直外边距计算出来。行内框在一行中水平布置。可以使用水平内边距、边框和外边距调整它们的间距。但是，垂直内边距、边框和外边距不影响行内框的高度。由一行形成的水平框称为行框(Line Box)，行框的高度总是足以容纳它包含的所有行内框。不过，设置行高可以增加这个框的高度。

2) CSS position 属性

通过使用 position 属性，我们可以选择四种不同类型的定位，这会影响元素框生成的方式。position 属性值的含义如表 10-1 所示。

表 10-1　position 属性值的含义

position 属性值	使用说明
static	元素框正常生成。块级元素生成一个矩形框，作为文档流的一部分，行内元素则会创建一个或多个行框，置于其父元素中
relative	元素框偏移某个距离。元素仍保持其未定位前的形状，它原本所占的空间仍保留
absolute	元素框从文档流完全删除，并相对于其包含块定位。包含块可能是文档中的另一个元素或者是初始包含块。元素原先在正常文档流中所占的空间会关闭，就好像元素原来不存在一样。元素定位后生成一个块级框，而不论原来它在正常流中生成何种类型的框
fixed	元素框的表现类似于将 position 设置为 absolute，不过其包含块是视窗本身

3) CSS 相对定位

设置为相对定位的元素框会偏移某个距离。元素仍然保持其未定位前的形状，它原本所占的空间仍保留。相对定位实际上被看作普通流定位模型的一部分，因为元素的位置相对于它在普通流中的位置。

相对定位是一个非常容易掌握的概念。如果对一个元素进行相对定位，它将出现在它所在的位置上。然后，可以通过设置垂直或水平位置，让这个元素“相对于”它的起点进行移动。

如果将 top 设置为 20px，那么框将在原位置顶部下面 20px 的地方。如果 left 设置为 30px，那么会在元素左边创建 30px 的空间，也就是将元素向右移动，示例代码如下：

```
#box_relative {
  position: relative;
  left: 30px;
  top: 20px;
}
```

相对定位示意图如图 10-1 所示。

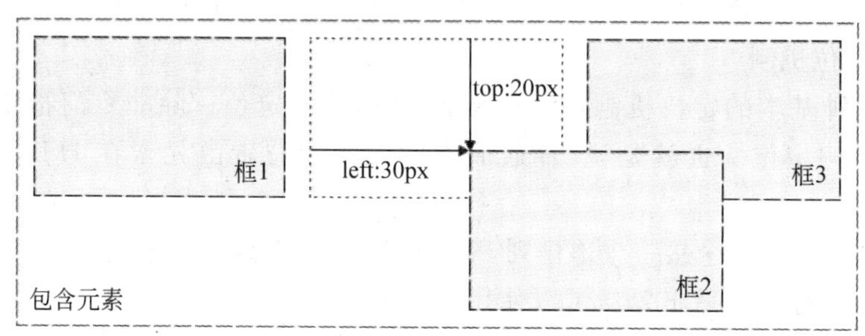

图 10-1　相对定位示意图

注意：在使用相对定位时，无论是否进行移动，元素仍然占据原来的空间。因此，移动元素会导致它覆盖其他框。

4）CSS 绝对定位

设置为绝对定位的元素框从文档流完全删除，并相对于其包含块定位，包含块可能是文档中的另一个元素或者是初始包含块。元素原先在正常文档流中所占的空间会关闭，就好像该元素原来不存在一样。元素定位后生成一个块级框，而不论原来它在正常流中生成何种类型的框。

绝对定位使元素的位置与文档流无关，因此不占据空间。这一点与相对定位不同，相对定位实际上被看作普通流定位模型的一部分，因为元素的位置相对于它在普通流中的位置。普通流中其他元素的布局就像绝对定位的元素不存在一样，示例代码如下：

```
#box_relative {
  position: absolute;
  left: 30px;
  top: 20px;
}
```

绝对定位示意图如图 10-2 所示。

绝对定位的元素的位置相对于最近的已定位父元素，如果元素没有已定位的父元素，那么它的位置相对于最初的包含块。相对定位是“相对于”元素在文档中的初始位置，而绝对定位是“相对于”最近的已定位父元素，如果不存在已定位的父元素，那么“相对于”最初的包含块，最初的包含块可能是画布或 HTML 元素。

提示：因为绝对定位的框与文档流无关，所以它们可以覆盖页面上的其他元素。可

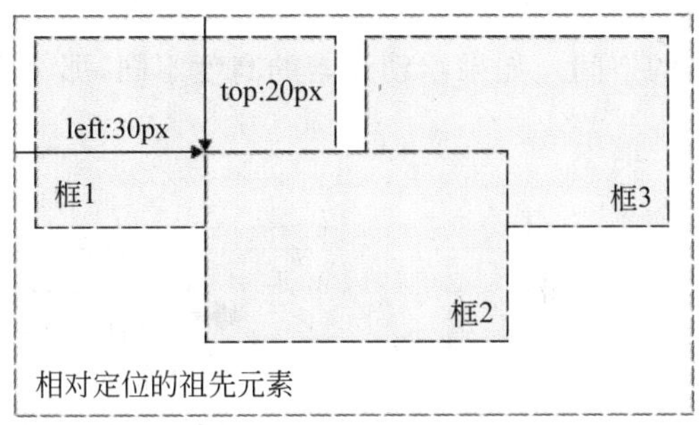

图 10-2　绝对定位示意图

以通过设置 z-index 属性来控制这些框的堆放次序。

5）CSS 浮动

浮动的框可以向左或向右移动，直到它的外边缘碰到包含框或另一个浮动框的边框为止。由于浮动框不在文档的普通流中，所以文档的普通流中的块框表现得就像浮动框不存在一样。如图 10-3 所示，当把框 1 向右浮动时，它脱离文档流并且向右移动，直到它的右边缘碰到包含框的右边缘。

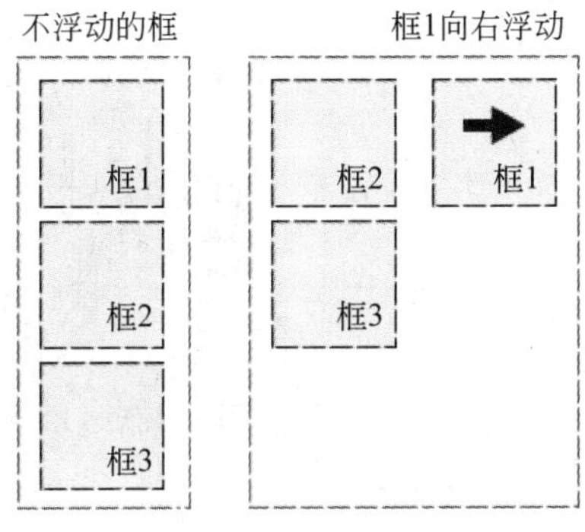

图 10-3　右浮动示意图

如图 10-4 所示，当框 1 向左浮动时，它脱离文档流并且向左移动，直到它的左边缘碰到包含框的左边缘。因为它不再处于文档流中，所以它不占据空间，实际上覆盖住了框 2，使框 2 从视图中消失。如果把所有 3 个框都向左移动，那么框 1 向左浮动直到碰到包含框，另外两个框向左浮动直到碰到前一个浮动框。

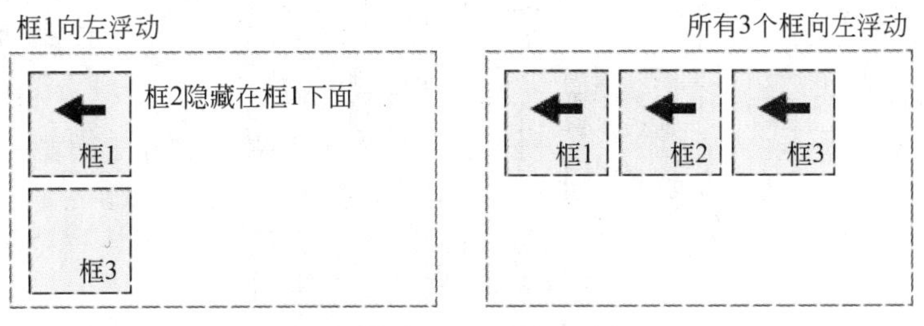

图 10-4　左浮动示意图

如图 10-5 所示，如果包含框太窄，无法容纳水平排列的 3 个浮动元素，那么其他浮动块向下移动，直到有足够的空间。如果浮动元素的高度不同，那么当它们向下移动时可能被其他浮动元素“卡住”。

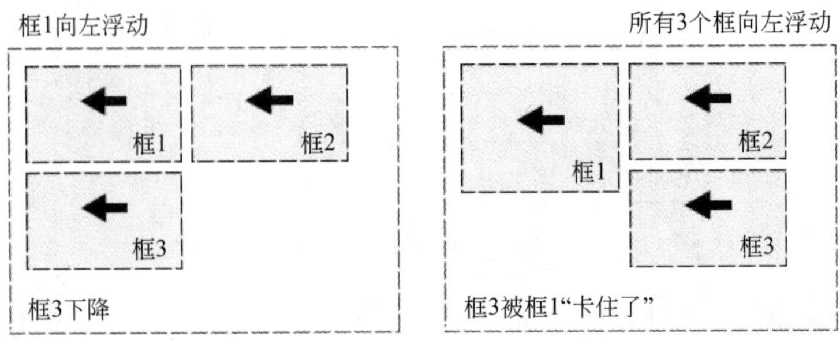

图 10-5　浮动元素被卡住的示意图

在 CSS 中使用 float 属性实现元素的浮动。

6）行框和清理

浮动框旁边的行框被缩短，从而给浮动框留出空间，行框围绕浮动框。因此，创建浮动框可以使文本围绕图像，如图 10-6 所示。

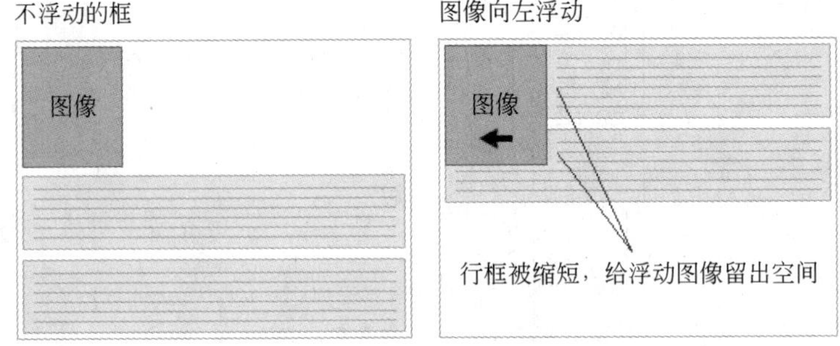

图 10-6　图像向左浮动示意图

要想阻止行框围绕浮动框，需要对该行框应用 clear 属性。clear 属性的值可以是 left、right、both 或 none，它表示框的哪些边不应该挨着浮动框。为了实现这种效果，在被清理元素的上部的外边距上添加足够的空间，使元素的顶边缘垂直下降到浮动框下面，如图 10-7 所示。

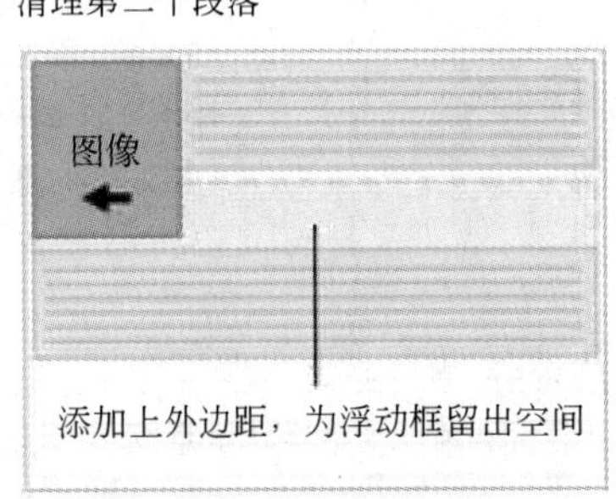

图 10-7　clear 属性应用示意图

2. 网页布局的基本模型

CSS 中有三种基本的定位机制：流动模型(flow)、浮动模型(float)和层模型(layer)。

1) 流动模型

流动模型是 HTML 默认的布局模型，默认状态下(position 属性没有定义为 absolute 或 fixed，float 属性也没有定义为 left 或 right)的 HTML 网页元素都是根据流动模型来布局网页内容的。所有网页元素都以流动布局模型作为默认布局方式，流动布局模型的优势在于元素之间不存在错位、覆盖等问题，布局简单，符合人们的浏览习惯。但是不能只用单纯的流动布局模型设计出更加艺术化的网页页面效果。

所谓流动，是指网页元素随着网页文档流自上而下按顺序分布，元素本身是被动的，只能根据元素排列的先后顺序来决定分布位置，要改变某个元素的位置，只能通过改变它在 HTML 文档流中的分布位置。同时流动布局又是活动的，也就是说它的位置随时发生改变，如果在元素前面增加另外一个元素，则它的位置会被向后移动；如果删除上面的元素，则其后面的元素自动填补被删除的空间。

块状元素与内联元素流动方式有所不同。块状元素会在所处的包含元素内自上而下按顺序垂直延伸分布，默认状态下，块状元素的宽度都为 100%，会以行的形式占据网页位置，不管该元素所包含的内容有多少。内联元素会在所处的包含元素内从左至右分布显示，超出一行后，会自动从上而下换行显示，然后继续从左至右按顺序流动，以此类推。

当元素定义为相对定位，即 position 属性设置为 relative 时，该元素也会遵循流动模型的布局规则，跟随 HTML 文档流自上而下按顺序流动。

2) 浮动模型

浮动是一种非常先进的布局方式，能够改变页面中对象的前后流动顺序。浮动的框可以左右移动，直到它的外边缘碰到包含框或另一个浮动框的边缘。

浮动属性 float 是 CSS 布局中一个非常重要的属性，该属性的取值决定了元素是否浮动以及如何浮动，none 表示元素不浮动，left 表示元素左浮动，right 表示元素右浮动。

任何网页元素默认状况是不能够浮动的，但都可以使用 float 属性定义为浮动，块状元素 div、p、table 和内联元素 span、strong、img 都可以被定义为浮动。

浮动模型具有以下几个特征。

(1) 任何定义为浮动的元素都会自动被设置为一个块状元素显示，相当于被定义了“display: block;”声明。这样对于浮动的内联元素就可以定义宽度和高度属性，否则内联元素定义宽度和高度属性无效。对于浮动元素应该显式定义宽度，如果浮动元素没有定义宽度时，浮动元素会自动收缩到能够包含内容的宽度。例如，如果浮动元素内部包含一张图片，则浮动元素将与图片一样宽；如果内部包含文本，则浮动元素将与最长的文本行一样宽。

(2) 浮动布局不会与流动布局发生冲突。当元素定义为浮动布局时，它在垂直方向上应该还处于网页文档流中，也就是说浮动元素不会脱离正常文档流而任意地浮动，它的上边线将与未被声明为浮动时的位置相同。但是在水平方向上，它的外边缘会尽可能地靠近它的包含元素边缘。

(3) 与普通元素一样,浮动元素始终位于包含元素内,不会游离于包含元素之外,或者破坏元素的包含关系,也不会覆复其也元素,也不会挤占其他元素的位置,这与层布局不同。浮动布局具有流动布局的部分特性,在布局方面具有更大的灵活性。

(4) 虽然浮动元素能够随文档流动,但浮动布局与流动布局存在本质区别,浮动元素后面的块状元素和内联元素都能够以流的形式环绕浮动元素左右。但是浮动元素前面的文本流或内联元素则不会环绕浮动元素,它会在前面元素的下面开始浮动。浮动元素也不会与前面元素的外边距发生重叠现象。

(5) 当两个或者两个以上的相邻元素都被定义了浮动显示时,如果存在足够的空间容纳它们,浮动元素之间可以并列显示。它们的上边线在同一水平线上。如果没有足够的空间,那么后面的浮动元素将会下移到能够容纳它的地方,这个向下移动的元素有可能会产生一个单独的浮动。

3) 层模型

层模型技术最早源于 Netscape Navigator 4.0 推出并支持的 Layer(层)。后来微软公司用 div 元素推出层的概念,这里的"层"与普通的 div 标签有所区别,容易混淆。Dreamweaver CS3 为了区分"层"与普通的 div 标签,曾经将"层"命名为"AP Div",以示区别。

绝对定位元素遵循层布局模型,网页元素的相互层叠是层布局的一个基本特征,而在流动布局和浮动布局中是无法实现这种层叠效果的。在 CSS 中可以通过 z-index 属性来确定定位元素的层叠位置,z-index 属性值大的元素位于 z-index 属性值小的元素之上。如果两个元素的 z-index 属性值相同,则依据它们在网页文档的声明顺序层叠。

3. 使用 CSS 的定位属性控制元素的位置

通过设置 CSS 的定位属性可以控制元素的定位方式,定位属性(position)的选项主要有:static(静态)、relative(相对)、absolute(绝对)、fixed(固定)。

以下各种定位形式的示例中的样式定义代码如表 10-2 所示。

表 10-2　各种定位形式的示例中的样式定义代码

CSS 代码

```
body{
    margin: 0;
}
.box {
    width: 200px;
    height: 100px;
    background-color: #ccc;
    border: 2px solid #f0c;
}
```

1) static

static 是元素的默认定位方式,如果未显式声明元素的定位类型,则默认值为 static,

即流动布局，按照 HTML 代码中的顺序从上到下一个接一个排列。块状元素以框的形状显示，框之间的垂直距离由框的上、下外边距计算出来。框之间的水平间距可以使用内边距、边框和外边距设置。

例如，对于如下所示的 HTML 代码，区块 box 在页面的布局效果如图 10-8 所示。

```
<div class="box" style="position:static">静态定位区块</div>
```

页面的左上角为坐标原点，即坐标值为(0,0)，区块 box 的宽度为 200px，高度为 100px，采用静态(static)定位方式，即在普通流中定位，由于将 body 标签的 margin 属性设置为 0，所以区块 box 左上角的点与页面的原点重合。

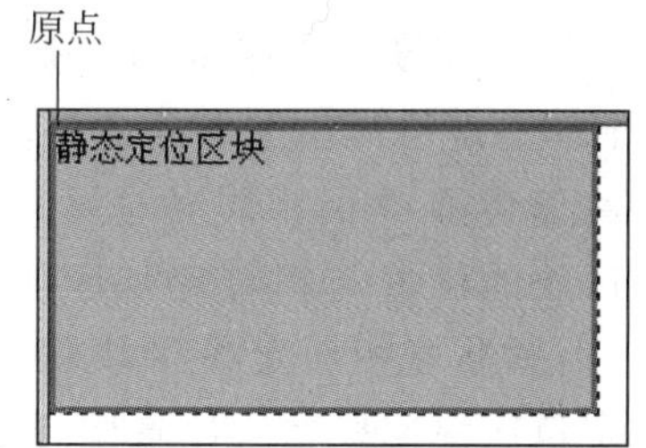

图 10-8　区块的静态定位

2）relative

relative 使元素相对于默认的原始位置偏移一定的距离，偏移的方向及大小由 top、right、bottom 和 left 属性确定。相对定位仍然受文档流的影响，不会脱离正常的文档流，遵循流动布局模型，相对定位元素原来占有的空间不变，所谓“相对”，是指相对定位元素的位置是相对于它在普通流中的原始位置进行偏移，元素本身的偏移对网页的其他元素位置不会产生影响，虽然元素本身产生了偏移，但是偏移元素后面的其他元素在仍按普通文档流的排列规则，紧挨着元素偏移之前的初始位置，而不是挨着元素偏移之后的位置，这一点后面的示例可以看出。因此，采用相对定位的元素被设置偏移量后，在普通文档流中各元素的排列位置不会受偏移的影响，元素的偏移部分不会挤占其他流动元素的位置，但可以覆盖在其他元素之上进行显示。

对一个元素进行相对定位可以通过设置水平或垂直位置，让这个元素相对于它的起点进行移动。如果将 top 设置为 40px，那么框将出现在原位置顶部下面 40px 的位置。如果将 left 设置为 30px，那么在元素左边会留出 30px 的空间，也就是将元素向右移动 30px。相对定位元素的偏移量是相对于它在正常文档流中的原始位置计算的。

首先分析以下的 HTML 代码。

```
<div class="box" style="position:relative;top:40px;left:30px;">相对定位区块
</div>
```

区块 box 在页面设计视图的布局效果如图 10-9 所示。

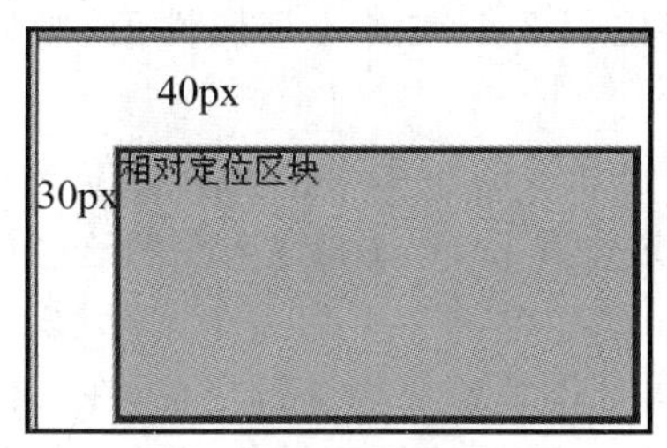

图 10-9　区块的相对定位

区块 box 采用相对定位方式，相对于页面的左上角的原点顶部偏移 40px，左边偏移 30px。我们观察图 10-9 所示的相对定位区块可以发现，该区块没有 CSS 布局外框线，其原因是该相对定位区块只是相对于初始位置进行了一定距离的偏移，其原来占有的空间仍然保留，CSS 布局外框线在偏移前的位置，与图 10-8 中的区块在同一个位置。偏移位置只是该区块的一个影子，无法看到其布局外框线。

下面，我们分析以下的 HTML 代码。

```
<div class="box">静态定位区块</div>
<div class="box" style="position:relative;top:40px;left:30px;">相对定位区块
</div>
<div class="box">静态定位区块</div>
```

在页面设计视图的布局效果如图 10-10 所示，可以发现相对定位区块相对于第 1 个静态定位区块左下角的顶点向下偏移了 40px，向右偏移了 30px。同时也可以发现第 2 个静态定位区块的位置与相对定位区块偏移之后的位置无关，而紧贴着相对定位区块偏移前的初始位置，相对定位区块偏移之后位置同样看不到布局外框线。第 2 个静态定位区块与第 1 个静态定位区块的水平位置相同，垂直位置相距 100px，没有受相对定位区块偏移的影响，相对定位区块在其初始位置有一个无形的布局外框线，而偏移之后的区块与第 2 个静态定位区块有重叠部分。相对定位区块对文档流没有产生影响，但自身位置发生了偏移，可以覆盖其他元素。

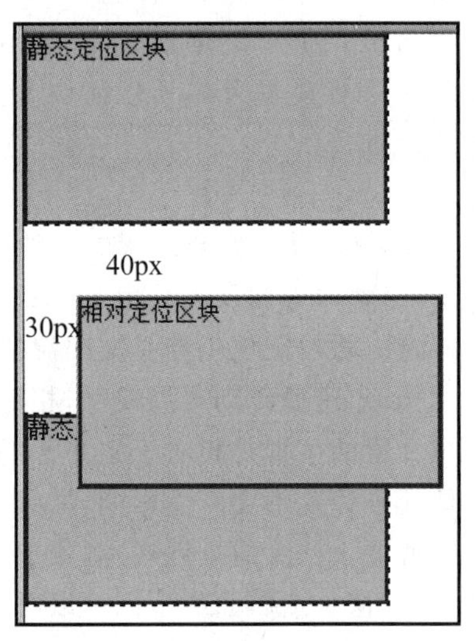

图 10-10　区块的静态定位与相对定位混合

3）absolute

absolute 使元素从 HTML 的普通流中分离出来，并置于一个完全属于自己的定位中，其原来占有的空间不再保留，被相邻元素挤占。通过 top、right、bottom 和 left 的设置，绝对定位的元素可以从它的父元素向上、右、下、左移动，可以使绝对定位的元素放置到页面上的任何位置。绝对定位元素依然遵循盒模型的基本规则，也可以设置外边距、边框、内边距和背景等属性。绝对定位元素是以父参照元素的内边框到绝对定位元素的外边框之间的最短垂直距离来计算 top、right、bottom 和 left 4 个方向的值。如果这 4 个值都没有定义，则上述属性会使用默认值 auto，此时绝对定位元素遵循正常的文档流动布局规则，并随正常的文档流左右或上下移动。要激活元素的绝对定位，必须指定 top、right、bottom 和 left 4 个属性中的至少一个值。一般只需要指定这 4 个属性之中相邻两个属性值即可实现精确定位。如果同时定位了 3 个或者 4 个属性值，则以 left 和 top 属性值为准。

绝对定位使元素的位置与文档流无关，文档流中其他元素的布局当作绝对定位的元素不存在时一样，可以覆盖页面上的其他元素。可以通过设置 z-index 属性来控制这些框的叠放顺序。z-index 属性的值越大，框的位置就越高。

绝对定位元素所包含的子元素都以绝对定位元素本身作为参照物进行定位，在其内部浮动和流动，被包含元素遵循普通文档流规则。绝对定位元素的偏移量是相对于其父元素计算的。

先分析以下的 HTML 代码。

```
<div class="box" style="position:absolute;top:40px;left:30px;">绝对定位区块
</div>
```

区块 box 在页面设计视图的布局效果如图 10-11 所示。

区块 box 采用绝对定位方式，此时的定位参照物是 body 元素，body 元素的原点在左上角，相对于 body 元素的左上角的坐标原点顶部偏移 40px，左边偏移 30px。区块采用绝对定位方式，选中区块时其边框外观也有所不同，该区块也变成了通常所说的层，该层在页面上表现为一个独立的浮动层。

接着分析以下的 HTML 代码。

```
<div class="box">静态定位区块</div>
<div class="box" style="position:absolute;top:40px;left:30px;">绝对定位区块
</div>
<div class="box">静态定位区块</div>
```

在页面设计视图中的布局效果如图 10-12 所示，可以发现绝对定位区块相对于 body 元素的左上角的坐标原点向下偏移了 40px，向右偏移了 30px。同时也可以发现第 2 个静态定位区块的位置与绝对定位区块偏移之后的位置无关，而紧贴着第一个静态定位区块，与图 10-10 所示的相对定位区块不同。

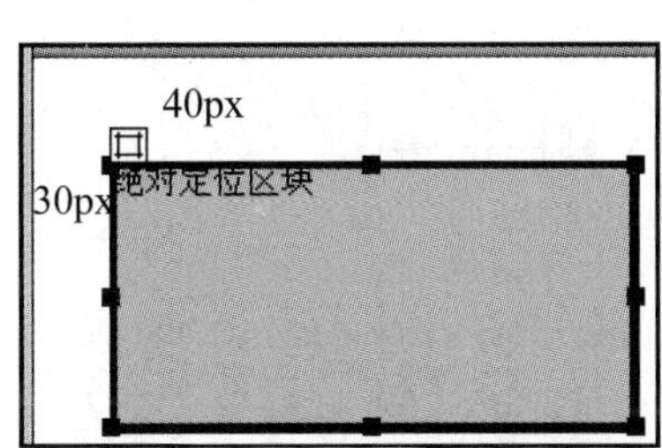

图 10-11　区块的绝对定位

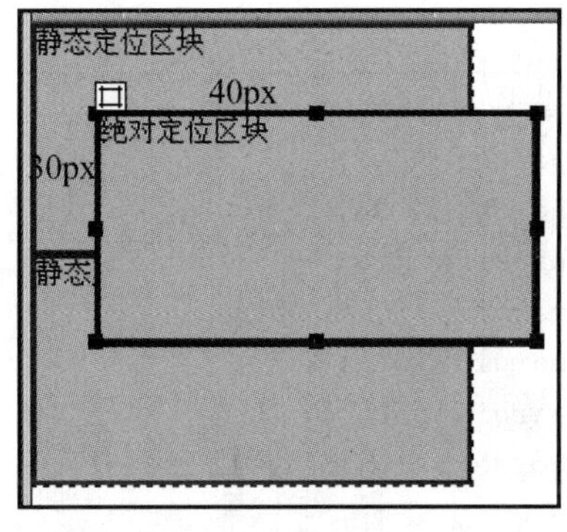

图 10-12　区块的静态定位与绝对定位混合

继续分析以下的 HTML 代码。

```
<div class="box">静态定位区块 1</div>
<div class="box" style="position:relative; top:20px; left:10px;">
    <p>相对定位区块</p>
</div>
<div class="box" style="position:absolute; top:40px; left:30px;">
    绝对定位区块
</div>
<div class="box"><p>静态定位区块 2</p></div>
```

在页面设计视图的布局效果如图 10-13 所示，可以发现绝对定位区块相对于 body 元素的左上角的坐标原点向下偏移了 40px，向右偏移了 30px；相对定位区块相对于第一个静态定位区块向下偏移了 20px，向右偏移了 10px。同时也可以发现绝对定位区块不会影响文档流的排列顺序和页面中其他元素的位置，相对定位区块的偏移也不会影响文档流的其他元素的位置。

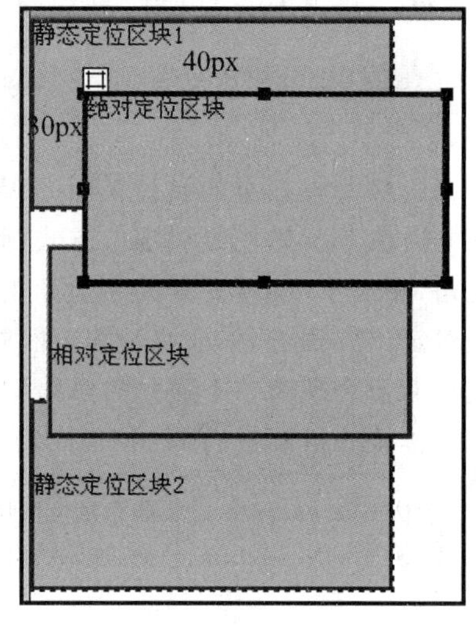

图 10-13　区块的静态定位、相对定位与绝对定位混合

4）fixed

fixed 表示固定定位，不会随着浏览器窗口的滚动条滚动而变化，固定定位的元素会始终位于浏览器窗口内的某个位置，不会受文档流动的影响。

4. 浮动清除属性 clear 的取值及其作用

如果不希望下一个元素环绕浮动对象，可以使用 clear（清除）属性清除浮动，clear 属性的取值包括 4 个：left、right、both、none。

下面应用表 10-3 中的 CSS 代码对页面元素进行布局，并分析浮动清除的规则。

表 10-3　布局页面元素与浮动清除属性的 CSS 代码

```
#main {
  width: 710px;
  height: 80px;
  padding: 5px;
  margin-right: auto;
  margin-left: auto;
  margin-bottom: 10px;
  border: 5px solid #fcc;
}

#mainleft {
  width: 150px;
  height: 60px;
  border: 10px solid #cf0;
  background-color: #99f;
}
body {
  height: 100%;
}
#maincenter {
  width: 300px;
  height: 60px;
  border: 10px solid #fc0;
  background-color: #c9f;
}

#mainright {
  width: 200px;
  height: 60px;
  border: 10px solid #cc0;
  background-color: #fc9;
}
```

（1）“clear：left”将清除元素前面的左浮动对象。如果当前元素前面存在左浮动对象，则当前元素会在左浮动元素底下显示。

对于表 10-4 所示 HMTL 代码，其浏览效果如图 10-14 所示。

表 10-4　当前元素前面存在左浮动对象时，清除左浮动的 HTML 代码

```
<div id="main" style="height:160px">
  <div id="mainleft" style="float:left;">左区块:左浮动</div>
  <div id="maincenter" style="float:left;clear:left">中区块:左浮动、清除前面的左浮动对象</div>
  <div id="mainright" style="float:left;">右区块:左浮动</div>
</div>
```

图 10-14　当前元素前面存在左浮动对象时，清除左浮动的浏览效果

表 10-4 中的 HTML 代码定义了 3 个 div 对象，并设置它们全为左浮动，当为区块 maincenter 设置"clear：left"属性后，由于其前面存在左浮动对象，区块 maincenter 自动置于区块 mainleft 的底下并靠左显示。

(2)"clear：right"将清除元素前面的右浮动对象，如果当前元素前面存在右浮动对象，则当前元素会在右浮动对象底下显示。

对于表 10-5 所示 HMTL 代码，其浏览效果如图 10-15 所示。

表 10-5　当前元素前面存在左浮动对象时，清除右浮动的 HTML 代码

```
<div id="main">
  <div id="mainleft" style="float:left;">左区块:左浮动</div>
  <div id="maincenter" style="float:left;clear:right">中区块:左浮动、清除前面的右浮动对象</div>
  <div id="mainright" style="float:left;">右区块:左浮动</div>
</div>
```

图 10-15　当前元素前面存在左浮动对象时，清除右浮动的浏览效果

表 10-5 中的 HTML 代码定义了 3 个 div 对象，并设置它们全为左浮动。当为区块 maincenter 设置"clear：right"属性后，由于其前面不存在右浮动对象，区块 maincenter 依

然与区块 mainleft 并列显示。

对于表 10-6 所示 HMTL 代码，其浏览效果如图 10-16 所示。

表 10-6　当前元素前面不存在右浮动对象时，清除右浮动的 HTML 代码

```
<div id="main">
  <div id="mainleft" style="float:left;">左区块:左浮动</div>
  <div id="maincenter" style="float:left;clear:right">中区块:左浮动、清除
   前面的右浮动对象</div>
  <div id="mainright" style="float:right;">右区块:右浮动</div>
</div>
```

图 10-16　当前元素前面不存在右浮动对象时，清除右浮动的浏览效果

表 10-6 中的 HTML 代码定义了 3 个 div 对象，并设置左区块、中区块为左浮动，右区块为右浮动。当为中区块 maincenter 设置"clear: right"属性后，由于其前面不存在右浮动对象，区块 maincenter 依然与区块 mainleft 并列显示。而区块 mainright 位于区块 maincenter 的后面，不受此清除操作的影响，继续浮动区块 maincenter 的右侧。

对于表 10-7 所示 HMTL 代码，其浏览效果如图 10-17 所示。

表 10-7　当前元素前面存在右浮动对象时，清除右浮动的 HTML 代码

```
<div id="main" style="height:160px">
  <div id="mainright" style="float:right;">右区块:右浮动</div>
  <div id="maincenter" style="float:right;clear:right">中区块:右浮动、清
   除前面的右浮动对象</div>
  <div id="mainleft" style="float:right;">左区块:右浮动</div>
</div>
```

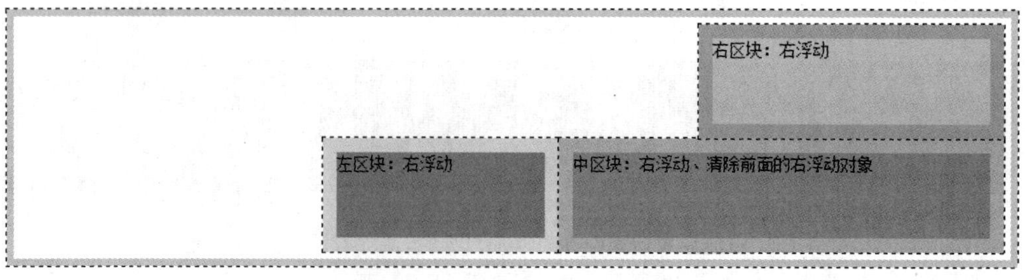

图 10-17　当前元素前面存在右浮动对象时，清除右浮动的浏览效果

表 10-7 中的 HTML 代码定义了 3 个 div 对象，并设置它们全为右浮动，当为中区块 maincenter 设置“clear: right”属性后，由于其前面存在右浮动对象，区块 maincenter 自动置于区块 mainright 的底下并靠右显示，而区块 maincenter 后面的右浮动区块 mainleft 浮动在区块 maincenter 的左侧。

(3) “clear: both”将清除元素前面左浮动对象和右浮动对象，如果当前元素前面存在左浮动对象或右浮动对象，当前元素都会在浮动对象底下显示。

对于表 10-8 所示 HMTL 代码，其浏览效果如图 10-18 所示。

表 10-8 当前元素前面存在左浮动对象时，清除左、右浮动的 HTML 代码

```html
<div id="main" style="height:160px">
  <div id="mainleft" style="float:left;">左区块:左浮动</div>
  <div id="maincenter" style="float:left;clear:both">中区块:左浮动、清除
   前面的左、右浮动对象
  </div>
  <div id="mainright" style="float:left;">右区块:左浮动</div>
</div>

```

图 10-18 当前元素前面存在左浮动对象时，清除左、右浮动的浏览效果

表 10-8 中的 HTML 代码定义了 3 个 div 对象，并设置它们全为左浮动，当为区块 maincenter 设置“clear: both”属性后，由于其前面存在左浮动对象，区块 maincenter 自动置于区块 mainleft 的底下并靠左显示。区块 maincenter 后面的左浮动区块 mainright 浮动在区块 maincenter 的右侧。

对于表 10-9 所示 HTML 代码，其浏览效果如图 10-19 所示。

表 10-9 当前元素前面存在右浮动对象时，清除左、右浮动的 HTML 代码

```html
<div id="main" style="height:160px">
  <div id="mainright" style="float:right;">右区块:右浮动</div>
  <div id="maincenter" style="float:right;clear:both">中区块:右浮动、清除
   前面的左、右浮动对象
  </div>
  <div id="mainleft" style="float:right;">左区块:右浮动</div>
</div>
```

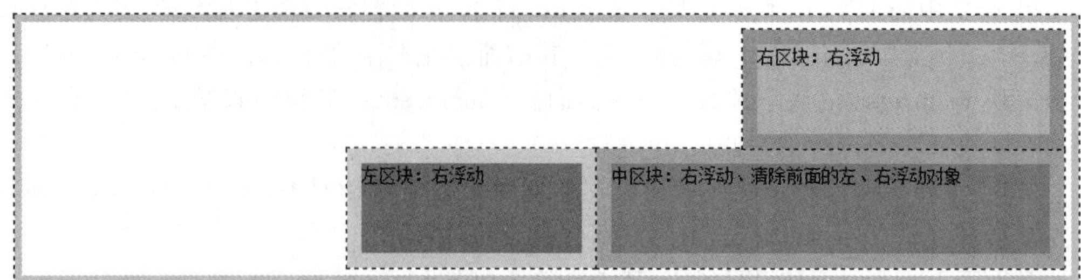

图 10-19　当前元素前面存在右浮动对象时，清除左、右浮动的浏览效果

表 10-9 中的 HTML 代码定义了 3 个 div 对象，并设置它们全为右浮动，当为区块 maincenter 设置"clear：both"属性后，由于其前面存在右浮动对象，区块 maincenter 自动置于区块 mainright 的底下并靠右显示，而区块 maincenter 后面的右浮动区块 mainleft 浮动在区块 maincenter 的左侧。

(4) "clear：none"允许当前元素前面存在左浮动对象或右浮动对象，当前元素不会换行显示，这也是 clear 属性的默认值。

浮动清除只能适用浮动对象之间的清除，我们不能为非浮动对象定义清除属性，为非浮动对象定义清除属性是无效的。当一个浮动元素定义了 clear 属性时，它对前面的浮动对象不会产生影响，也不会把已经存在的浮动对象清除。不会改变其他对象的位置，只会影响自己的布局位置。浮动清除不仅针对相邻浮动元素对象，只要在布局页面里水平接触都会实现清除操作。

【引导训练】

任务 10-1　体验网页的不同布局方式

【任务描述】

1. 创建网页 100101.html

在网页 100101.html 中输入以下 HTML 标签及文字。

```
<div class="content">
  <div class="top">top</div>
  <div class="main">main</div>
  <div class="bottom">bottom</div>
</div>
```

针对上述 HTML 代码定义相应的 CSS 代码实现网页整体的上、中、下的布局方式。

2. 创建网页 100102. html

在网页 100102. html 中输入以下 HTML 标签及文字。

```
<div class="content">
  <div class="left">left</div>
  <div class="main" >main</div>
  <div class="right">right</div>
</div>
```

针对上述 HTML 代码定义相应的 CSS 代码实现网页整体的左、中、右的布局方式。

3. 创建网页 100103. html

在网页 100103. html 中输入以下 HTML 标签及文字。

```
<div class="content">
    <div class="left">left</div>
    <div class="right">right</div>
    <div class="main" >main</div>
    <div class="clear"></div>
</div>
```

针对上述 HTML 代码定义相应的 CSS 代码来实现网页整体的左、中、右的布局方式。

【任务实施】

1. 创建所需的文件夹

在文件夹“HTML5+CSS3 网页设计实例”中创建子文件夹 Unit10，然后在该文件夹中创建子文件夹 1001。

2. 启动 Dreamweaver CC

使用 Windows 的【开始】菜单或桌面的快捷方式启动 Dreamweaver CC。

3. 创建本地站点和网页

创建 1 个名称为“单元 10”的本地站点，站点文件夹为 Unit10。在该站点的文件夹 1001 中创建网页 100101. html。

4. 输入 HTML 标签与文字内容

在网页 100101. html 中插入上、中、下布局方式所需的标签和输入所需的文字内容。

5. 定义 CSS 代码来实现网页 100101. html 整体的上、中、下的布局方式

实现网页 100101. html 整体的上、中、下布局方式的 CSS 代码如表 10-10 所示。

表 10-10　实现网页 100101.html 整体的上、中、下布局方式的 CSS 代码定义

```
.content {
    margin: 10px auto;
    width: 160px;
    height: 100%;
    text-align: center;
}

.top {
    width: 150px;
    height: 40px;
    line-height: 40px;
    border: 2px solid #000;
    padding: 0px;
    margin: 10px auto 2px;
}
.main {
    width: 150px;
    height: 80px;
    line-height: 80px;
    border: 2px solid #000;
    margin: 2px auto 2px;
}

.bottom {
    width: 150px;
    height: 60px;
    line-height: 60px;
    border: 2px solid #000;
    margin: 2px auto 5px;
}
```

content 类选择符的左、右外边距值设置为 auto，auto 是让浏览器自动判断外边距值，浏览器会呈现为居中状态。

6. 浏览网页 100101.html

浏览网页 100101.html 的效果如图 10-20 所示。

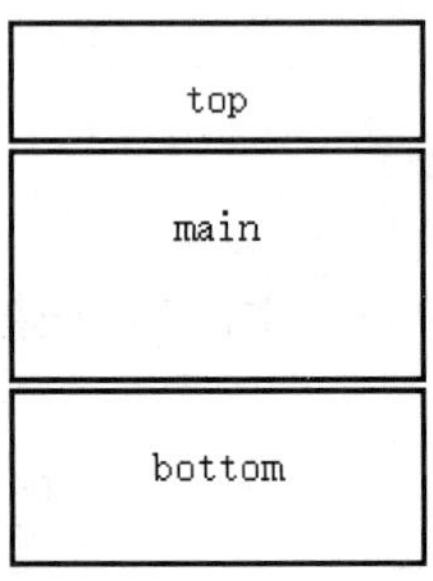

图 10-20　网页 100101.html 的浏览效果

然后不断改变网页 100101.html 各个类选择符的属性设置，重新浏览其效果。

7. 在站点“单元 10”的文件夹 1001 中创建网页 100102.html

在网页 100102.html 中插入实现左、中、右布局方式所需的标签和输入所需的文字内容。

8. 定义 CSS 代码实现网页 100102.html 整体的左、中、右的布局方式

实现网页 100102.html 整体的左、中、右布局方式的 CSS 代码如表 10-11 所示。

表 10-11　实现网页 100102.html 整体的左、中、右布局方式的 CSS 代码定义

```css
.content {
  margin: 10px auto;
  border: 2px solid #000;
  width: 334px;
  height: 112px;
  text-align: center;
}

.left {
  float: left;
  width: 50px;
  height: 100px;
  line-height: 100px;
  border: 2px solid #000;
  margin: 5px 2px;
}
.main {
  float: left;
  width: 180px;
  height: 100px;
  line-height: 100px;
  border: 2px solid #000;
  margin: 5px 2px;
}
.right {
  float: left;
  width: 80px;
  height: 100px;
  line-height: 100px;
  border: 2px solid #000;
  margin: 5px 2px;
}
```

区块 left 为左浮动(即“float：left”)，总宽度如下。

总宽度=外边距宽度+内容宽度+边框宽度+内边距宽度
=4px+50px+4px=58px

区块 main 为左浮动(即“float：left”)，其总宽度为 188px。

区块 right 为左浮动(即“float：left”)，其总宽度为 88px。

区块 left、区块 main、区块 right 的宽度之和=58px+188px+88px=334px，正好等于类选择符 content 所设置的宽度。

由于区块 left 的 margin-right 为 2px，区块 main 的 margin-left 和 margin-right 均为 2px，区块 right 的 margin-left 为 2px，所以区块 left 与区块 main 之间的空隙为 4px，区块 main 与区块 right 之间的空隙为 4px。

9. 浏览网页 100102.html

浏览网页 100102.html 的效果如图 10-21 所示。

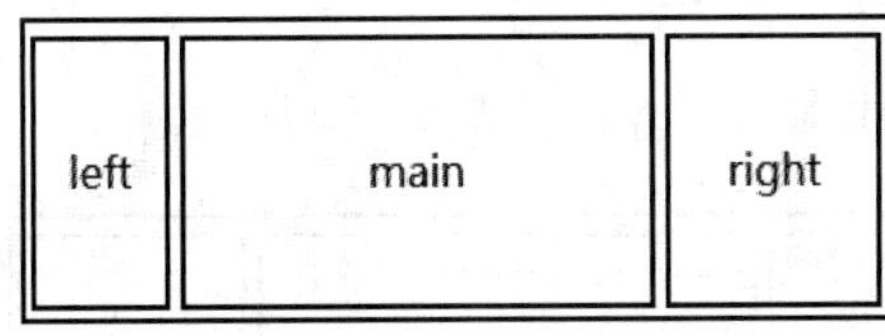

图 10-21　网页 100102.html 的浏览效果

然后不断改变网页 100102.html 各个类选择符的属性设置，重新浏览其效果。

10. 在站点“单元 10”的文件夹 1001 中创建网页 100103.html

在网页 100103.html 中插入实现左、中、右布局方式所需的标签和输入所需的文字

内容。

11. 定义 CSS 代码实现网页 100103.html 整体的左、中、右的布局方式

实现网页 100103.html 整体的左、中、右布局方式的 CSS 代码如表 10-12 所示。

表 10-12　实现网页 100103.html 整体的左、中、右布局方式的 CSS 代码定义

序号	CSS 代码	序号	CSS 代码
01	.content {	18	float: right;
02	margin: 10px auto;	19	width: 80px;
03	border: 2px solid #000;	20	height: 100px;
04	width: 334px;	21	border: 2px solid #000;
05	height: auto;	22	margin: 5px 2px;
06	text-align: center;	23	}
07	}	24	
08		25	.main {
09	.left {	26	width: 180px;
10	float: left;	27	height: 100px;
11	width: 50px;	28	border: 2px solid #000;
12	height: 100px;	29	margin: 5px 2px 5px 60px;
13	border: 2px solid #000;	30	}
14	margin: 5px 2px;	31	.clear{
15	}	32	clear:left;
16		33	height:1px;
17	.right {	34	}

区块 left 为左浮动(即“float: left”),其总宽度为 4px+50px+4px,即 58px。

区块 right 为右浮动(即“float: right”),其总宽度为 88px。

区块 main 为没有设置浮动属性,其 margin-left 设置为 60px,所以区块 left 与区块 main 之间的空隙为 4px。

设置 clear 类选择符的作用是当父层的高度设置为 auto 或 100%时,使父层根据嵌套 div 内容的高度自适应。clear 类选择符的 CSS 定义的含义分别为清除左浮动、设置高度为 1 像素,并使用属性裁切掉多余的高度(1px)。

12. 保存与浏览网页 100103.html

保存网页 100103.html,其浏览效果如图 10-22 所示。

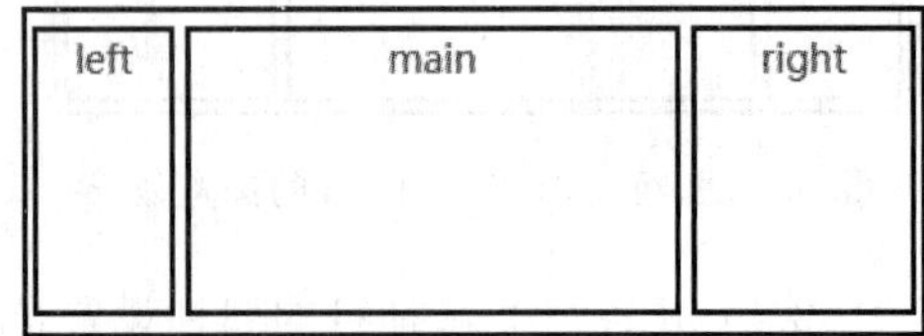

图 10-22　网页 100103.html 的浏览效果

然后不断改变网页 100103.html 各个类选择符的属性设置,重新浏览其效果。

任务 10-2　创建浮动定位 2 列式布局的网页

【任务描述】

(1) 创建样式文件 base. css、layout. css 和 main. css，在样式文件中定义标签的属性、类选择符及其属性。

(2) 创建网页文档 1002. html，且链接外部样式文件 base. css、layout. css 和 main. css。

(3) 在网页 1002. html 中添加必要的 HTML 标签来实现网页主体布局结构。

(4) 在网页 1002. html 中添加图片、标题、文本内容以及相应的 HTML 标签。

(5) 浏览网页 1002. html 的效果，如图 10-23 所示，该网页整体上为左、右布局结构，其中左侧为图文混排布局，右侧分为上、下两个组成部分。

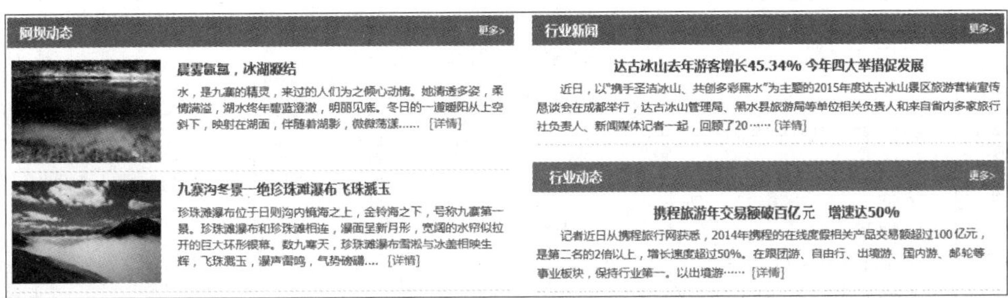

图 10-23　网页 1002. html 的浏览效果

【任务实施】

1. 创建文件夹

在文件夹 Unit10 中创建子文件夹 1002，再在该文件夹中创建 css、images 子文件夹。

2. 定义网页的 CSS 代码

在文件夹 css 中创建样式文件 base. css，在该样式文件中编写样式代码，代码如表 10-13 所示。

表 10-13　网页 1002. html 中样式文件 base. css 的 CSS 代码定义

序号	CSS 代码

```
*, *:after, *:before {
  margin: 0;
  padding: 0;
```

续表

CSS 代码

```css
  box-sizing: border-box;
}
body {
  color: #666;
  font-size: 12px;
  letter-spacing: 0px;
  white-space: normal;
  font-family: Tahoma,  Geneva, sans-serif, "宋体";
}
ul,li {
  list-style-type: none;
  list-style-position: outside;
  text-indent: 0;
}
img {
  border: none;
}

a {
  text-decoration: none;
}

a:link,
a:visited {
  text-decoration: none;
  color: #666;
}

a:hover {
  color: #2b98db;
}
```

在文件夹 css 中创建样式文件 layout. css,在该样式文件中编写样式代码,网页主体布局结构的 CSS 代码定义如表 10-14 所示。

表 10-14　样式文件 layout. css 中网页主体布局结构的 CSS 代码定义

CSS 代码

```css
section {
  width: 1202px;
  position: relative;
  margin-top: 10px;
  display: block;
  margin: auto;
}
.ec-news .ec-g {
  padding: 10px 0;
}
.ec-g-1,.ec-g-2 {
  float: left;
  display: inline;
  border-width: 0;
  min-height: 50px;
  position: relative;
```

续表

```css
}
.ec-g-1 {
  width: 610px;
}

.ec-g-2 {
  width: 570px;
}

.ec-g-last {
  float: right;
}

.w-box {
  position: relative;
  margin-top: 10px;
}

```

在文件夹 css 中创建样式文件 main. css，在该样式文件中编写样式代码，CSS 代码定义如表 10-15 所示。

表 10-15　样式文件 main. css 中的 CSS 代码定义

```css
.w-box >h2 {
  -moz-border-radius: 0;
  -webkit-border-radius: 0;
  border-radius: 0;
  border-width: 0;
  border-style: solid;
  border-color: #FFF;
  background-color: #2b98db;
}

.w-box >h2, .w-box >h2 a {
  line-height: 35px;
  height: 35px;
  font-size: 12px;
  position: relative;
  z-index: 2;
  font-size: 16px;
  font-family: "Microsoft YaHei";
  font-weight: bold;
}

.w-box >h2 a, .w-box >h2 a:link,
.w-box >h2 a:visited {
  color: #666;
  padding: 0 15px;
  display: inline-block;
  *display: inline;
  zoom: 1;
  vertical-align: top;
}
```

续表

CSS 代码

```
.w-box .w-m {
  position: relative;
  z-index: 1;
  padding: 5px;
  -webkit-border-radius: 0;
  border-radius: 0;
}

.w-box a.more {
  position: absolute;
  top: 8px;
  right: 5px;
  z-index: 10;
  padding-right: 5px;
  line-height: 18px;
  display: block;
}

.w-box >h2 a:link,.w-box >h2 a:visited,
.w-box >.more:link,.w-box >.more:visited {
  color: #FFF;
}

.w-box >h2 a:hover,
.w-box >.more:hover {
  color: #FF6;
  text-decoration: none;
}

.w-box-styleAYellow >h2 a, {
  border-bottom: 4px solid #F60;
}

.w-boxYellow >h2 {
  background-color: #F60;
}

.list li {
  padding-left: 1em;
  position: relative;
  vertical-align: bottom;
  overflow: hidden;
   *background-image: url(images/list-p.png);
   *background-position: 6px center;
   *background-repeat: no-repeat;
```

续表

CSS 代码

```
  font-size: 14px;
  line-height: 30px;
}

.list li.info {
  padding-left: 0;
  padding-bottom: 10px;
  border-bottom: 1px dashed #e6e6e6;
  margin-bottom: 5px;
}
.list li:first-child,
.list li.first {
  border-top: 0;
}

.boxNewsList .list li.info {
  min-height: 104px;
}

.list li.info .title{
  margin: 5px 5px 0;
  display: block;
  text-align: center;
  font-weight: bold;
  font-size: 16px;
}

.list li.info p {
  text-align: left;
  text-indent: 2em;
  line-height: 162%;
}

.list li.info .detail:link,
.list li.info .detail:visited {
  color: #2b98db;
  display: inline-block;
  *display: inline;
  zoom: 1;
  white-space: nowrap;
  text-indent: 0;
  margin-left: .5em;
}

.list-pic li {
  overflow: hidden;
```

续表

CSS代码

```
  position: relative;
  text-align: left;
  float: none;
  width: 100%;
  border-bottom: 1px solid #EEE;
  padding: 10px 0 10px;
  font-size: 14px;
}

.list-pic li img {
  float: left;
  width: 180px;
  height: 120px;
  margin-right: 20px;
}

.list-pic li i.title {
  font-size: 16px;
  font-weight: bold;
  display: line-block;
  *display: inline;
  zoom: 1;
  text-indent: 0;
  font-style: normal;
  color: #6257C3;
}

.list-pic li p {
  padding-top: 0.5em;
  text-indent: 0;
}

.list-pic li .info {
  color: #999;
}

.list-pic li .detail:link,
.list-pic li .detail:visited {
  color: #2b98db;
  display: inline-block;
  *display: inline;
  zoom: 1;
  white-space: nowrap;
  text-indent: 0;
  margin-left: .5em;
}
```

续表

CSS 代码

```css

.list-pic li .detail:hover {
  color: #FC0;
}
```

3. 创建网页文档 1002. html 与链接外部样式表

在文件夹 1002 中创建网页 1002. html，切换到网页文档 1002. html 的【代码】视图，在标签“</head>”的前面输入链接外部样式表的代码如下：

```html
<link rel="stylesheet" type="text/css" href="css/base.css">
<link rel="stylesheet" type="text/css" href="css/layout.css">
<link rel="stylesheet" type="text/css" href="css/main.css">
```

4. 编写网页主体布局结构的 HTML 代码

网页 1002. html 主体布局结构的 HTML 代码如表 10-16 所示。

表 10-16　网页 1002. html 主体布局结构的 HTML 代码

HTML 代码

```html
<section class="ec-news">
  <div class="ec-g">
    <!--主内容-->
    <div class="ec-g-1">

      <div class="w-box boxNewsList">
        <h2><a href="">阿坝动态</a></h2>
        <!--阿坝动态-->
      </div>
    </div>
    <div class="ec-g-2 ec-g-last">
      <div class="w-box boxNewsList">
        <h2><a href="">行业新闻</a></h2>
        <!--行业新闻-->
      </div>
      <div class="w-box w-boxYellow boxNewsList">
        <h2 class="tabs"><i class="tl"> </i><a href="">行业动态
         </a></h2>
                <!--行业动态-->
      </div>
    </div>
  </div>
</section>
```

5. 在网页中添加图片、标题、文本内容以及相应的HTML标签

在网页1002.html中添加图片、标题、文本内容以及相应的HTML标签，对应的HTML代码如表10-17所示。

表10-17　网页1002.html完整的HTML代码

```
<section class="ec-news">
  <div class="ec-g">
    <!--主内容-->
    <div class="ec-g-1">
      <!--阿坝动态-->
      <div class="w-box boxNewsList">
        <h2><a href="">阿坝动态</a></h2>
        <a class="more" href="">更多 &gt;</a>
        <ul class="w-m list-pic">
          <li><a title="晨雾氤氲,冰湖凝结" href="" target=""><img src=
          "images/t02.png">
              <i class="title">晨雾氤氲,冰湖凝结</i></a>
           <p>水,是九寨的精灵,来过的人们为之倾心动情。她清透多姿,柔情满溢,
             湖水终年碧蓝澄澈,明丽见底。冬日的一道暖阳从上空斜下,映射在湖面,
             伴随着湖影,微微荡漾…… <a class="detail" title="晨雾氤氲,冰湖
             凝结" href="">[详情]</a></p>
          </li>
          <li><a title="九寨沟冬景一绝 珍珠滩瀑布飞珠溅玉" href="" target="">
              <img src="images/t04.jpg">
              <i class="title">九寨沟冬景一绝 珍珠滩瀑布飞珠溅玉</i></a>
           <p>珍珠滩瀑布位于日则沟内镜海之上,金铃海之下,号称九寨第一景。珍珠
             滩瀑布和珍珠滩相连,瀑面呈新月形,宽阔的水帘似拉开的巨大环形银幕。
             数九寒天,珍珠滩瀑布雪凇与冰盖相映生辉,飞珠溅玉,瀑声雷鸣,气势磅礴
             ……<a class="detail" title="九寨沟冬景一绝 珍珠滩瀑布飞珠溅
             玉" href="">[详情]</a></p>
          </li>
        </ul>
      </div>
    </div>
    <div class="ec-g-2 ec-g-last"><!--行业新闻-->
      <div class="w-box boxNewsList">
        <h2><a href="">行业新闻</a></h2>
        <a href="" class="more">更多 &gt;</a>
        <ul class="w-m list">
          <!--行业新闻 文章列表-->
          <li class="info"><a class="title" href="">
              达古冰山去年游客增长45.34% 今年四大举措促发展 </a>
           <p>近日,以"携手圣洁冰山、共创多彩黑水"为主题的2015年度达古冰山景
             区旅游营销宣传恳谈会在成都举行,达古冰山管理局、黑水县旅游局等单位
             相关负责人和来自省内多家旅行社负责人、新闻媒体记者一起,回顾了
             20……<a href="" class="detail">[详情]</a></p>
```

续表

HTML 代码

```
          </li>
        </ul>
      </div>
      <!--行业动态-->
      <div class="w-box w-boxYellow boxNewsList">
        <h2 class="tabs"><i class="tl"> </i><a href="">行业动态
          </a></h2>
        <a href="" class="more">更多 &gt;</a>
        <ul class="w-m list">
          <!--行业研究 文章列表-->
          <li class="info"><a class="title" href="">携程旅游年交易额破百
            亿元　增速达 50%</a>
            <p>记者近日从携程旅行网获悉,2014 年携程的在线度假相关产品交易额超
              过 100 亿元,是第二名的 2 倍以上,增长速度超过 50%。在跟团游、自由行、
              出境游、国内游、邮轮等事业板块,保持行业第一。以出境游……<a href=""
              class="detail">[详情]</a></p>
          </li>
        </ul>
      </div>
    </div>
  </div>
</section>
```

6. 保存与浏览网页

保存网页文档 1002. html,在 Google Chrome 浏览器中的浏览效果如图 10-23 所示。

任务 10-3　创建等距排列的 4 列式布局网页

【任务描述】

(1) 创建样式文件 base. css 和 main. css,在样式文件中定义标签的属性、类选择符及其属性。

(2) 创建网页文档 1003. html,且链接外部样式文件 base. css 和 main. css。

(3) 在网页 1003. html 中添加必要的 HTML 标签实现网页主体布局结构。

(4) 在网页 1003. html 中添加图片、标题、文本内容以及相应的 HTML 标签。

(5) 浏览网页 1003. html 的效果,如图 10-24 所示,该网页为等距排列的 4 列式布局结构。

图 10-24　网页 1003.html 的浏览效果

【任务实施】

1. 创建文件夹

在文件夹 Unit10 中创建子文件夹 1003，再在该文件夹中创建 css、images 子文件夹。

2. 定义网页的 CSS 代码

在文件夹 css 中创建样式文件 base.css，在该样式文件中编写样式代码，代码如表 10-18 所示。

表 10-18　网页 1003.html 中样式文件 base.css 的 CSS 代码定义

```
body {
  min-width: 1202px;
  *width: 1202px;
  line-height: 2em;
  margin: auto;
  color: #333;
  font-size: 12px;
  background-image: url(../images/travel-bg.png);
  background-position: left top;
  background-repeat: repeat-x;
  background-color: #FFF;
}

section {
  width: 1202px;
  position: relative;
  margin-top: 10px;
}

nav,section {
  display: block;
  position: relative;
  margin: auto;
}
ul,
```

续表

```css
li {
  list-style-type: none;
  list-style-position: outside;
  text-indent: 0;
}

img {
  border: none;
}

a {
  text-decoration: none;
}

a:link,
a:visited {
  text-decoration: none;
  color: #666;
}

a:hover {
  color: #2b98db;
}
```

在文件夹 css 中创建样式文件 main. css，在该样式文件中编写样式代码，网页主体布局结构的 CSS 代码定义如表 10-19 所示。

表 10-19　样式文件 main. css 中网页主体布局结构的 CSS 代码定义

```css
.w-box {
  position: relative;
}

.boxList {
  margin-top: 10px;
}

.list-pic li {
  padding: 10px 0 5px;
  text-align: center;
  margin: 5px 0 0;
  float: left;
  min-height: 150px;
  width: 33.333333%;
}

.list-pic >li {
  position: relative;
  text-align: left;
  -webkit-box-shadow: 0 0 5px #EEE;
  -ms-box-shadow: 0 0 5px #EEE;
  box-shadow: 0 0 5px #EEE;
  width: 260px;
  margin: 10px 5px;
  padding: 0;
  overflow: hidden;
}

.list-pic >li:hover {
  box-shadow: 0 0 5px #43B6EB;
  -webkit-transition: all .5s ease-in;
```

续表

```
  transition: all .2s ease-in;
}

.list-pic li a {
  font-weight: bold;
}

.list-pic >li .img-m,
.list-pic >li .img-m img{
  height: 165px;
  width: 260px;
  overflow: hidden;
  margin: auto;

}
.list-pic .title,.list-pic .priceInfo {
  width: 258px;
  margin: auto;
  border-left: #EEE 1px solid;
  border-right: #EEE 1px solid;
}
.list-pic >li .img-m img {
  padding: 0;
  border: 0;
  display: block;
  transition: all .5s;
}
.list-pic >li:hover .img-m img {
  transform: scale(1.1, 1.1);
  filter: Alpha(opacity=90);
  opacity: .9;
}
.list-pic .title {
  padding: 5px 0;
  font-size: 14px;
  text-indent: 5px;
  font-family: "Microsoft YaHei";
  background: linear-gradient(top,
        #DDD 38%, #F3F3F3 100%);
  background-color: #F3F3F3\9;
  color: #19a1db
}

.list-pic .scenicInfo {
  position: absolute;
  left: 50%;
  top: 140px;
  width: 260px;
  margin-left: -130px;
  color: #FFF;
  padding: 4px 0 5px 0;
  height: 16px;
  line-height: 16px;
  background-color: rgba(0,0,0,.62);
  font-weight: normal;
}

.list-pic .scenicInfo .area {
  float: right;
  margin-right: 5px;
  padding-left: 5px;
}
```

3. 创建网页文档 1003.html 与链接外部样式表

在文件夹 1003 中创建网页文档 1003.html，切换到网页文档 1003.html 的【代码视图】，在标签“</head>”的前面输入链接外部样式表的代码如下：

```
<link rel="stylesheet" type="text/css" href="css/base.css">
<link rel="stylesheet" type="text/css" href="css/main.css">
```

4. 编写网页主体布局结构的 HTML 代码

网页 1003.html 主体布局结构的 HTML 代码如表 10-20 所示。

表 10-20　网页 1003.html 主体布局结构的 HTML 代码

```
<section>
  <div class="w-box boxList">
    <ul class="list-pic">
      <li>
        <a href="">
          <div class="img-m">
              <img src="images/t01.jpg">
          </div>
          <div class="title">单门票</div>
          <div class="scenicInfo">
              <i class="level"></i><i class="area">九寨沟风景区</i>
          </div>
        </a>
        <div class="priceInfo">
            <div class="price"><i class="price-m">¥<i class="num">80.0
             </i></i></div>
            <a href="">
              <button class="min button" type="button">查看详情</button>
            </a>
         </div>
      </li>
      <li>...</li>
      <li>...</li>
      <li>...</li>
    </ul>
  </div>
</section>
```

5. 在网页中添加图片、标题、文本内容以及相应的 HTML 标签

在网页 1003.html 中添加图片、标题、文本内容以及相应的 HTML 标签，对应的 HTML 代码如表 10-21 所示。

表 10-21　网页 1003.html 完整的 HTML 代码

```
<section>
  <div class="w-box boxList">
    <ul class="list-pic">
      <li>
        <a href="">
          <div class="img-m">
              <img src="images/t01.jpg">
          </div>
          <div class="title">单门票</div>
          <div class="scenicInfo">
```

续表

HTML 代码

```
            <i class="area">九寨沟风景区</i>
          </div>
        </a>
      </li>
      <li>
        <a href="">
          <div class="img-m">
            <img src="images/t02.jpg">
          </div>
          <div class="title">达古冰山景区门票</div>
          <div class="scenicInfo">
            <i class="area">黑水县达古冰山景区</i>
          </div>
        </a>
      </li>
      <li>
        <a href="">
          <div class="img-m">
            <img src="images/t03.jpg">
          </div>
          <div class="title">都江堰景区门票全票</div>
          <div class="scenicInfo">
            <i class="area">都江堰景区</i>
          </div>
        </a>
      </li>
      <li>
        <a href="">
          <div class="img-m">
            <img src="images/t04.jpg">
          </div>
          <div class="title">青城山景区门票全票</div>
          <div class="scenicInfo">
            <i class="area">青城山景区</i>
          </div>
        </a>
      </li>
    </ul>
  </div>
</section>
```

6. 保存与浏览网页 1003.html

保存网页文档 1003.html，在 Google Chrome 浏览器中的浏览效果如图 10-24 所示。

任务 10-4　创建不规则布局网页

【任务描述】

(1) 创建样式文件 base. css 和 main. css，在样式文件中定义标签的属性、类选择符及其属性。

(2) 创建网页文档 1004. html，且链接外部样式文件 base. css 和 main. css。

(3) 在网页 1004. html 中添加必要的 HTML 标签、文本内容与图片。

(4) 浏览网页 1004. html 的效果如图 10-25 所示，该网页为不规则布局结构，通过绝对定位实现。

图 10-25　网页 1004. html 的浏览效果

【任务实施】

1. 创建文件夹

在文件夹 Unit10 中创建子文件夹 1004，再在该文件夹中创建 css、images 子文件夹。

2. 定义网页的 CSS 代码

在文件夹 css 中创建样式文件 base. css，在该样式文件中编写样式代码，代码如表 10-22 所示。

表 10-22　网页 1004.html 中样式文件 base.css 的 CSS 代码定义

```css
body {
  line-height: 2em;
  margin: auto;
  color: #333;
  font-size: 12px;
  background-color: #FFF;
}

img {
  border: none;
}

a {
  text-decoration: none;
}
.c_fixed:after
{
  content: ".";
  display: block;
  font-size: 0;
  clear: both;
  height: 0;
  visibility: hidden;
}

ul,li {
  list-style-type: none;
  list-style-position: outside;
  text-indent: 0;
}
```

在文件夹 css 中创建样式文件 main.css，在该样式文件中编写样式代码，网页主体布局结构的 CSS 代码定义如表 10-23 所示。

表 10-23　样式文件 main.css 中网页主体布局结构的 CSS 代码定义

```css
section {
  position: relative;
  margin-top: 20px;
  display: block;
  margin: auto;
}

.appdownMain {
  width: 100%;
  margin-top: 0;
  background-position: top center;
  padding: 20px;
}

.w-m {
  width: 720px;
  margin: auto;
  position: relative;
}

.tabs {
  position: absolute;
  top: 30px;
  left: -190px;
```

续表

CSS 代码

```
  width: 245px;
}

.tabs a:link,
.tabs a:visited {
  display: block;
  height: 88px;
  line-height: 88px;
  background-image:
      url(../images/menuBg.png);
  background-repeat: no-repeat;
  background-position: 15px -98px;
  position: relative;
  margin: 15px 55px 0 0;
  padding: 0 0 0 80px;
  color: #FFF;
  font-size: 16px;
  font-family: "Microsoft YaHei";
}

.tabs a:hover {
  color: #FE0
}

.tabs .on:link,
.tabs .on:visited {
  background-position: 0 0;
  z-index: 3;
  margin: 15px 0 0 0;
}

.tabs i.ico {
  position: absolute;
  display: block;
  overflow: hidden;
  top: 50%;
  left: 30px;
  background-repeat: no-repeat;
  z-index: 3;
}
.tabs i.ico-a,.tabs i.ico-b {
  background-image: url(../images/menuICO.png);
  width: 38px;
  height: 38px;
  margin-top: -19px;
}
```

续表

序号 | CSS代码

```

.tabs i.ico-b {
  background-position: 0 -99px;
}

.tabs i.ico-r {
  height: 21px;
  width: 21px;
  margin-top: -11px;
  left: auto;
  right: -40px;
  background-image: url(../images/menuP.png);
  background-position: 0 -98px;
}

.tabs .on i.ico-r {
  background-position: 0 0;
  right: 15px;
}

.tabsContent {
  border-radius: 10px;
  box-shadow: 0 0 6px #CCC;
  background-color: #FFF;
  background-color: rgba(255,255,255,.85);
  padding: 25px 0;
  position: relative;
  z-index: 2;
  filter: Alpha(opacity=85)\0;
  _filter: Alpha(opacity=85);
}

.screenshot {
  position: absolute;
  left: 80px;
  top: 55px;
}
.w-m-m {
  margin: 0 25px 0 55px;
  padding: 30px 25px 25px 320px;
  background-image: url(../images/cBg.png);
  color: #FFF;
}
.w-m-m h3 {
  font-size: 14px;
  margin-top: 10px;
```

续表

```css
}
.w-m-m p {
  text-indent: 2em;
}
.downInfo {
  padding: 10px 50px 5px 380px;
  text-align: center;
}
.downInfo h3{
  font-size:20px;
  font-weight:bold;
}
```

3. 创建网页文档 1004. html 与链接外部样式表

在文件夹 1004 中创建网页文档 1004. html，切换到网页文档 1004. html 的【代码】视图，在标签“</head>”的前面输入链接外部样式表的代码如下：

```html
<link href="css/base.css" rel="stylesheet" type="text/css">
<link href="css/main.css" rel="stylesheet" type="text/css">
```

4. 在网页 1004. html 中添加必要的 HTML 标签、文本内容与图片

网页 1004. html 完整的 HTML 代码如表 10-24 所示。

表 10-24 网页 1004. html 完整的 HTML 代码

```html
<section>
  <div class="appdownMain">
    <div class="w-m" id="appDownContent">
      <div class="tabs">
        <a href="#Andriod" class="on">
          <i class="ico ico-a"> </i>Andriod
          <i class="ico ico-r"> </i>
        </a>
        <a href="#iPhone">
          <i class="ico ico-b"> </i>iPhone
          <i class="ico ico-r"> </i>
        </a>
      </div>
      <div class="tabsContent">
        <img src="images/andriod_screenshot.png" width="260" height="
          508" class="screenshot">
        <div class="w-m-m">
          <h3>阿坝旅游 Android 客户</h3>
```

续表

```
            <p>阿坝旅游 Android 版是一款专为 Android 智能手机系统推出的旅游移动
              平台,为阿坝旅游提供快捷的旅游目的地指南、旅游攻略和网上预订门票、车
              票、索道和餐饮,让全国游客享受指尖旅游的乐趣。</p>
            <h3>基本功能</h3>
            <p>目的地指南、旅游攻略、阿坝资讯和门票预订等。</p>
          </div>
          <div class="downInfo c_fixed">
              <h3>扫描二维码下载</h3>
              <img src="images/codeAndriod.png" width="140" height="140">
          </div>
        </div>
      </div>
    </div>
</section>
```

5. 保存与浏览网页

保存网页文档 1004. html,在 Google Chrome 浏览器中的浏览效果如图 10-25 所示。

【同步训练】

任务 10-5　创建浮动定位 2 列规则分块的网页

(1) 创建样式文件 main. css,在样式文件中定义标签的属性、类选择符及其属性。

(2) 创建网页文档 1005. html,且链接外部样式文件 main. css。

(3) 在网页 1005. html 中添加必要的 HTML 标签、文本内容与图片。

(4) 浏览网页 1005. html 的效果如图 10-26 所示,该网页整体上为左、右布局结构,其中左侧和右侧又分为上、下两个组成部分。

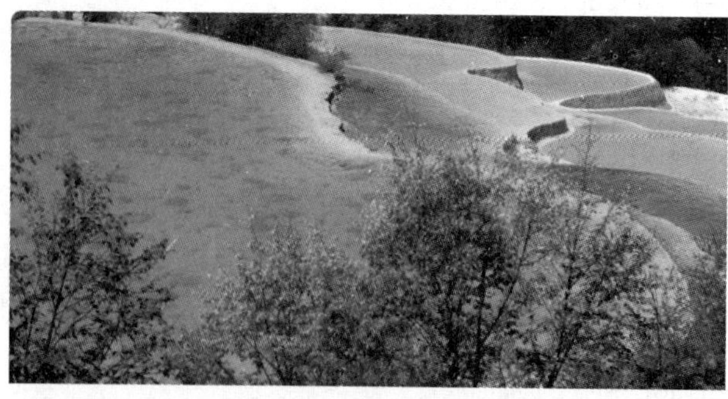

图 10-26　网页 1005. html 的浏览效果

提示：请扫描二维码浏览提示内容。

任务 10-6　创建 3 列式与 4 列式等距布局的网页

(1) 创建样式文件 main. css，在样式文件中定义标签的属性、类选择符及其属性。

(2) 创建网页文档 1006. html，且链接外部样式文件 main. css。

(3) 在网页 1005. html 中添加必要的 HTML 标签、文本内容与图片。

(4) 浏览网页 1006. html 的效果，如图 10-27 所示，该网页为 3 列式等距排列的布局结构，每 1 个版块上方为图片，下方为文字内容。

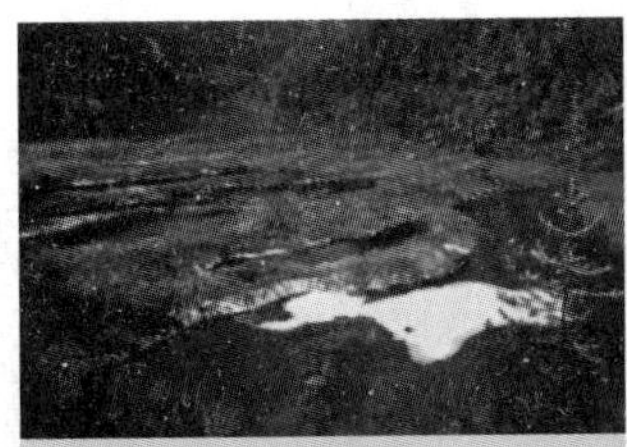

图 10-27　网页 1006. html 的浏览效果

(5) 尝试将 3 列式等距布局结构更改为 4 列式等距布局结构，并浏览其效果。

提示：请扫描二维码浏览提示内容。

【技术进阶】

1. 网页中元素间距的计算

(1) 元素间水平间距的计算。当两个或多个元素并列分布时，元素内容之间的水平间距由外边距、边框和内边距多个因素共同控制。

(2) 元素间垂直间距的计算。计算上、下两个元素之间的垂直间距要比计算左、右元素之间的水平间距复杂一些,计算方式也不同。

2. 网页的单列式布局与元素的自适应技术

网页布局中经常需要定义元素的宽度和高度,如果我们希望元素的大小能够根据窗口或父元素自动进行调整,这就是元素的自适应。元素自适应在网页布局中很重要,它能够使网页显示更加灵活。

(1) 单列式网页布局的宽度控制。

(2) 单列式布局的高度控制。

3. 网页的两列式布局技术

(1) 左、右两列都采用浮动布局。

(2) 左、右两列中只有一列采用浮动布局,另一列自适应宽度。

(3) 左、右两列采用绝对定位的层布局模型。

(4) 负外边距的布局方式。

4. 三列式网页布局技术

三列式网页布局也是一种常见的布局形式,一般可以使用浮动布局方式或层布局方式实现,实现的样式也多种多样。

(1) 三列浮动布局。

(2) 两列浮动布局。

(3) 嵌套浮动布局。

(4) 并列层布局。

5. 多行多列式网页布局技术

(1) 多行多列混合布局。

(2) 并列浮动的多行多列布局。

(3) 利用列表项的多列布局。

【问题探究】

【问题 1】 网页页面内容编排的基本原则有哪些?

页面内容编排的基本原则如下:

(1) 主次分明、中心突出。

(2) 大小搭配、相互呼应。

(3) 图文并茂、相得益彰。

(4) 适当留空、清晰易读。

【问题 2】 对网页页面内容分块有哪些方法?

(1) 利用留空和画线进行分块。利用留空和画线对版面内容进行分块,能丰富网页的视觉表现力，呈现较好的艺术效果。直线条能体现挺拔、规矩、整齐的视觉效果，运用直线分块呈现井井有条、泾渭分明的视觉效果；曲线能体现流动、活跃、动感的视觉效果，运用曲线分块呈现流畅、轻快、富有活力的视觉效果。

(2) 利用色块进行分块。利用色块进行分块不必占用有限的空间，在没有空白的版面上，也可以达到分组的效果。色块对于版面分块十分有效，同时其自身也传达出某种信息。使用色块进行分块时，对网页整体色彩印象要有所规划。

如果将色块与空白一起使用进行版面分块，效果最佳。

(3) 利用线框分块。线框多用在需对版面个别内容进行着重强调时，线框在页面中通常都起强调和限制作用，使页面中的各元素获得稳定与流动的对比关系，反衬出页面的动感。

【问题 3】　何谓网站的 Logo？Logo 有哪些表现形式？

Logo 是网站的标志和名片，例如搜狐网站的狐狸标志，如同商标一样，Logo 是网站特色和内涵的集中体现，看见 Logo 就联想起网站，一个好的 Logo 往往会反映网站的某些信息，特别是对一个商业网站来说，可以从中基本了解到这个网站的类型或者内容。

Logo 标志可以是中文或英文字母，也可以是符号或图案，还可以是动物或者人物等。Logo 的表现形式可以分为三个方面。

(1) 网站有代表性的人物、动物和花草，可以用它们作为设计蓝本，加以卡通化和艺术化。例如迪士尼网站的米老鼠，搜狐网的卡通狐狸等。

(2) 网站有代表性的物品，可以用物品作为标志，例如奔驰汽车的方向盘标志、中国银行的铜板标志等。

(3) 用自己网站的英文名称作标志，采用不同的字体或字母的变形制作标志。

【问题 4】　网页的页面宽度、长度和网页文件大小有哪些要求？

(1) 网页的宽度。

(2) 网页的长度。

(3) 网页文件大小。

【问题 5】　简述网站的基本开发流程

虽然每个网站的主题、内容、规模、功能等方面都各有不同，但是有一个基本的开发流程可以遵循。网站的基本开发流程如下。

第一阶段：规划网站和准备素材阶段。

(1) 需求分析、决定网站的主题和风格。

(2) 收集资料、准备素材并进行整理修改。

(3) 规划网站栏目结构、目录结构、链接结构和版式结构。

第二阶段：设计与制作网页阶段。

(1) 网站总体设计。

(2) 设计与制作网站的主页、二级页面和内容页面等。

(3) 将各个网页通过超级链接进行整合。

第三阶段：测试、发布、推广与维护网站阶段。

(1) 测试、调试与完善网站。

（2）发布与推广网站。

（3）维护与更新网站。

【问题 6】 网站开发过程时，应尽量做到命名规范，列举 CSS 布局、网页区块、类、导航和文件常用的名称。

（1）CSS 布局的常用名称。

（2）网页区块的常用名称。

（3）类的常用名称。

（4）导航的常用名称。

（5）文件的常用名称。

【单元习题】

（一）单项选择题

（二）多项选择题

（三）填空题

（四）简答题

提示：请扫描二维码浏览习题内容。

参 考 文 献

[1] 陈承欢. 网页设计与制作任务驱动式教程[M]. 2版. 北京：高等教育出版社，2013.
[2] 数字艺术教育研究室. 中文版 Dreamweaver CC 基础培训教程[M]. 北京：人民邮电出版社，2016.
[3] 胡崧，张晶，徐晔. Dreamweaver CC 中文版从入门到精通[M]. 北京：中国青年出版社，2014.
[4] 畅利红. DIV＋CSS3 网页样式与布局全程揭秘[M]. 2版. 北京：清华大学出版社，2014.
[5] 徐琴，张晓颖. CSS＋DIV 网页样式与布局[M]. 北京：航空工业出版社，2012.
[6] 龙马工作室. 精通 HTML5＋CSS3 网页设计与布局密码[M]. 北京：人民邮电出版社，2014.

附录 A　CSS 的属性

1. CSS 尺寸单位
2. CSS 文本属性(Text)
3. CSS 字体属性(Font)
4. CSS 颜色表示方式
5. CSS 颜色属性(Color)
6. CSS 背景属性(Background)
7. CSS 尺寸属性(Dimension)
8. CSS 列表属性(List)
9. CSS 链接属性(Hyperlink)
10. CSS 表格属性(Table)
11. CSS 框模型属性(Box)
12. CSS 边框属性(Border 和 Outline)
13. CSS 外边距属性(Margin)
14. CSS 内边距属性(Padding)
15. CSS 定位属性(Positioning)
16. CSS 动画属性(Animation)
17. CSS 多列属性(Multi-column)

提示：请扫描二维码了解详细内容。

附录 B　CSS 的选择器

1. CSS 选择器表示方法及使用说明
2. CSS 选择器规则
3. CSS 元素选择器
4. CSS 选择器的分组
5. CSS 的后代选择器
6. CSS 的类选择器
7. CSS 的 id 选择器
8. CSS 的属性选择器
9. CSS 的子元素选择器
10. CSS 的相邻选择器
11. CSS 的伪类和伪元素

提示：请扫描二维码了解详细内容。